U0343603

"十二五"职业教育国家规划教材

经全国职业教育教材审定委员会审定

JIANZHU JIEGOU JI SHOULI FENXI

建筑结构及受力分析

游普元 主编

高等教育出版社·北京

内容提要

本书是"十二五"职业教育国家规划教材。

工程造价、工程管理等专业毕业生就业岗位群需完成的典型工作任务之一是：分析建筑工程结构构造，其行动领域归纳为"建筑工程结构及受力分析"，转换为学习领域后为"建筑结构及受力分析"，该课程为专业必修课。本书选用"对象"为载体，将理论力学、材料力学、结构力学与建筑结构的内容相结合，根据"必需、够用"为度的原则，采用最新的《建筑结构荷载规范》(GB 50009—2012)、《混凝土结构设计规范》(GB 50010—2010)编写而成。

本书共分两篇12章，第一篇的主要内容有静力学、平面力系、静定结构、静定平面桁架、轴向拉伸和压缩、受弯构件、压杆稳定；第二篇的主要内容有钢筋混凝土的基本原理、钢筋混凝土受弯构件、钢筋混凝土受压构件、钢筋混凝土楼盖、砌体结构等。

本书可作为高职高专工程造价、建筑工程管理、建筑经济管理、建筑装饰工程技术等专业的教学用书，也可供现场技术人员参考之用。

图书在版编目(CIP)数据

建筑结构及受力分析/游普元主编 . – – 北京 : 高等教育出版社, 2014.8（2017.11重印）

ISBN 978 – 7 – 04 –039276 – 0

Ⅰ.①建… Ⅱ.①游… Ⅲ.①建筑结构 – 高等职业教育 – 教材 Ⅳ.①TU3

中国版本图书馆 CIP 数据核字(2014)第 015008 号

策划编辑	毛红斌	责任编辑	毛红斌	特约编辑	胡 晨	封面设计	杨立新
版式设计	王艳红	插图绘制	尹 莉	责任校对	刘娟娟	责任印制	赵义民

出版发行	高等教育出版社	咨询电话	400 – 810 – 0598
社　　址	北京市西城区德外大街 4 号	网　　址	http://www.hep.edu.cn
邮政编码	100120		http://www.hep.com.cn
印　　刷	大厂益利印刷有限公司	网上订购	http://www.landraco.com
开　　本	787mm×1092mm　1/16		http://www.landraco.com.cn
印　　张	19	版　　次	2014 年 8 月第 1 版
字　　数	420 千字	印　　次	2017 年 11 月第 2 次印刷
购书热线	010 – 58581118	定　　价	33.60 元

出 版 说 明

　　教材是教学过程的重要载体,加强教材建设是深化职业教育教学改革的有效途径,推进人才培养模式改革的重要条件,也是推动中高职协调发展的基础性工程,对促进现代职业教育体系建设,切实提高职业教育人才培养质量具有十分重要的作用。

　　为了认真贯彻《教育部关于"十二五"职业教育教材建设的若干意见》(教职成〔2012〕9号),2012 年 12 月,教育部职业教育与成人教育司启动了"十二五"职业教育国家规划教材(高等职业教育部分)的选题立项工作。作为全国最大的职业教育教材出版基地,我社按照"统筹规划,优化结构,锤炼精品,鼓励创新"的原则,完成了立项选题的论证遴选与申报工作。在教育部职业教育与成人教育司随后组织的选题评审中,由我社申报的 1338 种选题被确定为"十二五"职业教育国家规划教材立项选题。现在,这批选题相继完成了编写工作,并由全国职业教育教材审定委员会审定通过后,陆续出版。

　　这批规划教材中,部分为修订版,其前身多为普通高等教育"十一五"国家级规划教材(高职高专)或普通高等教育"十五"国家级规划教材(高职高专),在高等职业教育教学改革进程中不断吐故纳新,在长期的教学实践中接受检验并修改完善,是"锤炼精品"的基础与传承创新的硕果;部分为新编教材,反映了近年来高职院校教学内容与课程体系改革的成果,并对接新的职业标准和新的产业需求,反映新知识、新技术、新工艺和新方法,具有鲜明的时代特色和职教特色。无论是修订版,还是新编版,我社都将发挥自身在数字化教学资源建设方面的优势,为规划教材开发配备数字化教学资源,实现教材的一体化服务。

　　这批规划教材立项之时,也是国家职业教育专业教学资源库建设项目及国家精品资源共享课建设项目深入开展之际,而专业、课程、教材之间的紧密联系,无疑为融通教改项目、整合优质资源、打造精品力作奠定了基础。我社作为国家专业教学资源库平台建设和资源运营机构及国家精品开放课程项目组织实施单位,将建设成果以系列教材的形式成功申报立项,并在审定通过后陆续推出。这两个系列的规划教材,具有作者队伍强大、教改基础深厚、示范效应显著、配套资源丰富、纸质教材与在线资源一体化设计的鲜明特点,将是职业教育信息化条件下,扩展教学手段和范围,推动教学方式方法变革的重要媒介与典型代表。

　　教学改革无止境,精品教材永追求。我社将在今后一到两年内,集中优势力量,全力以赴,出版好、推广好这批规划教材,力促优质教材进校园、精品资源进课堂,从而更好地服务于高等职业教育教学改革,更好地服务于现代职教体系建设,更好地服务于青年成才。

高等教育出版社

2014 年 7 月

前　言

　　本书是根据高职高专院校工程造价专业的人才培养方案(含培养目标、专业教学计划等)和建筑结构及受力分析课程标准编写而成的。在教材编写过程中,严格执行《建筑地基基础设计规范》(GB 50007—2011)、《建筑结构荷载规范》(GB 50009—2012)、《混凝土结构设计规范》(GB 50010—2010)、《砌体结构设计规范》(GB 50003—2011)、《高层建筑混凝土结构技术规程》(JGJ 3—2010)、《建筑结构设计术语和符号标准》(GB/T 50083—1997)等我国新颁布的规范或标准,并结合专业特点和西南区域特性,注重理论联系实际的原则,力求使工程造价专业学生在较少学时的情况下,尽可能全面地了解建筑结构及受力分析的基本知识,为学习专业课打下良好的基础;力求做到选材恰当,内容精炼,重点突出,图文并茂,文字通俗易懂。

　　针对学生在实际工作中较少接触偏心受压、剪切、扭转及高层建筑结构计算的实际情况,故没有选入此部分内容。

　　为便于组织教学和学生自学,本书各章均附有知识目标、技能目标、教学准备、教法建议、思考题及习题。书后还附有建筑力学与建筑结构中常用的一些附表,以备需要时查用。

　　本教材由重庆工程职业技术学院的相关教师编写,具体编写人员为:游普元(课程导入,第1、2、4、11章),郭晓凤(第3、5、6章),张冬秀(第7、8、10章),彭军(第9、12章)。

　　本书由郭晓凤完成第1~7章的初次校对工作,彭军完成第8~12章的初次校对工作。全书由游普元统稿并任主编,彭军任副主编。由重庆龙脊集团有限公司王坤禄先生(高工、一级注册结构工程师)审阅。承蒙建筑工程学院建筑教研室的全体同仁,对本书的讲义在使用过程中提出了不少宝贵意见,谨此表示衷心感谢。

　　推荐建议课时分配如下表所示。

章节	内容	建议课时	章节	内容	建议课时
	课程导入	2	第7章	压杆稳定	4~6
第1章	静力学	4~6	第8章	钢筋混凝土结构的基本原理	4~6
第2章	平面力系	8~12	第9章	钢筋混凝土受弯构件	12~16
第3章	静定结构	6~8	第10章	钢筋混凝土受压构件	6~10
第4章	静定平面桁架	4~6	第11章	钢筋混凝土楼盖	6~8
第5章	轴向拉伸和压缩	6~8	第12章	砌体结构	6~8
第6章	受弯构件	18~22			

由于本书编写时间仓促,加之编者水平有限,书中难免有欠妥之处,欢迎使用本书的广大师生指正。

编　者
2013 年 12 月

目　录

第一篇　受　力　分　析

第二篇　钢筋混凝土结构

课程导入

0.1　本课程的研究对象及任务

　　建筑物是由基础、墙（或柱）、梁、楼板、楼梯、门窗、屋盖等构件组成，这些构件在房屋中互相支承，互相扶持，并通过正确的联接而组成能够承受和传递各种"作用"的平面或空间体系，统称为建筑结构。这里的"作用"是指施加在结构上的荷载（如恒载、活荷载等）或引起建筑结构外加变形或约束变形的原因（如地震、基础沉降、温度变化等）。前者称为直接作用,后者称为间接作用。

建筑结构是房屋的骨架,它对建筑物的安全性和耐久性起决定作用。

建筑结构所要研究的是各种结构在正常施工和使用条件下的可靠度,具体来讲就是要保证房屋在可能出现的各种"作用"下具有足够的强度、耐久性和良好的工作性能,在偶然事件发生时及发生后,仍能保持必需的整体稳定性。

建筑质量的好坏,在很大程度上取决于施工质量的优劣,但结构的设计质量却是先决条件。房屋结构不合理、不牢固,房屋就会出问题,严重的还可能发生倒塌,但房屋结构过于结实、坚固,又势必增加房屋造价而造成不必要的浪费。因此,结构设计就是要在保证安全性和耐久性的前提下,尽可能取得最大限度的经济效果,这也正是建筑结构所要研究的课题。

建筑结构设计的成果是建筑结构施工图,它是建筑工程预算、建筑施工和经营管理的重要技术文件。

建筑力学是以建筑结构和构件为对象,研究结构和构件的力学计算理论及方法的科学。它的主要任务是:应用力学的基本原理,分析研究结构和构件在各种条件下,维持平衡所需的条件、内力分布规律,变形以及构件的强度、刚度和稳定性等问题,为结构设计提供计算理论和方法,以正确解决安全适用与经济合理之间的矛盾。因此,建筑力学是学习研究建筑结构的基础。

建筑结构及受力分析课程的内容十分丰富,涉及面广。本书只讨论杆件结构、钢筋混凝土结构、砌体结构等构件的基本计算方法与构造要求,并对楼(屋)盖结构的结构计算与构造作简要介绍。

0.2　建筑结构的类型

建筑结构常按所用材料和承重结构的类型来分类。建筑结构按所用材料的不同,可分为如下几种类型。

0.2.1　钢筋混凝土结构

钢筋混凝土是由钢筋和混凝土两种材料组合而成,它具有强度高、耐久性、可模性、耐火性及抗震性能好等优点,因此,它的应用非常广泛,几乎任何建筑工程都可采用。但钢筋混凝土结构也有自重大、抗裂能力差、费工、费模板等缺点,这在一定程度上限制了钢筋混凝土结构的使用范围。随着生产和科学技术的发展,钢筋混凝土结构的这些缺点正在逐步得到克服。如采用轻集料混凝土,以减轻结构自重,采用预应力混凝土提高构件的抗裂性,而采用预制钢筋混凝土构件则可克服模板耗费多和工期长等缺点。

0.2.2 砌体结构

砌体是块材用砂浆砌筑而形成的整体,以砌体作为房屋主要承重骨架的结构型式称为砌体结构。砌体结构所用材料可就地取材,造价低、耐久性好、施工工艺简单,因此,在建筑工程中应用较为广泛。但砌体结构也有施工进度缓慢、自重大、抗拉及抗震性能差等缺点。一般用于以受压为主的竖向承重结构。

0.2.3 钢结构

钢结构是由钢材制成的结构,其特点是强度高、自重轻、材质均匀、制作简单、施工及运输方便。但钢结构也有容易锈蚀、维修费用高、耐火性能差等缺点,目前主要用于大跨度及高层建筑中,也常用于一些简易或临时性建筑物。

0.2.4 木结构

木结构是指全部或大部分用木材作为房屋承重骨架的结构。由于木结构具有就地取材、制作简单、便于施工等优点,所以在木材产地采用较多;但木材产量受自然条件和环境保护要求的限制,木材本身易燃、易腐、易虫蛀等,因此在重要建筑中采用较少。

0.3 本课程的内容及学习要求

本课程包括以下几部分内容:

0.3.1 静力学部分

介绍静力学的基本知识、力系的合成与分解以及力系的平衡条件,并能应用平衡条件求解构件。

0.3.2 结构组成分析

介绍平面体系几何不变的组成规律,应用体系的组成规律来判别结构是否几何不变;确定结构是静定结构还是超静定结构。

0.3.3 杆件的内力和变形

介绍杆件在各种受力状态下的内力与变形的计算,以及杆件强度和刚度的计算。

0.3.4 压杆稳定

介绍杆件受压的稳定概念,以及稳定计算的基本原理。

0.3.5 钢筋混凝土结构

介绍材料的基本力学性质,钢筋混凝土构件的基本计算原理、计算方法与构造要求,钢筋混凝土楼盖的形式、计算要点与构造要求,预应力混凝土的基本知识。

0.3.6 砌体结构

介绍砌体结构材料的力学性质,砌体结构的承重方案及静力计算方案,砌体结构构件的强度和稳定性计算及构造要求。

0.4 建筑结构及受力分析的学习方法

建筑结构及受力分析包括受力分析与建筑结构两部分内容,是一门整合后的综合性课程。受力分析的基本规律是人们通过观察生活和生产实践中的各种现象,进行多次科学实验,经过分析、综合和归纳而总结出来的,理论性较强,它与数学、物理有着密切的关系。在学习这部分内容时应根据实际情况对上述课程进行必要的复习,注意受力分析的基本概念、基本理论和必要的计算方法,多练、多想、多总结。建筑结构则实践性较强,它是以受力分析为基础,与建筑工程有着紧密的联系,在学习时应识读一定数量的结构施工图,熟记结构构件的一般构造要求,注重理论联系实际,学会用受力分析的原理和计算方法,分析和计算结构的内力、位移,并应用有关的结构知识解决实际工程中的一些问题,做到学以致用。

建筑结构及受力分析是工程造价、建筑工程管理、建筑经济管理等专业的技术基础课,是建筑施工技术、建筑工程定额与预算、建筑施工组织等课程的基础。

第一篇　受力分析

1

静力学

1.1　静力学的基本概念

1.1.1　力的概念

1. 什么是力

　　力在人类的生产和生活实践中无处不在,力的概念是人们从实践活动中产生的。当人们用手提、举或推某一物体时,利用肌肉的紧张收缩对物体施加力。例如我们用肩膀挑重物,重物的重量通过扁担压在肩膀上,就使我们感觉到肩膀受到压力的作用。通过进一步的观察、实验和分析,认识到给物体施加力,可使物体运动状态发生改变或使物体产生变形。

如力作用在车子上可以让车由静止到运动或由运动到静止,力作用在钢筋上可使钢筋由直变弯或由弯变直。由此,得到力的科学概念:力是物体间相互的机械作用,这种作用引起物体运动状态发生变化或使物体产生变形。

由于力是物体间相互的机械作用,因此,力不能脱离物体而单独存在,物体受到力的作用,一定有另一物体对它施加作用。在研究物体的受力问题时,必须分清谁是施力物体,谁是受力物体。

2. 力的三要素

（1）力的大小

指物体间相互作用的强弱程度。在国际单位中,力的大小以 N(牛)或 kN(千牛)为单位。在工程单位制中,以 kgf(公斤力)或 tf(吨力)为力的单位。

牛与公斤力的换算关系是:

$$1\text{kgf}(公斤力) = 9.807\text{N} \approx 10\text{N}$$

（2）力的方向

通常包括方位和指向两个含义。例如重力"铅直向下","铅直"是指力的方位,"向下"是指力的指向。

（3）力的作用点

力的作用点指力作用在物体上的位置。通常它是一块面积而不是一个点。仅当作用面积很小时可以近似看作一个点。

实践证明,改变力三要素中的任意一个,都将改变力对物体的作用效果,也就是说,物体之间的这种相互机械作用的效果是由力的大小、方向和作用点来确定的。只有这三个要素唯一地确定,那么力对物体的作用效果才能唯一地确定。

在数学、物理和力学中,有两种量:标量和矢量。标量指只有大小而没有方向的量,如质量、温度、时间等。矢量指不仅有大小而且有方向的量,如位移、速度、加速度、力等。因此,力是一个矢量,可以用一有向线段表示(图 1.1);线段的长度(按一定比例画)表示力的大小,箭头的指向表示力的方向,线段的起点或终点表示力的作用点,力所顺沿的线段表示力的作用线。[①]

图 1.1　矢量示意图

---

① 本书在静力学部分的矢量用粗体字母表示,例如 **F**。即在第 1、2、3 章采用粗体表示矢量,而在其余章节为了方便运算和表示,一概使用白体表示,如 F。

1.1.2 刚体和平衡

1. 刚体的概念

在任何外力作用下,其形状、大小均保持不变的物体称为刚体。

刚体只是人们对物体的一种假想。事实上,在自然界中任何物体受外力作用都有不同程度的变形,只是有些物体受力后变形很微小,甚至要用专门的仪器才能测量出来。

研究静力学问题时,由于变形对所研究的结果影响甚微,而忽略变形的影响,却使研究的问题得到简化,因此,视物体为刚体。

研究物体受力作用后的内力和变形时,即使很微小的变形,对物体的内力和变形结果影响也较大。因此,从第 5 章的轴向拉伸和压缩起,就不再将物体视为刚体而必须视为可变形的固体。

2. 平衡的概念

物体相对于地球处于静止或匀速直线运动的状态称为平衡。而作用于同一物体上使物体处于平衡状态的力系,称为平衡力系。例如梁在自重、楼板重量作用和柱子支承的情况下(图 1.2)保持静止不动,则该梁处于平衡状态,而梁的自重、楼板的重量和柱子的支承反力则是作用在梁上的平衡力系。

平衡是机械运动的一种特殊情况,即物体受力后的运动状态不发生变化。

图 1.2　梁板柱的平衡状态

讨论

举出日常生活中还有哪些平衡的示例?

1.2　静力学的基本公理

静力学基本公理是人们在长期的生产实践中积累起丰富的经验又经过分析而得到的,它为我们研究静力学奠定了必要的基础。

1.2.1 静力学公理

1. 二力平衡公理

作用在同一刚体上的两个力,使刚体处于平衡状态的必要与充分条件是:这两个力大小相等,方向相反,作用线在同一直线上(简称二力等值、反向、共线)。如图1.3所示的杆件 AB 受到一对拉力,当 $F_A = -F_B$ (负号表示 F_A 和 F_B 的方向相反),则杆件 AB 平衡。

在两力作用下处于平衡的刚体称为二力体,如果刚体是一个杆件,则称为二力杆件。图1.3所示的杆件 AB,若不计自重,就是一个二力杆件。二力杆件上 F_A 和 F_B 两力的作用线必在两力的作用点连线上,且等值、反向。

图1.3　刚体杆件的平衡

提示

二力平衡公理仅适用于刚体。物体受力分析时经常利用二力杆件这一受力特点确定二力杆件所受力的作用线方位。

对于变形体,二力平衡条件只是必要条件,并不是充分条件。例如满足上述条件的两个力作用在一根绳子上,当这两个力是张力(绳子受拉)时,绳子才能平衡(图1.4)。如受等值、反向、共线的压力就不能平衡。

图1.4　绳子受拉时的平衡

2. 作用力与反作用力公理

若甲物体对乙物体有一个作用力,则同时乙物体对甲物体必有一个反作用力,这两个力大小相等、方向相反并且沿同一直线而相互作用。由于力是物体间相互的机械作用,因而作用力与反作用力必然是同时出现,同时消失。

提示

作用力和反作用力是分别作用在两个物体上的力,任何作用在同一个物体上的两个力都不是作用力和反作用力。

如图1.5所示,在光滑的水平面上放置一重量为 G 的球体,球体在重力 G 作用下,给水平支承面一个铅垂向下的压力 N,同时水平支承面给球体一个向上的支承力 N',力 N 和 N'

就是作用力与反作用力。另外球体的重力 G 与水平支承面给球体的向上支承力 N'，尽管它们是大小相等、方向相反，沿着同一直线作用的两个力，但它们是作用在同一物体（球体）上的，所以它们不是一对作用力与反作用力，应该是一对平衡力。因此在分析作用力与反作用力时，不能同二力平衡公理混淆。[①]

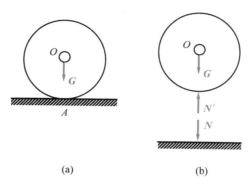

图 1.5 作用力和反作用力分析示意图

（a）球置于水平面；（b）球和水平面的受力分析

3.　加减平衡力系公理

在作用着已知力系的刚体上，加上或减去任意平衡力系，原力系对刚体的作用效果不变。

这是因为平衡力系对刚体的运动状态没有影响，所以增加或减少任意平衡力系均不会使刚体的运动效果发生改变。

4.　力平行四边形公理

作用于刚体上同一点的两个力可以合成一个合力，该合力的大小和方向由这两个力为邻边所组成的平行四边形并通过二力汇交点的对角线确定。合力的作用线仍通过二力的汇交点。

如图 1.6 所示，F_1 和 F_2 为作用于刚体上 A 点的两个力，以这两个力为邻边作平行四边形 $ABCD$，则 F_1 与 F_2 的合力 R 的大小、方向即以平行四边形的对角线 AC 表示，R 的作用线通过两个力的作用点 A。

图 1.6 力平行四边形示意图

求 F_1 和 F_2 两力的合力 R，还可以用矢量表达式：

$$R = F_1 + F_2$$

1.2.2　两个推论

根据上述静力学公理，可以得出以下两个重要推论。

①　力的符号为 F，但在本书中为了方便学习，并同荷载计算规范中的符号统一，避免前后不同，部分力的符号采用 N、V 等符号表示，特此说明。

1. 力的可传性原理

作用于刚体上的力，其作用点可以沿着作用线移动到该刚体上任意一点，而不改变力对刚体的作用效果。

如图 1.7a 所示，设在小车 A 点上作用一力 F。在力 F 作用线上任取一点 B，并沿力 F 作用线在 B 点加一对平衡力 (F_1, F_2)，使 $F_1 = F_2 = F$（图 1.7b），由加减平衡力系公理可知，力系 F_1、F_2、F 对小车的作用，与力 F 单独作用的效果相同。然后再减去平衡力系 F 与 F_1，于是刚体上就只剩下作用于 B 点的力 F_2（$F_2 = F$），这就相当于将力 F 的作用点沿作用线由 A 点移到 B 点（图 1.7c）。实践证明这两种情况的作用效果完全相同。

图 1.7　力的可传性原理示意图

（a）小车 A 点作用力 F；（b）小车 B 点增加一对平衡力；（c）小车 B 点作用力 F_2

提示

力的可传性原理只适用于刚体而不适用于变形体。

当研究物体的内力、变形时，将力的作用点沿着作用线移动，必然使该力对物体的内效应发生改变。如图 1.8a 所示杆件 AB，在 A、B 两点分别作用有力 F_1、F_2，F_1 与 F_2 大小相等、方向相反、作用在同一直线上，在此两力作用下杆件 AB 处于平衡状态。现利用力的可传性原理，把力 F_1 和 F_2 的作用点沿着作用线移动，使其作用点对调（图 1.8b），杆件仍处于平衡状态，从杆件的运动状态来说，没有发生变化；但杆件的变形却发生了改变，由原来的受拉变为受压。由此可见，力的可传性只有力作用在刚体上才适用。

图 1.8　力的可传性原理对杆件内力、变形的影响

（a）杆件受拉；（b）杆件受压

2. 三力平衡汇交原理

若刚体在三个互不平行的力作用下处于平衡，则此三个力的作用线必在同一平面内且汇交于一点。

如图 1.9 所示，刚体上受有不平行的三个力 F_1、F_2 和 F_3 作用而保持平衡。可先根据力的平行四边形公理，将其中任意二力 F_1 和 F_2 合成一个合力 R。于是刚体上只受 F_3 和 R 两个力作用，因刚体是平衡的，则 F_3 和 R 必满足二力平衡公理，即 F_3 与 R 的作用线必在同一直线上。因此，作用在刚体上的 F_1、F_2 和 F_3 组成平衡力系的条件是三个力的作用线汇交于 O 点。

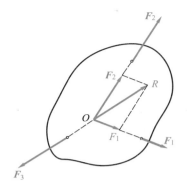

图 1.9　三力平衡示意图

由此可知,刚体受不平行的三力作用而平衡时,如果已知其中两个力的方向,则第三个力的方向就可以按三力平衡汇交原理确定。

1.3　荷　　载

作用在物体上的力或力系统称为外力,物体所受的外力包括主动力和约束反力两种,其中主动力又称为荷载(即为直接作用)。如物体的自重、人群、风压力、雪压力等。此外,其他可以使物体产生内力和变形的任何作用,如温度变形、材料收缩、地震的冲击等,从广义上讲也称为荷载(即间接作用)。本节只讨论直接作用。

1.3.1　荷载的分类

1. 按作用的性质分

（1）永久荷载(Permanent load)

永久荷载(又称恒荷载)是指在结构使用期间,其值不随时间变化,或其变化与平均值相比可以忽略不计,或其变化是单调的并能趋于限值的荷载,也可简单理解为长期作用不变的荷载,如构件自重、设备自重等。永久荷载的大小可根据其形状尺寸、材料的密度计算确定。各种常用材料的密度可由《建筑结构荷载规范》(GB 50009—2012)(以下简称《荷载规范》)查得。

（2）可变荷载(Variable load)

可变荷载(又称为活荷载)是指在结构使用期间,其值随时间变化,且其变化与平均值相比可以忽略不计的荷载。也可简单理解为荷载的大小和作用位置经常随时间变化。如楼面上人群、物品的重量、雪荷载、风荷载、吊车荷载等。在《荷载规范》中对各种活荷载的标准值(称为标准荷载)都作了规定,计算时可直接查用。

（3）偶然荷载(Accidental load)

在结构使用期间不一定出现,一旦出现,其值很大且持续时间很短的荷载。如地震力、爆炸力、撞击力等。

  2. 按分布形式分

  （1）集中荷载（Concentrated load）

  荷载的分布面积远小于物体受荷的面积时，为简化计算，可近似地看成集中作用在一点上，这种荷载称为集中荷载。集中荷载在日常生活和实践中经常遇到，如人站在地板上，人的重量就是集中荷载。集中荷载的单位是 N(牛)或 kN(千牛)，通常用字母 F 表示(图 1.10 所示)。

  （2）均布荷载（Uniformly distributed load）

  荷载连续作用，且各处大小相等，这种荷载称为均布荷载。单位面积上承受的均布荷载称为均布面荷载，通常用字母 p 表示（图 1.11），单位为 N/m^2（牛/米^2）或 kN/m^2（千牛/米^2）。单位长度上承受的均布荷载称为均布线荷载，通常用字母 q 表示（图 1.12），单位为 N/m(牛/米)或 kN/m(千牛/米)。

图 1.10　集中荷载

图 1.11　均布面荷载

  （3）非均布荷载（Non uniform load）

  荷载连续作用，且各处大小不相等，而是按一定规律变化的，这种荷载称为非均布荷载。例如挡土墙所受土压力作用的大小与土的深度成正比，愈往下，挡土墙所受的土压力也愈大，呈三角形分布，故为非均布荷载（图 1.13）。

图 1.12　均布线荷载

图 1.13　非均布荷载

1.3.2　荷载的计算

  荷载的计算是结构计算的第一步。结构计算就是要根据荷载的大小及作用的形式决定构件的内力和尺寸，使设计的构件有足够的强度、刚度和稳定性。因此，荷载的确定是工程设计中很重要的一环，必须慎重、细致地进行计算。

  【例 1.1】　某办公楼屋面采用预制板，板长 $l = 3.60$ m，板宽 $b = 1.20$ m。每块板自重 $G = 11.02$ kN，板的两端搁置在砖墙上，屋面材料作法为：二毡三油上铺小石子（0.35 kN/m^2），20 mm 厚水泥砂浆找平层，砂浆的密度为 $\gamma = 20$ kN/m^3，板底 20 mm 厚抹灰，抹灰密度为 $\gamma = 17$ kN/m^3。屋面活荷载的标准值为 0.7 kN/m^2（不上人屋面），试计算屋面板的均布线荷载。

【解】　① 屋面板单位面积上的永久荷载：

二毡三油上铺小石子：　　　　　　　0.35 kN/m²

20 mm 厚水泥砂浆找平层：　0.02 m × 20 kN/m³ = 0.40 kN/m²

板自重：　　　　　　　$\dfrac{11.02\ \text{kN}}{3.60\ \text{m} \times 1.20\ \text{m}} = 2.55\ \text{kN/m}^2$

20mm 厚板底抹灰：　　0.02 m × 17 kN/m³ = 0.34 kN/m²

$$p_{恒} = 3.64\ \text{kN/m}^2$$

② 屋面板单位面积上的总荷载：

$$p_{总} = p_{恒} + p_{活} = 3.64\ \text{kN/m}^2 + 0.7\ \text{kN/m}^2 = 4.34\ \text{kN/m}^2$$

③ 屋面板单位长度所受的均布线荷载：

$$q_{总} = p_{总}\,b = 4.34\ \text{kN/m}^2 \times 1.2\ \text{m} = 5.21\ \text{kN/m}$$

1.4　约束与约束反力

在空间能自由作任意方向运动的物体称为自由体。如空气中的气球和飞行的飞机就是自由体。在某一方向的运动受到限制的物体称为非自由体。图 1.14a 中的小球受到绳索的限制，绳索限制小球沿绳轴线向下运动，小球就是非自由体。

使非自由体在某一方向不能自由运动的限制装置称为约束。图 1.14a 的绳索就是小球的约束。由约束引起的沿约束方向阻止物体运动的力称为约束反力。图 1.14b 中柔绳拉住小球以限制其下落的张力 **T** 就是约束反力。由于约束反力的作用是阻止物体运动，因此约束反力的方向总是与被约束物体的运动方向或运动趋势的方向相反。

约束反力的产生条件是由物体的运动趋势和约束性能来决定的。使物体运动或有运动趋势的力称为主动力。物体在主动力作用下如果没有相对于某个约束的运动趋势，则该约束反力就不会产生。如图 1.15a 和图 1.16a 的球体在 A 点虽有约束，但球

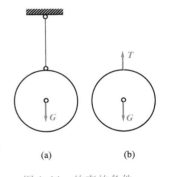

图 1.14　约束的条件
（a）约束；（b）约束反力

体在约束阻止球运动的方向上并没有运动趋势，所以 A 点没有约束反力。而图 1.15b 和图 1.16b 所示的球体在自重 **G** 或 **F** 作用下有向左的运动趋势，因此在 A 点就有约束反力。

约束反力是在主动力影响下产生的，主动力的大小是已知或可测定的，而约束反力的大小通常是未知的。在静力学问题中，主动力和约束反力组成平衡力系，可利用平衡条件求约束反力。

下面介绍工程中常见的几种约束类型及其约束反力。

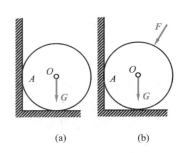

图 1.15　约束反力的条件 1　　　　　图 1.16　约束反力的条件 2

（a）A 点没有约束反力；（b）约束反力　　（a）A 点没有约束反力；（b）约束反力

1.4.1　柔体约束（Soft constraint）

由柔软的绳索、链条、皮带等所形成的约束称为柔体约束。由于柔体约束只能阻止物体沿着柔体轴线方向离开柔体的运动，所以柔体约束的约束反力是沿着柔体轴线方向并背离物体。柔体约束反力通常用字母 T 表示。如图 1.17a 所示的绳索 AB 和 CD 就是柔体约束，其约束反力是绳索给球的拉力 T_{AB} 和 T_{CD}，如图 1.17b 所示。

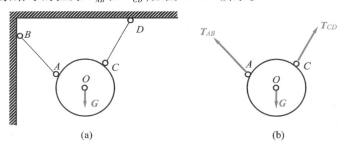

图 1.17　柔体约束示意图

（a）柔体约束；（b）柔体约束受力分析图

1.4.2　光滑接触面约束（Smooth contact surface constraints）

两个相互接触的物体，如沿着接触表面切线方向的摩擦力极小，略去不计时，这种光滑接触面构成的约束称为光滑接触面约束。由于光滑表面只能阻止物体沿接触面法线向光滑面方向运动，所以光滑接触面约束反力的方向是沿着接触表面的法线方向并指向物体，作用点为接触点。光滑面约束反力通常用字母 N 表示，如图 1.18a 和图 1.19a 所示的 A、B 接触面为光滑接触面约束，其约束反力沿着接触处的法线方向并指向物体，如图 1.18b 和图 1.19b 所示的 N_A 和 N_B。

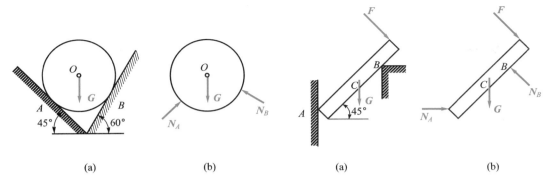

图 1.18　光滑接触面约束示意图 1

（a）光滑接触面约束 1；（b）约束受力分析图

图 1.19　光滑接触面约束示意图 2

（a）光滑接触面约束 2；（b）约束受力分析图

1.4.3　固定铰链支座（Fixed hinge support）

这种支座形式构造是将圆柱形销钉 1 插入两个带有圆孔的物体 2、3 上构成，销钉与圆孔表面是光滑的，如图 1.20a 所示。固定铰链支座约束能限制物体 2 沿圆柱销半径方向移动，但不能限制被约束物体绕销钉转动。

图 1.20　固定铰支座示意图

（a）固定铰支座；（b）固定铰支座受力示意图

在物体 2 受荷载作用时，销钉孔壁便与销钉上的某点 A 压紧，这样销钉将通过接触点 A 给物体 2 一个约束反力 R，R 的作用线必须通过销钉中心 B，沿接触处的法线方向（图 1.20b）。然而销钉孔与销钉的接触点 A 与受力情况有关，事先无法确定，故 R 的方向也无法最后确定。在实际应用时，通常是用两个互相垂直且通过铰心 B 的分力 R_x 和 R_y 来代替。固定铰链支座约束的简图如图 1.21 所示。

在实际工程中，梁、板支承在砖墙上，由于支承长度有限，梁、板在支承处有可能发生微小的转动，所以也可简化为固定铰链支座。

图 1.21　固定铰链支座约束简图

(a)固定于地的支座计算简图；(b)固定于地；(c)固定于墙；(d)固定于墙和地

1.4.4　活动铰链支座(Hinge Support)

　　将铰链支座安装在带有滚轴的固定支座上，支座在滚轴上可以任意的左右作相对运动，如图 1.22a 所示，这种约束称为活动铰链支座。被约束物体不仅能自由转动，而且可以沿着平行支座底面的方向任意移动，因此活动铰链支座只能阻止物体沿着垂直于支座底面的方向运动。故活动铰链支座的约束反力 R 的方向必垂直于支承面，作用线通过铰链中心。

　　活动铰链支座的简图如图 1.22b、c 所示。

图 1.22　活动铰链支座约束简图

(a)活动铰链支座；(b)活动铰链支座计算简图；(c)活动铰链支座简图

　　由于活动铰链支座不限制杆件沿轴线方向的伸长或缩短。因此桥梁或屋架等工程结构一端用固定铰链支座，另一端用活动铰链支座，以适应温度变化引起的伸缩。

1.4.5　链杆(Chain lever)

　　两端用铰链与物体联接而不计自重的直杆为链杆，如图 1.23a 所示。链杆能阻止物体沿链杆轴线方向的运动，但不能阻止其他方向的运动，所以链杆的约束反力 R 的方向是沿着链杆的轴线，而指向则由受力情况而定。链杆的计算简图如图 1.23b 所示。

　　链杆通常又称为二力杆。凡是两端具有光滑铰链，杆中间不受外力作用，又不计自身重量的刚性杆，就是二力杆。

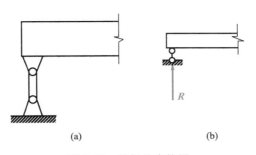

(a)   (b)

图 1.23　链杆约束简图

（a）链杆简图；（b）链杆计算简图

1.4.6　固定端支座（Fixed end support）

工程中常将构件牢固地嵌在墙或基础内,使物体不仅不能在任意方向上移动,而且也不能自由转动,这种约束称为固定端支座。例如梁端被牢固地嵌在墙中时(图 1.24a),其支承可视为固定端支座。又如钢筋混凝土柱,插入基础部分较深,且四周又用混凝土与基础浇筑在一起,因此柱的下部被嵌固的很牢,不能产生转动和任何方向的移动,即可视为固定端支座(图 1.24b)。固定端支座的计算简图如图 1.24c 所示。

(a)   (b)   (c)

图 1.24　固定端支座约束简图

（a）固定端悬挑简图；（b）固定端柱简图；（c）固定端支座计算简图

固定端支座的约束反力有三个:作用于嵌入处截面形心上的水平约束反力 R_x 和垂直约束反力 R_y,以及约束反力偶 M(图 1.24c)。

1.5　物体的受力分析和受力图

静力学主要研究受力物体的平衡问题。在考虑物体受力平衡时,必须先弄清物体的受力情况,即分析物体受到哪些力的作用,并确定每个力的作用位置和作用方向。在分析物体受力时,首先要明确哪一物体(或几个物体的组合)为研究对象(即所需要研究的物体),然后再对它进行受力分析。

工程结构中,每个构件都与其他构件联在一起,它们之间保持着一定的作用力,为了分析研究对象的受力情况,往往需要把研究对象从与它有联系的物体中分离出来(即解除约束),所分离出来的研究对象称为脱离体;然后画出脱离体图,在脱离体图上标出物体的主动力,再在解除约束处用相应的约束反力来代替,即得脱离体的受力图。

脱离体受力图中,包括主动力和约束反力。主动力往往是已知或可以测定的,而约束反力通常是未知力,但可根据平衡条件求出。

【**例 1.2**】 重量为 G 的球体置于光滑的斜面上,并用绳子系住,如图 1.25a 所示,试画出球体的受力图。

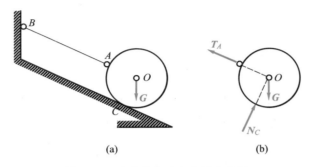

图 1.25 球体约束受力分析示意图

(a)球体约束图;(b)球体受力简图

【**解**】 ① 以球体为研究对象(即取球为脱离体),画出脱离体简图。

② 标出主动力——重力 G,作用于重心 O 点,铅垂向下。

③ 标出约束反力——绳子对球的拉力 T_A,通过接触点 A 沿绳轴作用、方向背离球体;斜面对球的支承力 N_C,通过点 C,垂直于斜面指向球体,图 1.25b 就是球体的受力图。因球体受 G、N_C、T_A 三力作用而平衡,故 G、N_C、T_A 三力作用线必交于一点 O。

【**例 1.3**】 梁一端为固定铰链支座,另一端为链杆支座(图 1.26a 所示),梁的自重不计,梁上作用斜向集中荷载 F,试画出梁的受力图。

【**解**】 以梁为研究对象(即取梁 AB 为脱离体),其上作用的主动力有集中荷载 F;固定铰链支座 A 的约束反力 R_{Ax}、R_{Ay} 是两个互相垂直且通过 A 铰链中心的力;链杆支座 B 的约束反力 R_B 的作用点通过 B 铰链中心,其作用线沿着杆轴。图 1.26b 是该梁的受力简图。

图 1.26 梁的受力分析示意图

(a)梁的支座简图;(b)梁的受力简图

【例 1.4】 图 1.27a 为两跨静定梁，C 为铰链，且受已知力 F 和 q 的作用，试画出梁 CB、AC 及整体的受力图。

【解】 先以梁 CB 为研究对象（即取 CB 为脱离体），主动力为均布荷载 q，约束反力有铰链的反作用力 R_{Cx}、R_{Cy} 和链杆支座的反作用力 R_B，其受力图如图 1.27b 所示。

再取梁 AC 为研究对象（即取梁 AC 为脱离体），主动力有集中荷载 F，均布荷载 q 和 R'_{Cx}、R'_{Cy}（R'_{Cx} 和 R'_{Cy} 与梁上的 R_{Cx} 和 R_{Cy} 是两对作用力和反作用力），约束反力有 R_{Ax}、R_{Ay} 和 M_A，其受力图如图 1.27c 所示。

最后取整体为研究对象，主动力有集中荷载 F 和均布荷载 q，约束反力有固定支座的反作用力 R_{Ax}、R_{Ay} 和 M_A 及链杆支座的反作用力 R_B，其受力图如图 1.27d 所示。

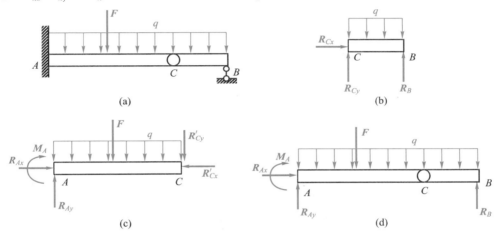

图 1.27　静定梁受力分析图

（a）梁支座简图；（b）BC 段脱离体受力图；（c）AC 段脱离体受力图；（d）全梁受力简图

【例 1.5】 如图 1.28a 所示的三角形支架 A、B、C 三处均以光滑铰链联接，支架 AB 上放置一重物 G，试画出 AB 杆和 BC 杆的受力图（不计杆自重）。

【解】 先以 BC 杆为研究对象（即取 BC 杆为脱离体），由于 BC 杆两端用铰链联接，又不计自重，显然是二力杆，其 B、C 端的约束反力分别为 R_C 和 R_B，根据二力平衡公理，此二力必须等值、反向、共线，其受力图如图 1.28b 所示。

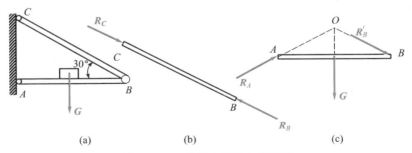

图 1.28　三角形支架受力分析图

（a）三角形支架；（b）BC 杆受力简图；（c）AB 杆受力简图

再以 AB 杆为研究对象,主动力为 G、R'_B(R'_B 与 BC 杆的 R_B 是作用力与反作用力),A 端的约束反力 R_A,根据三力平衡汇交原理,R_A、G、R'_B 必交于 O 点,其受力简图如图 1.28c 所示。

思 考 题

1.1 什么是力?力作用的效果取决于哪些因素?

1.2 两个力等效的条件是什么?图中所示的两力 F_1、F_2 大小相等,方向相同,并且分别作用在物体 A、B 两点上,问此两力对物体的作用效果是否相等?为什么?

1.3 "刚体就是硬度很大的物体"这种说法对吗?为什么要引入刚体的概念?

1.4 举例说明,二力平衡公理与作用力和反作用力公理有何不同?

1.5 举例说明,二力平衡公理为什么只适用于刚体,而不适用变形体?

1.6 刚体上受互不平行的三个力作用而保持平衡状态,其中二力汇交于一点。试问这三个力是否在同一平面内?能否不汇交于同一点?为什么?

思考题 1.2 图

1.7 如何区分主动力和约束反力?

习 题

1.1 有一重量为 G 的重物,由两根绳索悬挂,如图所示,试分别画出重物和联接点 A 的受力图。

1.2 试画出下列图示中圆球的受力图。

(a)　　　　　　(b)

(c)　　　　　　(d)

习题 1.1 图　　　　　　习题 1.2 图

1.3 杆 AB 受已知力 F 作用,试画出下列图示中杆 AB 的受力图(不计杆自重)。

1.4 试画出下列图示中梁 AB 的受力图(梁自重不计)。

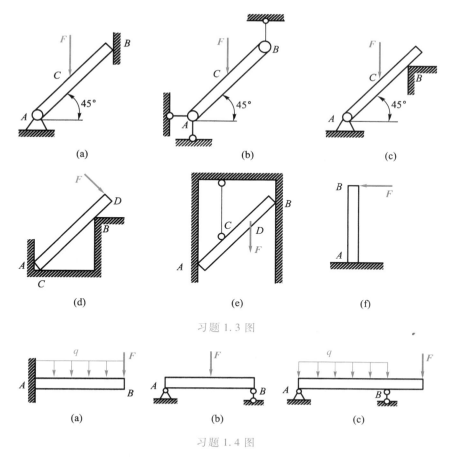

(a)   (b)   (c)

(d)   (e)   (f)

习题 1.3 图

(a)   (b)   (c)

习题 1.4 图

1.5　如图所示多跨静定梁受荷载 F_1 和 F_2 作用,试绘出梁 AB 和 BC 以及整体的受力图(梁自重不计)。

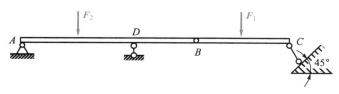

习题 1.5 图

2

平面力系

　　作用在同一物体上的一群力称为力系。凡是各力的作用线在同一平面内的力系称为平面力系；各力的作用线不在同一平面内的力系称为空间力系。

　　在这两类力系中，又有下列情况：

（1）作用线交于一点的力系称为汇交力系。

（2）作用线相互平行的力系称为平行力系。

（3）作用线任意分布（既不汇交一点，又不全都互相平行）的力系称为一般力系。

空间力系本书不作介绍。

2.1　平面汇交力系

平面汇交力系是一种最基本的力系，它不仅是研究其他复杂力系的基础，而且在工程中用途也比较广泛，如图 2.1 所示的屋架，结点 C 所受的力；如图 2.2 所示的起重机，在起吊构件时，作用于吊钩 C 点的力都属于平面汇交力系。

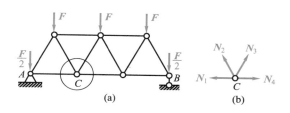

图 2.1　屋架受力分析

（a）屋架受力简图；（b）结点 C 受力图

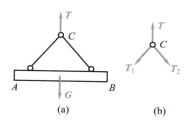

图 2.2　起重机受力分析

（a）起重机受力简图；（b）结点 C 受力图

2.1.1　力的合成与分解

1. 合力与分力的概念

作用于刚体上的力系，如果可以用一个力 $\boldsymbol{R}$ 代替而不改变原力系对刚体的作用效果，则这个力 $\boldsymbol{R}$ 称为原力系的合力，而原力系的各力就是合力 $\boldsymbol{R}$ 的分力。

在力学计算中，有时需要将几个力合成一个合力，这叫做力的合成，或者需要将一个力分解成两个或几个分力，这叫做力的分解。在第 1 章中已经介绍了用平行四边形公理求两个汇交力合力问题，下面主要讨论将一个力分解成两个或多个分力的分解问题。

2. 力的分解

作用在刚体上的两个汇交力可以合成一个合力。反之，作用在刚体上的一个力也可以分解为两个分力。

把一个力分解成两个分力，从几何作图的角度来看，就是在已知对角线的情况下作一平行四边形。显然，如果没有任何附加条件，则可作出无限多个平行四边形（即一个力分解为两个相交的力有无穷多个解），如图 2.3a 所示；因此，要使问题有唯一的解答，必须给予一定的附加条件，如给出两个分力的方向或给出一个分力的大小和方向。

例如，已知两分力的方向为 m 和 n（图 2.3b），从已知力 F 的终端 A 作两条与已知方向 m 和 n 平行的直线，此两直线分别与 m 和 n 汇交于 B、C 点，形成平行四边形 $OBAC$，从而得

图 2.3 力的分解简图

(a) 无限个平行四边形；(b)唯一的平行四边形

OB 边为分力 F_1，OC 边为分力 F_2。

最常用的分解方法是将已知力沿正交的水平方向和铅垂方向分解，如图 2.4 所示。按照三角公式可得下列关系：

$$F_1 = F\cos\alpha$$
$$F_2 = F\sin\alpha$$

式中 α 为力 F 与 x 方向的夹角。

【例 2.1】 物体重力 $G = 30$ kN，放在与水平面成 30°角的斜面上，试求物体的下滑力及其对斜面的压力（图 2.5）。

图 2.4 力的分解

图 2.5 物体下滑力的分解

【解】 物体重力 G 的方向是铅垂向下，它沿斜面方向的分力 F 即物体的下滑力；与斜面垂直的分力 N 则是它对斜面的压力。根据力的分解方法，以重力 G 为对角线，以平行于斜面及垂直于斜面的方向为二邻边，作出力平行四边形，如图 2.5 所示，此平行四边形为一矩形，由三角函数公式得：

$$F = G\sin30° = 30 \text{ kN} \times \frac{1}{2} = 15 \text{ kN}$$

$$N = G\cos30° = 30 \text{ kN} \times \frac{\sqrt{3}}{2} = 25.98 \text{ kN}$$

N、F 的指向如图 2.5 所示。

2.1.2 平面汇交力系与平衡的几何法

1. 平面汇交力系合成的几何法

（1）平面两个汇交力的合成

设在刚体 A 点上作用有两汇交力 F_1 和 F_2（图 2.6a），力 F_1 水平向右，F_2 与水平方向成 β 角且朝向右上方。试求它们的合力。

图 2.6　两力平行汇交示意图

（a）平行四边形法则；（b）三角形法则

　　应用前面学过的平行四边形公理,可求得 F_1 和 F_2 的合力:先从两力交点 A 出发,按适当的比例(比例可按力的大小自由选定)和正确的方向画出 F_1 和 F_2,便可得出相应的平行四边形 $ABCD$,其中对角线 AC 即代表合力 R,按比例量出 AC,即 R 的大小,同时可量出合力 R 与水平线夹角 α(度)。

　　从上述可看出,在求合力 R 的大小和方向时,不一定要作出整个平行四边形 $ABCD$,因为平行四边形的对边平行且相等,而只画出其中的三角形 ABC 或 ACD 便可解决问题。如图2.6b 所示,直接将力 F_2 平行移至 B 点得 BC,再联接起点 A 和终点 C,所得 AC 即代表合力 R,合力的方向应由图形的起点 A 指向终点 C(图 2.6b),这与平行四边形的结果完全相同,这一力的合成方法称为力的三角形法则。

　　注意,画力三角形时一个分力的箭尾总是紧接着另一个分力的箭头,即首尾相接,两力的先后次序可以任选,但大小、方向不能改变。

　　【例 2.2】　试求图 2.7 中水平力 F 和垂直力 N 的合力,$F=6$ kN,$N=12$ kN。

　　【解】　这是两个汇交力的合成问题,可用力三角形法则求合力。步骤如下:

　　① 选比例尺,1cm 线段代表 3 kN 的力的大小。

　　② 从任意点 A 开始,画水平线 $AB=2$ cm,表示水平力 F 的大小。

　　③ 由 B 点画竖线 $BC=4$ cm,表示垂直力 N 的大小。

　　④ 联接直线 AC,即代表合力 R 的大小和方向。合力的指向由起点 A 指向终点 C。

　　⑤ 量得 $AC=4.5$ cm,即合力的大小 $R=3$ kN/cm $\times 4.5$ cm $=13.5$ kN。量得角 $\alpha=63°31'$,即合力 R 与水平方向的夹角为 $63°31'$,指向右下方。

图 2.7　三角形法则

（a）柱顶端受力示意图；（b）三角形法则求合力

⑥ 把合力 R 标注在原图上。

（2）平面多个汇交力的合成

在求两个以上力的合力时，可将力的三角形法则推广为力的多边形法则。如墙面固定环上受到一组力 F_1、F_2、F_3、F_4 作用，各力作用线在同一平面内并汇交于 O 点，如图 2.8a 所示。为求汇交力系的合力，可连续应用力三角形法则，如图 2.8b 所示。先求 F_1 和 F_2 的合力 R_1；再求 R_1 和 F_3 的合力 R_2；最后求 R_2 和 F_4 的合力 R。显然，R 就是原汇交力系（F_1、F_2、F_3、F_4）的合力。

图 2.8　三角形法则转为力的多边形法则

（a）结点受多个力；（b）三角形法则应用；（c）力的多边形法则

实际作图时，表示力 R_1 和 R_2 的线段可不必画出，只要将力系中的各力首尾相连地依次按比例画出；最后，连接第一个分力的起点和最后一个分力的终点，就可得到力系的合力 R，合力 R 的大小根据力的比例去量测，合力的方向是起点 A 指向终点 E，如图 2.8c 所示，合力的作用线通过汇交点。这种求多个汇交力合力的几何方法称为力多边形法则，封闭折线 $ABCDE$ 称为力多边形，线段 AE 称为多边形的封闭边。

在作图时，如果改变各分力作图的先后顺序，得到的力多边形的形状自然不同，但所得合力 R 的大小和方向均不改变。由此而知，合力 R 与绘制力多边形的先后顺序无关。

【例 2.3】　已知 O 点作用有 5 个力，$F_1 = 40$ kN，$F_2 = 20$ kN，$F_3 = 60$ kN，$F_4 = 50$ kN，$F_5 = 30$ kN，方向如图 2.9a 所示，试用几何法求平面汇交力系的合力 R。

【解】　这是 5 个力的汇交力系合成问题，可用力多边形法求合力 R 的大小和方向，具体步骤如下：

① 选择力比例，1 cm 线段长度代表 20 kN 的力的大小。

② 从任意点 A 开始，按力 F_1、F_2、F_3、F_4、F_5 各自的大小和方向，首尾相接成开口的力多边形 $ABCDEF$。

③ 连接起点和终点 F，即得合力 R，指向是起点 A 到终点 F（图 2.9b）。

④ 由图量得 R 的大小：$R = 43.2$ kN，$\alpha = 89°13'$。

⑤ 把合力 R 按方向和大小标注在图 2.9a 上。

如果平面力系中各力的作用线在同一直线上，则此力系称为共线力系，这种力系是平面

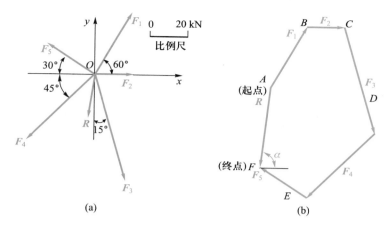

(a)

图 2.9　几何法求平面汇交力系的示例

(a) O 点受力简图；(b) 力多边形法则的应用

汇交力系的特殊情况。平面共线力系的力多边形各边都在一直线上，图 2.10 就是用几何法求共线力系 F_1、F_2、F_3 的合力 R 时的力多边形。

从图 2.10 可见，如取某一指向的力为正，相反指向的力为负，则合力的大小等于各力的代数和的绝对值，而代数和的符号表示合力的指向。即

图 2.10　几何法求共线力系

$$R = F_1 + F_2 + F_3 + \cdots = \sum F \tag{2.1}$$

2. 平面汇交力系平衡的几何条件

物体是沿着合力的指向作机械运动，要使物体保持平衡（处于静止或作等速直线运动），则必须合力等于零。

由前可知：平面汇交力系的合力是用开口的力多边形封闭边表示（即第一分力的始端到最后一个分力末端的线段），欲使合力为零，则封闭边的长度应为零；也就是说，力多边形中最后一个分力的终点与第一个分力的起点重合，这种情况称为力多边形自行封闭。

所以，平面汇交力系平衡的必要和充分的几何条件是：力多边形自行封闭。

利用几何平衡条件，可以解决两类问题：

① 检验刚体在平面汇交力系作用下是否平衡。

② 当刚体处于平衡时，利用平衡条件求解力系中任意两个未知力。

【例 2.4】　杆 AC 和杆 BC 铰接于 C，两杆的另一端分别支承在墙上。在 C 点悬挂重物 $G = 60$ kN，如图 2.11a 所示。如不计杆重，试用几何法求两杆所受的力。

【解】　① 取节点 C 为研究对象，作 C 点的受力图，如图 2.11b 所示。C 点受 G、T_{AC}、T_{BC} 作用而平衡，根据平面汇交力系平衡的几何条件，此三力组成的力三角形自行封闭。

② 选择比例。

③ 自任意点 a 起按比例作力的封闭多边形，如图 2.11c 所示。

④ 按力三角形闭合条件，定出力 T_{AC} 和 T_{BC} 的指向（即 T_{AC} 和 T_{BC} 应符合各力首尾相接的

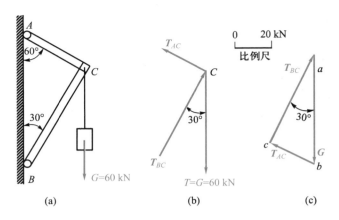

图 2.11 几何法分析杆件受力

（a）杆件支承图；（b）节点 C 受力图；（c）三角形法则求合力

规则）。

⑤ 按所选比例量出：$T_{AC} = 30$ kN，$T_{BC} = 52$ kN。

【例 2.5】 如图 2.12a 所示一水平梁 AB，在梁中点 C 作用着倾斜力 $F = 20$ kN，不计梁自重。试用几何法求支座 A 和 B 的反力。

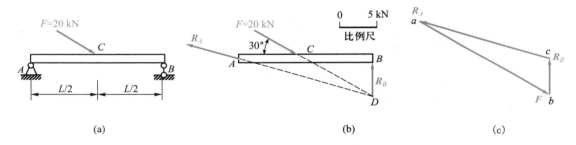

图 2.12 几何法分析简支梁受力

（a）简支梁受力图；（b）梁 AB 受力图；（c）三角形法则求合力

【解】 ① 取梁 AB 为研究对象，画受力图，如图 2.12b 所示。梁在 $\boldsymbol{R}_A$、$\boldsymbol{R}_B$、$\boldsymbol{F}$ 作用下保持平衡，根据三力平衡汇交原理，此三力必汇交于 D 点构成一平面汇交力系。

② 按图示比例，自任意点 a 画出 $\boldsymbol{F}$、$\boldsymbol{R}_A$、$\boldsymbol{R}_B$ 三力的封闭三角形，如图 2.12c 所示。

③ 按力三角形闭合条件定出力 $\boldsymbol{R}_A$ 和 $\boldsymbol{R}_B$ 的指向。

④ 按比例量得：$R_A = 18.5$ kN，$R_B = 5.1$ kN。

（使用几何求解杆件受力时，其作图结果受作图精度影响较大，故一般不采用此法。）

2.1.3 平面汇交力系合成与平衡的解析法

平面汇交力系求合力的方法除前述的几何法外，在更多情况下还是采用解析法，这种方法是以力在坐标轴上的投影作为基础来进行计算的。

1. 力在坐标轴上的投影

如图 2.13 所示，力 $\boldsymbol{F}$ 在直角坐标 xOy 平面内，力 $\boldsymbol{F}$ 的大小用线段 AB 表示，此力与 x 轴的夹角为 α。自力 $\boldsymbol{F}$ 两端 A 和 B 分别向 x、y 轴作垂线，垂足分别为 a、b 和 a'、b'。两垂足间的线段 ab 和 $a'b'$ 称为力在坐标轴上的投影。其中 ab 表示力 $\boldsymbol{F}$ 在 x 轴上的投影，用 F_x 表示，$a'b'$ 表示力 $\boldsymbol{F}$ 在 y 轴上的投影，用 F_y 表示。

力在坐标轴上的投影是一个代数量，它有正负号规定：凡投影的指向与坐标轴的正方向一致时，投影值为正号，反之则为负号。投影 F_x 和 F_y 的数值可按三角函数公式求得，图 2.13 中的力 $\boldsymbol{F}$ 在 x、y 轴上的投影值为

$$\left.\begin{array}{l} F_x = F\cos\alpha \\ F_y = F\sin\alpha \end{array}\right\} \tag{2.2}$$

反之，如果已知力 $\boldsymbol{F}$ 在两坐标轴上的投影 F_x 和 F_y，则力 $\boldsymbol{F}$ 的大小和它与 x 轴的夹角 α，可根据勾股定理和三角关系求得：

$$\left.\begin{array}{l} F = \sqrt{F_x^2 + F_y^2} \\ \tan\alpha = \left|\dfrac{F_y}{F_x}\right| \end{array}\right\} \tag{2.3}$$

力 $\boldsymbol{F}$ 的指向需根据 F_x 和 F_y 的正负号确定。

所谓投影，在计算上与力沿直角坐标轴分解是相似的，但在概念上则不同，并且力的投影是代数量，而分力是矢量。

【例 2.6】　已知力 $F_1 = 30 \text{ kN}$，$F_2 = 20 \text{ kN}$，$F_3 = 50 \text{ kN}$，$F_4 = 60 \text{ kN}$，$F_5 = 30 \text{ kN}$，各力方向如图 2.14 所示，求各力在 x 轴和 y 轴上的投影。

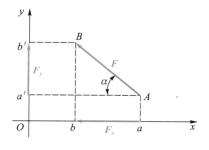

图 2.13　力 $\boldsymbol{F}$ 的直角分解

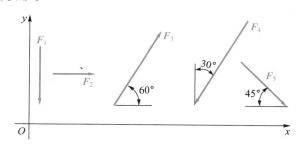

图 2.14　求各力的直角投影

【解】
$$F_{1x} = F_1\cos 90° = 0$$
$$F_{1y} = -F_1\sin 90° = -30 \text{ kN} \times 1 = -30 \text{ kN}$$
$$F_{2x} = F_2\cos 0° = 20 \text{ kN} \times 1 = 20 \text{ kN}$$
$$F_{2y} = F_2\sin 0° = 0$$
$$F_{3x} = F_3\cos 60° = 50 \text{ kN} \times 1/2 = 25 \text{ kN}$$
$$F_{3y} = F_3\sin 60° = 50 \text{ kN} \times \sqrt{3}/2 = 43.30 \text{ kN}$$
$$F_{4x} = -F_4\sin 30° = -60 \text{ kN} \times 1/2 = -30 \text{ kN}$$

$$F_{4y} = -F_4\cos30° = -60 \text{ kN} \times \sqrt{3}/2 = -51.96 \text{ kN}$$

$$F_{5x} = F_5\cos45° = 30 \text{ kN} \times \sqrt{2}/2 = 21.21 \text{ kN}$$

$$F_{5y} = -F_5\sin45° = -30 \text{ kN} \times \sqrt{2}/2 = -21.21 \text{ kN}$$

由上例计算可知:

① 如力的作用线与坐标轴垂直,则力在该坐标轴上的投影值等于零。

② 如力的作用线与坐标轴平行,则力在该坐标轴上投影的绝对值等于力的大小。

2. 平面汇交力系平衡的解析条件

前面已提过,平面汇交力系平衡的必要和充分条件是合力为零。在解析法中,合力为

$$R = \sqrt{R_x^2 + R_y^2} = \sqrt{\sum F_x^2 + \sum F_y^2}$$

欲使 $R = 0$,则必须:

$$\left.\begin{array}{l} \sum F_x = 0 \\ \sum F_y = 0 \end{array}\right\} \tag{2.4}$$

上式表明平面汇交力系平衡的解析条件是:力系中所有各力在两坐标轴上投影的代数和等于零。

式(2.4)又称为平面汇交力系的平衡方程,它是两个独立的方程,利用它可以求解两个未知量。

如前所述,利用平衡条件可以解决两类问题:

① 检验刚体在平面汇交力系作用下是否平衡。

② 当刚体处于平衡时,利用平衡条件求解力系中任意两个未知力。

现举例说明利用平面汇交力系的平衡方程求解未知力的主要步骤。

【例 2.7】 用解析法求解例 2.4。

【解】 ① 取结点 C 为研究对象,受力图如图 2.15 所示。

② 选定坐标轴 xOy 如图 2.15 所示。

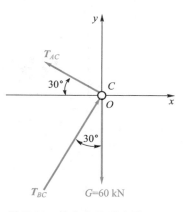

③ 列平面汇交力系平衡方程:

$$\sum F_x = 0, \ -T_{AC}\cos30° + T_{BC}\cos60° = 0 \tag{a}$$

$$\sum F_y = 0, \ T_{AC}\sin30° + T_{BC}\sin60° - G = 0 \tag{b}$$

由式(a)得: $T_{BC} = \sqrt{3}\,T_{AC}$ (c)

将式(c)代入式(b)得:

$$T_{AC} \times 1/2 + T_{AC} \times 3/2 - G = 0$$

$$T_{AC} = G \times 1/2 = 30 \text{ kN}$$

$$T_{BC} = \sqrt{3}\,T_{AC} = 52 \text{ kN}$$

图 2.15 结点 C 的受力图

答案与例 2.4 相同。在计算时求出的 T_{AC} 和 T_{BC} 均为正值,说明所设的未知力指向与实际的指向一致。在计算未知力时,如结果为负值,则说明所设的未知力指向与实际的指向相反。

【例2.8】 托架 *ABC* 如图 2.16a 所示,杆 *AC* 中点受集中力 *F* = 60 kN 作用。如不计杆自重,试求杆 *BC* 和铰 *A* 所受的力。

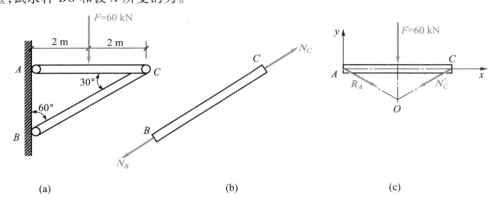

图 2.16   托架受力计算简图

(a)托架受力情况图;(b)杆 *BC* 受力图;(c)杆 *AC* 受力图

【解】 ① 取杆 *BC* 为研究对象,杆 *BC* 是二力杆(即 $N_C = N_B$,是一对平衡力),假设杆 *BC* 受拉力,受力图如图 2.16b 所示。为求未知力 N_C 和 R_A,选取杆 *AC* 为研究对象,受力图如图 2.16c 所示。杆 *AC* 在 **F**、**R_A**、**N_C'**(与 N_C 是作用力与反作用力)三力作用下平衡,故 **F**、**R_A**、**N_C'** 必汇交于一点 *O*。

② 选定坐标轴 *xAy*(图 2.16c)。

③ 列平面汇交力系平衡方程:

$$\sum F_x = 0 \qquad -N_C'\cos30° + R_A\cos30° = 0$$
$$N_C' = R_A$$
$$\sum F_y = 0 \qquad -F - N_C'\sin30° - R_A\sin30° = 0$$
$$-F - N_C' \times 1/2 - N_C' \times 1/2 = 0$$
$$N_C' = -F = -60 \text{ kN}$$
$$N_C = N_C' = N_B = -60 \text{ kN}$$
$$R_A = N_C' = -60 \text{ kN}$$

计算结果,N_C' 为负值,表示所设方向与实际方向相反,即杆 *BC* 受压力;R_A 为负值,表示所设方向与实际方向相反。

2.2   力矩和力偶

2.2.1   力矩

在日常生活和生产实践中,人们发现力对物体的作用,除能使物体产生移动外,还能使物体产生转动。如用手推门、用扳手旋转螺母等都是力使物体转动的例子。

力作用在物体上使其绕某定点转动的效果有大有小,而且转动的方向也有不同。为了度量力使物体绕某一定点转动的效果,力学中引入"力对点之矩"这个物理量,简称力矩。

1. 力对点之矩

一个力对某点 O 的力矩等于该力的大小与 O 点到力作用线垂直距离的乘积。以符号 $M_O(F)$ 表示,即:

$$M_O(F) = \pm Fd \tag{2.5}$$

式中 O 点称为力矩中心,简称矩心;d 称为臂(力和力臂是使物体发生转动的两个必不可少的因素);其正负号用以区别力使物体绕矩心转动的方向;通常规定:力使物体绕矩心逆时针方向转动时,力矩为正,反之力矩为负。

力矩的单位决定于力和力臂的单位,在国际单位制中通常用 N·m 或 kN·m,有时工程中还采用工程单位制 kgf·m。

在给定的平面内,力矩由两个因素决定:一是它的大小,二是它的转向。

【例 2.9】 如图 2.17 所示,试求柱 A 处的各力 F_1、F_2、F_3、F_4 对柱脚 B 的力矩。

【解】 根据力矩定义可得:

$$M_B(F_1) = -F_1 d_1 = -50 \text{ kN} \times 6 \text{ m} = -300 \text{ kN·m}$$

$$M_B(F_2) = -F_2 d_2 = -F_2 \times (6 \text{ m}) \sin 30°$$

$$= -40 \text{ kN} \times 6 \text{ m} \times \frac{1}{2} = -120 \text{ kN·m}$$

$$M_B(F_3) = F_3 d_3 = 30 \text{ kN} \times 0 = 0$$

$$M_B(F_4) = F_4 d_4 = 0$$

从上例可知:① 力的作用线通过矩心($d = 0$);② 力等于零。这两种情况力对某点之矩均为零。

图 2.17 柱受力简图

2. 合力矩定理

在计算力矩时,力臂一般可通过几何关系确定,但有时由于几何关系比较复杂,直接计算力臂比较困难。这时,如果将力适当的分解,计算各分力的力矩可能很方便,这样,就必须建立合力对某点的力矩与其分力对同一点力矩之间的关系。

合力矩定理:平面汇交力系的合力对平面内任一点的力矩,等于力系中各分力对于该点力矩的代数和。

$$M_A(R) = \sum M_A(F) \tag{2.6}$$

【例 2.10】 构件尺寸如图 2.18 所示,力 $F = 4$ kN,与水平方向的夹角为 60°,作用在 D 点,试求力 F 对 A 点之矩。

【解】 由于本题的力臂 d 的确定较复杂,故将力 F 正交分解为

$$F_x = F \cos 60°$$

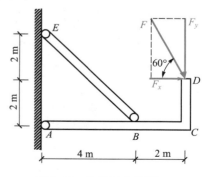

图 2.18 构件受力简图

$$F_y = F\sin 60°$$

由合力矩定理得：

$$M_A(F) = -M_A(F_x) - M_A(F_y) = -F\cos 60° \times 2 \text{ m} - F\sin 60° \times 6 \text{ m} = -24.78 \text{ kN} \cdot \text{m}$$

【例2.11】 矩形板 $ABCD$，$AB = 100$ mm，$BC = 80$ mm，若力 $F = 20$ N，$\alpha = 30°$，试分别计算力 F 对 A、B、C、D 各点的力矩，如图2.19所示。

【解】 ① 力 F 对 A 点之矩。因为力 F 的作用线通过 A 点（即 $d = 0$），故

$$M_A(F) = 0$$

② 力 F 对 B 点之矩，由力矩定义得

$$M_B(F) = -F \cdot AB\sin\alpha = -20 \text{ N} \times 100 \text{ mm} \times 1/2$$
$$= -1\,000 \text{ N} \cdot \text{mm}$$

图2.19　力矩计算简图

③ 力 F 对 C 点之矩，由于 C 点到力 F 作用线的垂直距离（力臂）的确定比较复杂，但是应用合力矩定理求解较为方便，故将力 F 正交分解

$$F_x = F\cos\alpha$$
$$F_y = F\sin\alpha$$

根据合力矩定理，力 F 对 C 点之矩为

$$M_C(F) = M_C(F_x) - M_C(F_y)$$
$$= F_x \cdot BC - F_y \cdot AB$$
$$= F\cos 30° \times BC - F\sin 30° \times AB = 385.60 \text{ N} \cdot \text{mm}$$

④ 力 F 对 D 点之矩，由力矩定义得

$$M_D(F) = Fd = F \times BC\sin 60° = 20 \text{ N} \times 80 \text{ mm} \times \sqrt{3}/2 = 1\,385.64 \text{ N} \cdot \text{mm}$$

3. 力矩平衡条件

设在具有固定转动中心的物体上作用有平面力系 F_1、F_2、F_3、$\cdots$、F_n，各力对转动中心 O 点的力矩分别为 $M_O(F_1)$、$M_O(F_2)$、$M_O(F_3)$、$\cdots$、$M_O(F_n)$，则该物体处于转动平衡的必要和充分条件是：各力对转动中心 O 点之矩的代数和等于零，即合力矩等于零。用公式表示为

$$\sum M_O(F) = 0 \tag{2.7}$$

式（2.7）称为力矩平衡方程。

2.2.2　力偶

1. 力偶的概念

（1）力偶的定义

在生产实践和日常生活中，经常遇到由两个大小相等，方向相反，不在同一作用线上平行的两个力组成的力系。物体受这样一组力系作用的效果是使物体发生转动。如汽车司机手作用在汽车方向盘上的一对力，钻孔时作用在钻柄上的一对力等，都属于这种情况。

在力学中,把这种大小相等、方向相反、作用线互相平行但不共线的二力组成的力系,称为力偶,写成(F,F')。力偶两力之间的垂直距离 d 称为力偶臂。

力偶对物体的作用效果,只能使物体产生转动,而不能使物体产生移动。而力则不然,它既可使物体移动,又可使物体绕某一定点转动;因此,力偶不能和力等效,力偶没有合力,不能用一个力来代替。所以力偶像力一样,是力学中的一个基本元素。

（2）力偶矩

力偶矩是用来度量力偶对物体转动效果的大小。它等于力偶中的任一个力与力偶臂的乘积。以符号 M(F,F') 表示,或简写为 M,即

$$M = \pm Fd \qquad\qquad (2.8)$$

上式中的正负号表示力偶的转动方向,与力矩一样,使物体逆时针方向转动的力偶矩为正;使物体顺时针方向转动的力偶矩为负。

力偶矩的单位与力矩的单位相同。在国际单位制中通常用 N·m 或 kN·m,在工程单位制中通常用 kgf·m。

力偶对物体的转动效果取决于力偶的三要素,即力偶矩的大小、力偶的转向以及力偶的作用平面。

必须注意,力矩和力偶都能使物体转动,但力矩使物体转动的效果与矩心的位置有关,矩心距离不同,力矩的大小也不同,而力偶就无所谓矩心,它对其作用平面内任一点的矩都一样,即等于本身的力偶矩。

（3）力偶的特性

① 力偶中的两力在任意坐标轴上投影的代数和为零。

设在坐标系 xOy 平面内作用有一力偶(F、F'),如图 2.20 所示(请读者自行论证)。

② 力偶不能与力等效,只能与另一个力偶等效。同一平面内的两个力偶等效的条件是力偶矩的大小相等和转动方向相同。因此,只要保持力偶矩的大小和转向不变,可以任意改变力的大小和力偶臂的长短,而不影响力偶对物体的作用效果。图 2.21 所示的几个力偶都是等效力偶。

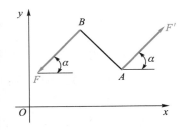

图 2.20　力偶示意图

③ 力偶不能用力平衡,而只能用力偶去平衡。

④ 力偶可以在它的作用平面内任意移动和转动,而不会改变它对物体的作用。因此,

图 2.21　力偶等效示意图

力偶对物体的作用完全决定于力偶矩,而与它在其作用平面内的位置无关。

2. 平面力偶系的合成与平衡条件

（1）平面力偶系的合成

作用在物体上同一平面内两个以上的力偶,称为平面力偶系。因为力偶没有合力,即对物体的作用效果不能用一个力来代替,所以,平面力偶系合成的结果就是合力偶。合力偶矩等于平面力偶系中各力偶矩的代数和。即

$$M = M_1 + M_2 + M_3 + \cdots + M_n = \sum M_i \tag{2.9}$$

式（2.9）如计算结果为正值,则表示合力偶是逆时针方向转动;计算结果为负值,则表示合力偶是顺时针方向转动。

（2）平面力偶系的平衡条件

由上述可知,平面力偶系合成的结果只能是一个合力偶,当平面力偶系的合力偶矩等于零时,表明使物体顺时针方向转动的力偶矩与使物体逆时针方向转动的力偶矩相等,作用效果相互抵消,物体必处于平衡状态。因此,平面力偶系平衡的必要和充分条件是:力偶系中各力偶矩的代数和为零。即

$$M = \sum M_i = 0 \tag{2.10}$$

【例2.12】 如图2.22a所示结构,荷载 $F_1 = F_2 = 20$ kN,试求 A、B 两支座的约束反力（不计杆自重）。

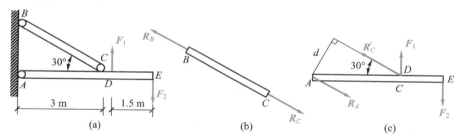

图 2.22 杆件支撑结构图

（a）杆件支撑示意图；（b）BC 杆受力图；（c）AE 杆受力示意图

【解】 杆 BC 上无荷载作用,故为二力杆,R_C 和 R_B 等值且反向,作用线必沿着 BC 杆轴线,受力图如图2.22b所示。

取杆 AE 为研究对象,荷载 F_1 和 F_2 大小相等、方向相反、作用线互相平行,正好组成一个力偶（F_1,F_2）。因力偶只能以力偶来平衡,所以,约束反力 R_A 和 R'_C 必组成一等值反向力偶 R_A,R'_C,指向假设见受力图（图2.22c）。

由平面力偶系平衡方程

$$\sum M_E = 0 \quad R_A \times d - F_1 \times 1.5 \text{ m} = 0$$

得

$$R_A = 20 \text{ kN}$$

$$R'_C = R_A = 20 \text{ kN}$$

由此推出

$$R_B = R_C = R'_C = 20 \text{ kN}$$

【例 2.13】 求图 2.23a 所示梁的支座反力。

图 2.23　简支悬臂梁受力计算分析图

(a)简支悬臂梁受力简图；(b)简支悬臂梁受力分析简图

【解】 取梁 AC 为研究对象，荷载 F_1、F_2 大小相等、方向相反、作用线互相平行，组成一力偶，梁在力偶 (F_1,F_2)、M 和支座 A、B 的约束反力作用下处于平衡，因力偶只能用力偶来平衡，所以 R_A 与 R_B 必组成一力偶，R_A 与 R_B 的指向假设如图 2.23b 所示。

由平面力偶系的平衡条件

$$\sum M_B = 0, \ -M - (2\ \text{m})F_1 + (6\ \text{m})R_A = 0$$

得

$$R_A = 3\ \text{kN}$$

$$R_B = R_A = 3\ \text{kN}$$

上述两例计算结果为正值，表示支座反力的方向与假设的方向一致。

2.3　平面一般力系

在平面力系中，如各力的作用线不全汇交于一点，也不全相互平行，这种力系称为平面一般力系。平面一般力系是工程中最常见的一种力系。本节将用解析法来研究平面一般力系的简化和平衡的问题。

2.3.1　力的平移定理

设在刚体 A 点上作用有一力 F，如图 2.24a 所示。在刚体上任取一点 B，现欲将力 F 从 A 点平移到刚体 B 点：首先在 B 点加一对平衡力系 F_1 与 F_1'，其作用线与力 F 的作用线平行，并使 $F_1 = F_1' = F$，如图 2.24b 所示。由加减平衡力系公理知，这与原力系的作用效果完全相同，此三力可看作一个作用在 B 点的力 F_1 和一个力偶 (F, F_1')，其力偶矩 $M = M_B(F) = Fd$（图 2.24c）。

由此可得力的平移定理：作用在刚体上的力，可以平行移动到刚体上的任意一点，但必须同时附加一个力偶，其力偶矩等于原力对新作用点的矩。

【例 2.14】 如图 2.25a 所示，柱子上作用有一集中力 $F = 20$ kN，它的作用线偏离柱子轴线的距离 $e = 3$ cm，试将力 F 平移到柱子轴线 O 点上。

图 2.24 力的平移定理

(a)单点受力；(b)另一点增加平衡力系；(c)简化为力偶和集中力

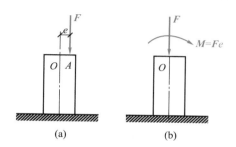

图 2.25 力的平移定理应用

(a)A 点受集中力；(b)转移至 O 点受集中力和力偶

【解】 根据力的平移定理可知,将作用于 A 点的力 F 平行移动到 O 点,则必须同时附加力偶(图 2.25b),其力偶矩 $M = -Fe = -0.6\ \text{kN}\cdot\text{m}$,负号表示附加力偶是顺时针转向。

2.3.2 平面一般力系的平衡条件

由前可知,平面一般力系可以分解为一个平面汇交力系和一个平面力偶系,如果原平面一般力系是一个平衡力系,则该力系所分解的两个基本力系也应该是平衡力系。因此,平面一般力系平衡的必要和充分条件是:力系的主矢和主矩都等于零。即

$$R' = \sqrt{\left(\sum F_x\right)^2 + \left(\sum F_y\right)^2} = 0$$

$$M_O = \sum M_O(F) = 0$$

从而得

$$\left.\begin{aligned} \sum F_x &= 0 \\ \sum F_y &= 0 \\ \sum M_O(F) &= 0 \end{aligned}\right\} \tag{2.11}$$

上式表明,平面一般力系处于平衡的必要和充分条件是:力系中所有各力分别在 x 轴和 y 轴上投影的代数和等于零,力系中各力对任意一点力矩的代数和等于零。式(2.11)又称为平面一般力系的平衡方程。它是三个独立的方程,利用它可以求解出三个未知量。

【例 2.15】 图 2.26a 所示一简支梁,在 C 点和 D 点上分别作用有集中力 F。试求 A、B 两支座的约束反力。

【解】 ① 取梁 AB 为研究对象,梁 AB 受 F、R_{Ax}、R_{Ay}、R_B 作用而平衡,其共同组成一平

面一般力系,其受力图如图 2.26b 所示(支座反力的指向可以假设)。

② 选择坐标轴 x、y(图 2.26b)。

③ 由于梁 AB 处于平衡状态,因此这些力必然满足平面一般力系的平衡方程。

列平衡方程

$$\sum F_x = 0, \quad R_{Ax} = 0 \tag{a}$$

$$\sum M_A(F) = 0, \quad -Fa - F3a + R_B 4a = 0 \tag{b}$$

$$\sum F_y = 0, \quad R_{Ay} + R_B - F - F = 0 \tag{c}$$

④ 解方程组。

由(a)式得 $\qquad\qquad R_{Ax} = 0$

由(b)式得 $\qquad\qquad R_B = F$

由(c)式得 $\qquad\qquad R_{Ay} = F$

支座反力 R_{Ay}、R_B 的计算结果均为正值,表明图中假设的指向与实际的反力方向一致。

图 2.26 简支梁受力计算分析图

(a)简支梁受力简图;(b)简支梁受力分析简图

【例 2.16】 求图 2.27a 所示悬臂梁支座 A 的约束反力。

【解】 ① 以梁 AB 为研究对象。梁上所受的均布荷载可简化为合力 $\boldsymbol{R}$(图 2.27b 所示),作用在受力部分的中点,合力 $\boldsymbol{R}$ 的大小等于均布荷载密度乘以受荷部分长度,即 $R = q \times 4 \text{ m} = 16 \text{ kN}$。支座 A 为固定支座,它除阻止梁的水平位移和铅垂位移外,还阻止梁绕 A 点转动。因此,在 A 点有水平约束反力 R_{Ax}、铅垂约束反力 R_{Ay} 和反力偶矩 M_A,其受力图如图 2.27b 所示。

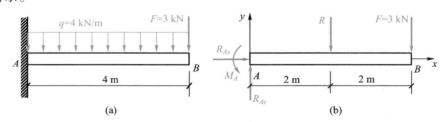

图 2.27 悬臂梁受力计算分析图

(a)悬臂梁受力简图;(b)悬臂梁受力分析简图

② 选择坐标轴 x、y。

③ 由于梁 AB 受力 $\boldsymbol{F}$、$\boldsymbol{R}$、$\boldsymbol{R}_{Ax}$、$\boldsymbol{R}_{Ay}$、$\boldsymbol{R}_A$ 作用而平衡,因此这些力必然满足平面一般力系的

平衡方程。列平衡方程

$$\sum F_x = 0, \quad R_{Ax} = 0 \tag{a}$$

$$\sum F_y = 0, \quad R_{Ay} - R - F = 0 \tag{b}$$

$$\sum M_A(F) = 0, \quad M_A - (2\ \text{m})R - (4\ \text{m})F = 0 \tag{c}$$

④ 解方程组。

由式（a）得
$$R_{Ax} = 0$$

由式（b）得
$$R_{Ay} = 19\ \text{kN}$$

由式（c）得
$$M_A = 44\ \text{kN} \cdot \text{m}$$

支座反力 R_{Ay}、M_A 计算结果均为正值，表明图中假设的指向与实际的反力方向一致。

【例 2.17】 求图 2.28a 所示外伸梁支座上 A、B 的约束反力。

图 2.28　外伸梁受力计算分析图

（a）外伸梁受力简图；（b）外伸梁受力分析简图

【解】 ① 以梁 AB 为研究对象，其受力图如图 2.28b 所示。

② 选择坐标轴 x、y。

③ 列平衡方程。

$$\sum F_x = 0, \quad R_{Ax} = 0 \tag{a}$$

$$\sum M_A(F) = 0, \quad -q_1 \times 6\ \text{m} \times 3\ \text{m} + (6\ \text{m})R_B - q_2 \times 1.5\ \text{m} \times 6.75\ \text{m} - 6\ \text{kN} \cdot \text{m} = 0 \tag{b}$$

$$\sum F_y = 0, \quad R_{Ay} + R_B - q_1 \times 6\ \text{m} - q_2 \times 1.5\ \text{m} = 0 \tag{c}$$

④ 解方程组。

由式（a）得
$$R_{Ax} = 0$$

由式（b）得
$$R_B = 11.22\ \text{kN}$$

由式（c）得
$$R_{Ay} = 4.53\ \text{kN}$$

支座反力 $\boldsymbol{R}_B$、$\boldsymbol{R}_{Ay}$ 计算结果为正值，表明图中假设的指向与实际的反力方向一致。

平衡方程式（2.11）并不是平面一般力系平衡方程的唯一形式，它只是平面一般力系平衡方程的基本形式（又称为一矩式）。除此以外还有以下两种形式：

（1）二矩式（即三个平衡方程中，有两个力矩方程和一个投影方程）：

$$\left.\begin{array}{l} \sum M_A(F) = 0 \\ \sum M_B(F) = 0 \\ \sum F_x = 0 \quad (\text{或} \sum F_y = 0) \end{array}\right\} \tag{2.12}$$

式(2.12)中两矩心 A、B 两点的连线不能与 x 轴(或 y 轴)垂直。

（2）三矩式（即三个平衡方程都是力矩方程）：

$$\left.\begin{matrix} \sum M_A(F) = 0 \\ \sum M_B(F) = 0 \\ \sum M_C(F) = 0 \end{matrix}\right\} \qquad (2.13)$$

式(2.13)中三矩心 A、B、C 三点不能共线。

式(2.11)、(2.12)、(2.13)三组方程式，都是平面一般力系的平衡方程式，均可用来解决平面一般力系的平衡问题。解题时究竟采用哪一组平衡方程，主要决定于计算是否简便，但不论用哪一组平衡方程解题，对于同一平面一般力系，只能列出三个独立的平衡方程；因此，最多只能求解出三个未知力，任何多列出的平衡方程，都不再是独立方程，但可用来校核结果。

2.4   平面平行力系的平衡方程

在平面力系中，如果各力的作用线互相平行，这种力系称为平面平行力系。平面平行力系在工程实际中经常遇到，如梁、起重物、屋架等结构上所受的力系，常常可以简化为平面平行力系。平面平行力系是平面一般力系的特殊情况，它的平衡方程可由平面一般力系的平衡方程导出。如图 2.29a 所示的横梁 AB 受集中力 F_1、F_2、F_3 作用，建立坐标时，应使某一坐标轴如 y 轴与力 F_1、F_2、F_3 作用线平行，x 轴与力 F_1、F_2、F_3 作用线垂直，则有平面一般力系的平衡方程：$\sum F_x = 0$，$\sum F_y = 0$，$\sum M_O(F) = 0$。

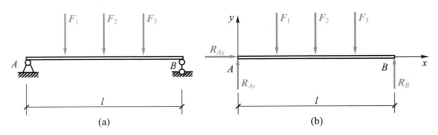

图 2.29   简支梁受力计算分析图

（a）简支梁受力简图；（b）简支梁受力分析简图

从图 2.29b 可以看出，力 F_1、F_2、F_3、R_{Ay}、R_B 在 x 轴上的投影恒等于零，所以从 $\sum F_x = 0$ 方程中可得到 $R_{Ax} = 0$（即铰支座处无水平约束反力）。且力 F_1、F_2、F_3、R_{Ay}、R_B 共同构成一个平面平行平衡力系。这组平面平行平衡力系，利用剩下的两个平衡方程 [$\sum F_y = 0$、$\sum M_O(F) = 0$] 就可求出 R_{Ay}、R_B 两个反力。

因此，平面平行力系的平衡方程只有两个：

$$\sum F_y = 0 (y\text{轴与力系作用线平行})$$
$$\sum M_O(F) = 0$$
$$(2.14)$$

式(2.14)表明,平面平行力系平衡的必要和充分条件是:力系中所有各力在与力作用线平行的轴上投影的代数和为零;力系中所有各力对任一矩心力矩的代数和为零。

与平面一般力系相同,平面平行力系的平衡方程还有二矩式,即

$$\sum M_A(F) = 0$$
$$\sum M_B(F) = 0$$
$$(2.15)$$

式中 A、B 两点的连线不能平行于力系的作用线。

【例 2.18】 已知外伸梁承受荷载如图 2.30a 所示。均布荷载 $q = 10$ kN/m,集中荷载 $F = 20$ kN,力偶 $M_C = 10$ kN·m。试求支座 A、B 的约束反力。

图 2.30 两端外伸梁受力计算分析图
（a）受力简图；（b）受力分析简图

【解】 ① 以梁为研究对象,受力图如图 2.30b 所示,由于在水平方向没有主动力,所以支座 A 没有水平方向的约束反力。梁在 q、F、M_C 作用下保持平衡。

② 选取坐标轴 x、y。

③ 列平衡方程。

$$\sum M_A(F) = 0, (5 \text{ m}) R_B - (6.5 \text{ m}) F - M_C + \frac{q \times (1.5 \text{ m})^2}{2} = 0 \quad (\text{a})$$

$$\sum F_y = 0, R_A + R_B - F - q \times 1.5 \text{ m} = 0 \quad (\text{b})$$

由式(a)得 $\qquad\qquad\qquad R_B = 25.75$ kN

由式(b)得 $\qquad\qquad\qquad R_A = 9.25$ kN

利用多余的不独立方程 $\sum M_B(F) = 0$ 来校核以上计算结果,得 $\sum M_B(F) = 0$。

计算结果无误。反力 R_A、R_B 计算结果均为正值,表明图中假设指向与实际反力指向一致。

思 考 题

2.1 什么是平面汇交力系、平面平行力系和平面一般力系?

2.2 什么是合力和分力?"合力一定大于分力"这种说法对不对?为什么?试作图说明。

2.3 试指出图中所示的各力多边形,哪些是自行封闭的? 哪些不是自行封闭的? 如果不是自行封闭,哪个力是合力? 哪些力是分力?

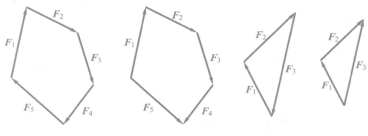

思考题 2.3 图

2.4 什么是力矩? 力与力矩对物体的作用效果有何不同?

2.5 举例说明力矩和力偶的共性和区别。

2.6 平面力偶系的等效条件是什么? 试判别图中所示的力偶,哪些是等效力偶? 哪些不是等效力偶?

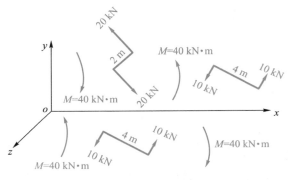

思考题 2.6 图

2.7 如图所示,已知力 $F_1 = F_2 = F_3 = F_4$,它们在 x、y 轴上投影的代数和分别等于零,该刚体是否处于平衡状态? 为什么?

2.8 什么是力的平移定理?

2.9 平面一般力系向某点简化结果主矩为零,能否说原力系是汇交力系? 为什么?

2.10 如图所示平面平行力系,若取 x、y 轴都不与各力平行或垂直,则平面平行力系的平衡方程 $\sum F_x = 0$,$\sum M_A(F) = 0$ 是否成立?

思考题 2.7 图

思考题 2.10 图

习　　题

2.1　已知 $F_1 = 30$ kN, $F_2 = 50$ kN, $F_3 = 20$ kN, $F_4 = 40$ kN, $F_5 = 20$ kN, $F_6 = 10$ kN, 试求各力在 x 轴和 y 轴的投影。

2.2　图示构架 $ABCD$, D 端挂有重物 $G = 50$ kN。如不计杆件自重, 试用解析法求支座 A 的反力和杆 BC 所受的力。

习题 2.1 图

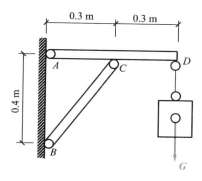

习题 2.2 图

2.3　求图示桁架的支座反力。

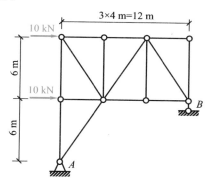

习题 2.3 图

2.4　试求下列图示中各梁的支座反力。

习题 2.4 图

3

静定结构

3.1　静定结构的基本概念

结构是指建筑物中承受荷载而起骨架作用的部分。一般由若干简单构件通过各种方式相互联接而成,如桁架、框架等;单个的构件(如梁、柱)则是最简单的结构。

结构类型是多种多样的,从几何角度来看,可分为杆件结构、薄壁结构和实体结构。

3.1.1 杆件结构

由若干杆件组成的结构,称为杆件结构。杆件的几何特征是长度远大于截面的宽度和厚度。它是最常见的结构型式。杆件结构主要有下列几种基本型式。

1. 梁

梁是一种受弯构件,其轴线通常为直线,它可以是单跨的(图3.1a、c),也可以是多跨连续的(图3.1b、d)。

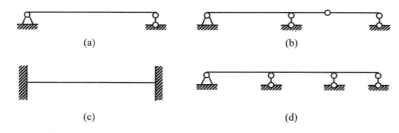

图 3.1　梁的几种基本型式

(a)单跨简支梁;(b)带铰接的多跨连续梁;(c)单跨固定梁;(d)简支多跨连续梁

2. 桁架

桁架是由若干杆件在每杆两端用理想铰联接而成的结构,在结点荷载作用下,各杆件主要受拉或受压(图3.2)。

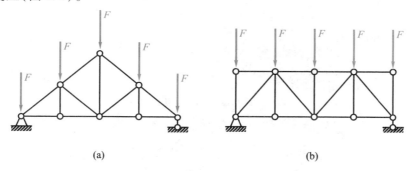

图 3.2　桁架的基本型式

(a)三角形平面桁架;(b)矩形平面桁架

3. 刚架

刚架是由梁和柱组成的结构,其结点主要为刚结点(图3.3)。

4. 组合结构

组合结构是由桁架和梁或刚架组合在一起形成的结构,这种结构中有些杆件受拉或受压,有些杆件受弯(图3.4)。

图 3.3　刚架的基本型式

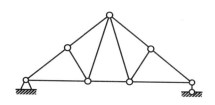

图 3.4　组合结构的基本型式

3.1.2　薄壁结构

由薄壁或薄壳等薄壁元件组成的一种结构,称为薄壁结构,其几何特征是厚度远小于长度和宽度,如飞机的机翼表面结构就是薄壁结构。

3.1.3　实体结构

长、宽、厚三个尺度大小相近的结构,称为实体结构,如挡土墙、基础等。
结构按计算方法的特征又可分为静定结构和超静定结构。

3.2　平面体系的几何组成分析

3.2.1　几何组成分析的目的

由若干杆件(包括支座)按某种连系所组成的整体,称为体系。体系受到任意荷载作用后,如不考虑材料的变形,仍能保持几何形状和位置不变的体系,称为几何不变体系。如图 3.5a 所示的体系就是一个几何不变体系,因为在所示荷载作用下,只要不发生破坏,它的形状和位置是不会改变的。另一种体系,尽管只受到很小的荷载作用,也会引起体系几何形状的改变,这类体系称为几何可变体系。如图 3.5b 所示的体系,就是几何可变体系,因为尽管只受到很小的荷载 **F** 作用,也将引起几何形状的改变。结构是一种体系。工程中所采用的结构都必须是几何不变体系,即在任何种类的荷载作用下结构的整体和局部都必须保持静止状态,否则就不能正常使用。

在对结构进行分析计算时,必须先分析体系的几何组成,以确保体系的几何不变性,这种分析就是结构的几何组成分析。几何组成分析的目的是:

(1)判断某一体系是否为几何不变体系,从而决定它能否作为结构所使用。

(2)研究几何不变体系的组成规则,保证所设计的结构能承受荷载而维持平衡,避免工程事故。

(3)用以区分体系为静定结构或超静定结构,以便选择相应的计算方法。

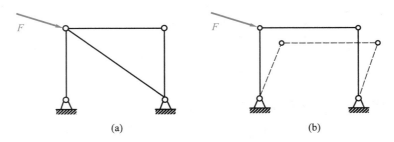

图 3.5　几何组成分析

（a）几何不变体系；（b）几何可变体系

3.2.2　平面体系的自由度和约束

在进行几何组成分析时,涉及体系运动的自由度。所谓体系的自由度,是指该体系运动时,用来确定其位置所需要的独立的坐标数目。例如在平面内某一点 A,其位置要由两个坐标 x 和 y 来确定,如图 3.6 所示;所以一个点在平面内有两个自由度。平面体系中,在不考虑材料变形的条件下,可以把一根梁、柱、板、一个链杆或体系中已经肯定为几何不变的某个部分看作一个平面刚体,称为刚片;同理,支承结构的地基也可看作是一个刚片。一个刚片在平面内运动时,其位置将由它上面任一点 A 的坐标 x,y 和通过 A 点的任一直线 AB 的倾角 β 来确定,如图 3.7 所示。因此,一个刚片在平面内有三个自由度,即刚片在平面内不但可以自由移动,而且还可以自由转动。

图 3.6　点 A 的自由度

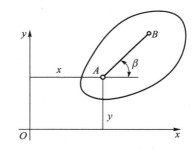

图 3.7　刚片 AB 的自由度

一般说来,一个体系如果有 n 个独立的运动方式,就说这个体系有 n 个自由度。工程结构都必须是几何不变体系,故其自由度应该等于或小于零。凡是自由度大于零的体系都是几何可变体系。

对刚片加入某些约束装置时,它的自由度将会减少,凡能减少自由度的装置,就称为连系,减少 n 个自由度的装置,就称为 n 个连系。

现在来分析不同约束装置对自由度的影响。

1. 链杆的作用

图 3.8 所示的 AB 梁,没有任何约束时,梁在平面内有三个自由度。如用一根链杆与基

础相连(图 3.8a),梁就不能沿此链杆方向移动,因而减少了一个自由度,如在 A 点再加上一个水平链杆,如图 3.8b 所示,使 A 形成一个固定铰支座,则梁在 A 点完全被固定,整个梁也就不能再做水平方向和竖直方向的移动,但还能绕 A 点转动,即梁此时还有一个自由度,因而两根链杆减少了两个自由度。由此说明,一根链杆相当于一个连系,一个固定铰支座相当于两个连系。若在梁上其他点(如 B 点),加一个垂直链杆如图 3.8c 所示,则梁的转动也被约束了,于是梁就完全被固定在基础上,也就是说梁的自由度为零,这就是前面提到的简支梁。

图 3.8 链杆的约束简图

(a)梁 AB 有一个约束;(b)梁 AB 有二个约束;(c)梁 AB 有三个约束

2. 单铰的作用

图 3.9 所示两根杆件 AB 和 BC,在未联接以前两根孤立的杆件在平面内共有六个自由度,用铰 B 联接在一起后,此体系便只有四个自由度。因为对杆件 AB 而言用三个坐标便可以确定它的位置,因此,它仍为三个自由度,而杆件 BC 因与杆件 AB 在 B 点铰接,则只能绕 B 点转动,故只需要用一个转角就可以确定杆件 BC 的位置。由此可见,一个联接两个物体的铰能减少两个自由度,所以一个铰相当于两个连系,也相当于两根链杆的约束作用。反之,两根链杆也相当于一个单铰的作用。

3. 刚结点的作用

图 3.10 所示两根杆件 AB 和 BC 在 B 点联接成一个整体,其中结点 B 称为刚结点。未联接前两根孤立的杆件在平面内共有六个自由度,刚性联接成整体后,只有三个自由度。所以,一个刚结点相当于三个连系。同理,一个固定支座相当于三个连系。

图 3.9 AB 和 BC 的单铰联接   图 3.10 AB 和 BC 刚结

3.2.3 几何不变体系的简单组成规律

为了确定平面体系是否几何不变,需研究几何不变体系的组成规则。现对几何不变体系的简单组成规则进行分析,归纳出用以判别体系是否几何不变的准则。

1. 一个点与一个刚体之间的联接方式

一个点与一个刚片(或基础)之间应当怎样联接才能组成既无多余联系又是几何不变的整体呢? 如在平面内有一个自由点 A,它有两个自由度,现用两根不共线的链杆①和②把 A 点与一个刚片 I(或基础)相连(图 3.11a),则总共减少了两个自由度,A 点即被固定,故此联接方式为几何不变。由此可得:

规律一 一个点和一个刚片用两根不共线的链杆相连,组成几何不变体系,称为二元体规则。两根不共线的链杆是二元体成立的条件。

2. 两个刚片之间的联接方式

图 3.11a 中,如果把链杆 AB 看作刚片 Ⅱ,则得图 3.11b 所示体系,它表示两个刚片 Ⅰ 与 Ⅱ 之间的联接方式。这样,由规律一可引申出:

规律二 两个刚片用一个铰和不通过此铰的链杆相连;或者两个刚片用三根不完全平行也不交于一点的链杆相连,则为几何不变体系,且无多余联系(也称二刚片规则)。

3. 三个刚片之间的联接方式

在图 3.11b 中,如果把链杆 AC 看作刚片 Ⅲ,则得到图 3.11c 所示的体系,它表明三个刚片 Ⅰ、Ⅱ、Ⅲ 之间的联接方式。这样,可引伸出:

规律三 三个刚片用不在同一直线上的三个单铰两两相连,组成几何不变体系,且无多余约束(也叫三刚片规则)。铰接三角形是最基本的几何不变体系。

当然,"两两相连"的铰也可以是由两根链杆构成的实铰或虚铰,如图 3.11d 所示。

图 3.11　刚片的联接方式

(a)一个点和一个刚片联接;(b)两刚片联接;(c)三刚片联接;(d)两刚片 + 虚铰 + 链杆

上述三条规律虽然表述方式有所不同,但实际上可归纳为一个基本规律:如果三铰不共线,则一个铰接三角形的几何形状是不变的,而且没有多余的连系(约束),这个基本规律称为三角形规律。

由前可知,一个铰相当于两个连系,一根链杆相当于一个连系,所以两根链杆与一个铰等效。如图 3.11d 所示的体系,链杆 CD 与 EF 延长相交于一点 O,O 点就起到一个铰的作用,称为虚铰。虚铰与实铰(两链杆相交的铰)的作用是一样的。因此,图 3.11d 的平面体系组成方式与图 3.11b 的平面体系组成方式一样,也是几何不变的。同理,三角形规律的每一个实铰,都可用相应的链杆来代替。由此,规律二和规律三又可得下述规律:

规律四 两个刚片用三根链杆相连,且三根链杆不平行不交于同一点,则组成的体系几何不变,且无多余约束(图 3.12)。

规律五 三个刚片用三个虚铰两两相连,且三个虚铰不在一直线上,则组成的体系几何不变,且无多余约束(图 3.13)。

图 3.12　两刚片 + 三链杆

图 3.13　三刚片 + 三虚铰

4. 二元体规则

两根链杆间用一铰相连,且两根链杆不共直线,称为二元体。如图 3.11a 所示,在刚片 Ⅰ 上增加一个二元体 BAC,显然仍是一个几何不变体系。由此可得二元体规则:刚片上增加或减少一个二元体后组成的体系为几何不变。二元体规则虽与组成规律一相同,但由于它的应用很广,所以单独提出。

应用上述几何不变体系的简单组成规则,就可组成几何不变体系。如图 3.14 所示的桁架就是以一个基本铰接三角形开始,按二元体规则依次增加二元体所构成的几何不变体系。同时应用基本规则,还可判别体系是否几何不变。其步骤如下:

(1) 如果给定的体系可看作是两个或三个刚片时,则可以直接按规律二或规律三加以判别。

(2) 如果给定的体系不能归结为两个或三个刚片时,则可先把其中能直接观察出的某些几何不变部分当作刚片或撤去二元体,然后再利用规律二或规律三加以判别。

图 3.14　梯形平面桁架(三角铰 + 二元体)

如果组成平面体系的连系数少于几何不变体系的简单组成规律所需要的连系数,则该体系就是几何可变的。如图 3.15 所示的体系,杆 AB 和大地两个刚片之间只有两根链杆相连,缺少一个连系,有一个自由度,不符合组成规律的要求,所以它是几何可变的体系。如果组成体系的连系数,多于几何不变体系的简单组成规律所需要的连系数,则该体系是几何不变的,并且有多余的连系(即去掉某些连系后,体系仍为几何不变体系,则所去掉的连系称为多余连系),如图 3.16 所示的体系,就是具有一个多余连系的几何不变体系。

图 3.15　少一个约束的几何可变体系

图 3.16　多一个连系的几何不变体系

【例 3.1】　试对图 3.17 所示的平面体系进行几何组成分析。

【解】　将杆 AB 和基础分别当作刚片Ⅰ和刚片Ⅱ。按规律二,刚片Ⅰ和刚片Ⅱ用固定支座相连,已经组成一个几何不变体系。现又在此体系上添加一个固定支座 B,从几何不变的角度来分析,固定支座 B 就是多余的连系。故此体系为具有三个多余连系的几何不变体系。

【例 3.2】　试对图 3.18 所示的平面体系进行几何组成分析。

【解】　该体系具有杆 AB、BC、CD 和地基四个刚片,显然不能直接应用上述规律来判别。首先,找出该体系局部的几何不变部分,由于 AB 部分与地基的联接是用一个固定铰支座和一根链杆,按规律二,此部分是一个几何不变体系;再将此部分当作刚片Ⅰ,CD 部分当作刚片Ⅱ,刚片Ⅰ和刚片Ⅱ用不全平行和不相交于一点的三个链杆相连,是几何不变的,整个体系没有多余的连系。

图 3.17　多三个连系的几何不变体系

图 3.18　带链杆的无多余连系的简支梁

【例 3.3】　试对图 3.19 所示的平面体系进行几何组成分析。

【解】　将杆 AB 和基础分别当作刚片 Ⅰ 和刚片 Ⅱ。按规律二，刚片 Ⅰ 和刚片 Ⅱ 用固定铰支座 A 和链杆①相连，已经组成一个几何不变体系。现又在此体系添加了三个链杆，故此体系为几何不变体系且具有三个多余连系。

【例 3.4】　试对图 3.20 所示的平面体系进行几何组成分析。

【解】　桁架中 ABCDE 是由三个铰接的三角形组成，FGH 也是一个铰结三角形，因此各自是几何不变的，可当作刚片 Ⅰ 和刚片 Ⅱ，这两个刚片仅用链杆 EF 和 DG 来联接，由规律二可知缺少一个连系，所以此桁架是一个几何可变体系。

图 3.19　多三个链杆的多跨连续简支梁

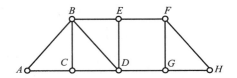

图 3.20　几何可变的梯形桁架

3.2.4　瞬变体系的概念

在讨论上述体系的组成规律时，曾提出一些限制条件，如联接两个刚片的三链杆不能全交于一点，也不能全都平行，联接三个刚片的三个铰不能在同一直线上等。如果体系的组成不满足这些限制条件，那么体系又会发生什么变化呢？

如图 3.21 所示，一个点 A 用两根共线的链杆与基础相连，则 A 点可沿公切线方向做微小的运动（即转动），但在发生一微小转动后，两链杆就不再共线（即三铰不在一直线上），当然也就不再继续发生相对转动。这种本来是几何可变的体系，经微小转动后又成为几何不变的体系称为瞬变体系。瞬变体系是可变体系的一种特殊情况，瞬变体系和可变体系一样，在工程中也是不能采用的体系。

【例 3.5】　试对图 3.22 所示的平面体系进行几何组成分析。

【解】　将基础和杆 CDG 分别当作刚片 Ⅰ 和刚片 Ⅱ，折线杆 AC 和 DF 可用虚线表示的链杆②与③来代替，故刚片 Ⅰ 与刚片 Ⅱ 用三个链杆①②③相连，因三链杆汇交于同一点，所以此体系是几何瞬变体系。

图 3.21　两链杆共点的瞬变体系

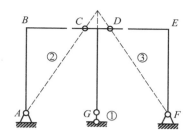

图 3.22　几何瞬变体系的示例

3.3　静定结构和超静定结构

3.3.1　静定结构

前面我们讨论了几种力系的合成与平衡问题,并得出每一种力系的平衡方程数目都是一定的。例如,平面一般力系的平衡方程数是三个,平面汇交力系是两个,平面力偶系是一个。因此,对每一种力系来说,能求解未知量的数目是一定的。

如果研究对象的未知力数目等于对应的平衡方程数目时,未知量均可由平衡方程求得,这类结构称为静定结构。如图 3.23 所示的结构支座反力的未知量数目与平衡方程数相同,用平衡方程式就能全部解出,因此属于静定结构。

| (a) | (b) |

图 3.23　静定结构示意图

静定结构是工程中最常见的结构型式之一,静定结构具有以下特征:

(1)在几何组成方面,静定结构是没有多余连系的几何不变体系,即在任一连系遭到破坏后,结构就会丧失几何不变性,而不能再承受荷载。

(2)在静力计算方面,静定结构的全部反力和内力都可由静力平衡方程求得,且为确定的值,其值只与结构的形状和几何尺寸有关,而与结构所用的材料及横截面形状和尺寸无关。

(3)由于静定结构没有多余连系,因此它在支座移动、温度改变和制造误差等因素影响下不会产生反力和内力,只能使静定结构产生位移,静定结构只有在外荷载作用下才能产生反力和内力。

3.3.2　超静定结构

在实际工程中,还有另一种结构,其研究对象的未知量数目多于对应的平衡方程数,且结构的支承反力和内力只用静力平衡方程是不能求出的,这类结构称为超静定结构。如图 3.24 所示的结构,其支承反力只凭静力平衡条件是无法确定的,所以此结构是超静定结构。超静定结构必须考虑杆件受力后的变形,并找出变形和作用力之间的关系,再建立必要的变形补充方程才能求得结构的支承反力和截面内力。其具体解法本书不做详细介绍。

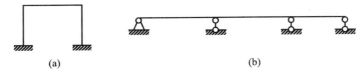

图 3.24　超静定结构示意图

(a)多三个约束的超静定结构;(b)多跨连续梁(多二个约束的超静定结构)

与静定结构相比,超静定结构具有以下特征:

(1)在几何组成方面,超静定结构与静定结构一样,必须是几何不变的,但是超静定结构是具有多余连系的几何不变体系,与多余连系相应的支承反力和内力称为多余反力或多余内力。正是由于这些多余力的存在,所以超静定结构除了静力平衡方程外还要辅以变形补充方程才能求解。超静定结构的多余连系数称为该结构的超静定次数。

由于超静定结构具有多余连系,所以在其多余连系被破坏后,仍能保持其几何不变,并具有一定的承载力。由此可见,超静定结构具有一定的抵御突然破坏的防护能力。

注意:所谓“多余”是相对于维持结构的几何不变静定的需要而言,若从其他方面来看,这些多余连系是完全必要的。例如图 3.25a 所示的连续梁,是具有一个多余连系的超静定结构,如去掉一根竖向支承链杆(多余连系)则成为图 3.25b 所示的形式;虽然结构仍为几何不变体系,但这时梁的反力、内力和变形都要发生很大的改变,这样就可能发生不安全的问题,这是不能容许的。

图 3.25　几何不变体系的示意图

(a)超静定连续梁;(b)静定简支梁

(2)超静定结构即使不受到外荷载的作用,如果发生温度变化、支座移动、材料收缩或构件制造误差等情况,也会引起支承反力和构件内力。因为上述情况会引起结构的构件变形,而这种变形又由于受到结构多余连系的约束,必然使结构产生反力和内力。

(3)在超静定结构中各部分的内力和支承反力与结构各部分的材料、截面尺寸和形状都有关系。如所用材料不同,或截面尺寸和形状有所改变,则构件的内力和结构的支承反力也会随之变化。

(4)从结构内力的分布情况来看,超静定结构比静定结构均匀,内力峰值极小。

在结构设计时,至于采用超静定结构还是静定结构,主要应根据结构的具体情况而适当选用。

思　考　题

3.1　何谓几何不变体系和几何可变体系？

3.2　如何进行体系几何组成分析？

3.3　何谓瞬变体系？瞬变体系在房屋建筑中为什么不能采用？

3.4　何谓静定结构和超静定结构？其主要特性有何区别？

习　　　题

试对图示的平面体系进行几何组成分析。

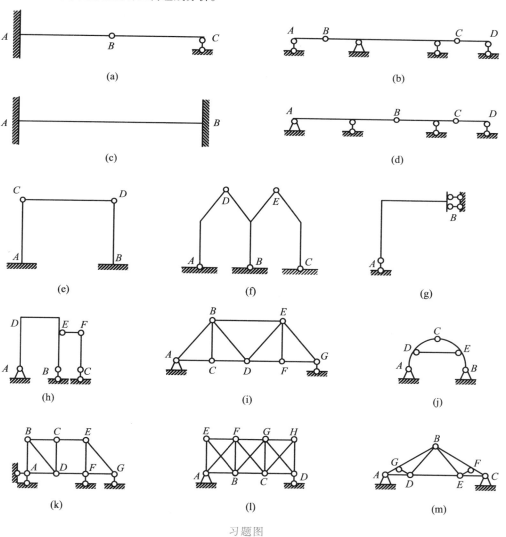

习题图

4 静定平面桁架

4.1　桁架的概念及特点

　　桁架是若干根直杆在杆端用铰联接而成的几何不变的稳定结构。若组成桁架的各杆件均在同一平面内，称为平面桁架；若组成桁架的各杆件不在同一平面内，称为空间桁架。本章只研究平面桁架。桁架结构在工程结构中，特别是大跨度结构中，应用很广泛，如图 4.1a 所示的钢筋混凝土屋架，就属于平面桁架结构。

4.1.1　桁架受力分析假定

桁架的实际受力情况比较复杂。因此,在分析桁架时,必须抓住主要矛盾,对桁架做必要的简化。通常在分析桁架内力时做以下四点假设:

（1）桁架中联接各杆件两端的铰是无摩擦的理想铰,它不能承受弯矩(各杆件可绕铰链自由转动)。

（2）桁架中所有杆件都是直杆,且各杆的轴线都是直线并通过铰的中心。

（3）杆件的自重不计。

（4）荷载和支座反力都作用在结点上,并且都位于桁架平面内。

根据上述假设可以得到简化桁架的计算简图,图4.1b就是图4.1a钢筋混凝土屋架的计算简图,各杆件均用轴线表示,结点用小圆圈代表铰。符合上述假设的桁架,又称为理想桁架。显然,组成理想桁架的每一杆件都是二力杆件,因此,理想桁架的各杆件只承受沿直杆轴线方向作用的拉力或压力,至于是拉力还是压力可通过计算确定。实践证明,以上述假设为基础而计算出的结果与实际出入不大,而且由于截面内力分布较均匀,一般桁架比承受同样荷载的梁式结构节省材料,自重较轻,故在工程实践中广泛使用。

桁架中的杆件,按所在位置的不同,可分为弦杆和腹杆两类。弦杆是指桁架上下外围的杆件,上边缘的杆件称为上弦杆,下边缘的杆件称为下弦杆。位于上、下弦杆之间的中间杆件称为腹杆,腹杆又分竖杆和斜杆。联接各杆的铰链称为结点,弦杆相临两结点之间的水平距离称为节间,桁架两支座间的水平距离称为跨度,最高顶点至支座连线的竖直距离称为桁架的高度,如图4.2所示。

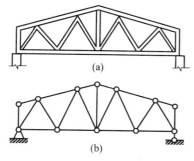

图 4.1　平面桁架示意图

（a）钢筋混凝土屋架;

（b）钢筋混凝土屋架的计算简图

图 4.2　桁架各部分名称示意图

4.1.2　桁架的组成方式

常用的桁架一般按下列两种方式组成:

（1）由基础或由一个基本铰接三角形开始，依次增加二元体所组成的桁架，称为简单桁架，如图4.3a所示。

（2）几个简单桁架按照几何不变体系的组成规则联合而成的桁架，称为联合桁架，如图4.3b所示。

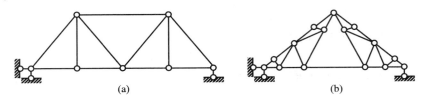

图 4.3　桁架的类型

(a)简单桁架；(b)联合桁架

4.2　结点法计算桁架杆件内力

桁架在结点荷载和支座反力的作用下处于平衡，桁架的每一结点也一定保持平衡。结点法是取桁架的结点为研究对象（即取结点为脱离体），利用各结点的静力平衡条件来计算杆件内力的方法。杆件内部各质点间的相互作用力由于受到外力作用而引起的改变量，称为内力。

由于桁架各杆件承受沿杆轴方向的拉力或压力，且各杆的轴线在结点处汇交于一点，所以作用于任意结点上的各力都组成一个平面汇交力系。根据平面汇交力系的平衡方程：$\sum F_x = 0$ 和 $\sum F_y = 0$ 就可求出桁架杆件的未知内力。

因为平面汇交力系只有两个独立的平衡方程式，每个结点只能求解两个未知力，所以在取结点为脱离体时未知力数目不能超过两个，如多于两个未知力，未知力就求不出，应改取其他结点计算。通常计算桁架时，都由只有两个未知力的结点开始，依次逐点计算，即可求出桁架各杆的内力。

关于内力的符号，规定以拉力为正，压力为负。在结点脱离体上，拉力的指向是离开结点，而压力的指向是指向结点。在求解桁架杆件未知内力时，通常先假定杆件的未知内力为拉力，如果计算结果为正值，则表示杆件的内力与假定的相一致（即为拉力），反之则表示杆件的内力为压力。

结点法最适用于计算简单桁架，因为简单桁架是以一个基本铰接三角形（或基础）开始依次增加二元体所组成的，因而最后一个结点必然只包含二根杆件。

下面举例说明结点法计算杆件内力的步骤。

【例4.1】　试用结点法计算图4.4a所示荷载作用下的桁架中各杆的内力。

【解】　首先求出支座反力 R_A 和 R_B，取整个桁架为脱离体（图4.4b）。

由平衡方程：

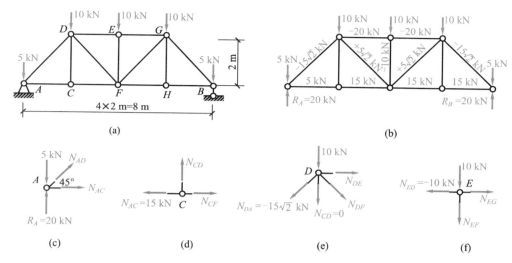

图 4.4　简单桁架受力计算分析图

(a)简单桁架受力简图；(b)简单桁架受力分析简图；(c)结点 A 受力图；
(d)结点 C 受力图；(e)结点 D 受力图；(f)结点 E 受力图

$$\sum M_B(F) = 0, -8\ \text{m} \times (R_A - 5\ \text{kN}) + 10\ \text{kN} \times 6\ \text{m} + 10\ \text{kN} \times 4\ \text{m} + 10\ \text{kN} \times 2\ \text{m} = 0$$
$$R_A = 20\ \text{kN}(\uparrow)$$
$$\sum F_y = 0, R_A + R_B - 10\ \text{kN} - 10\ \text{kN} - 10\ \text{kN} - 5\ \text{kN} - 5\ \text{kN} = 0$$
$$R_B = 20\ \text{kN}(\uparrow)$$

由于桁架的形式和荷载都是对称的,其支座反力和内力也都是对称的,所以只需求出半榀桁架杆件的内力即可。支座反力也可利用对称性求出,即

$$R_A = R_B = \frac{10\ \text{kN} + 10\ \text{kN} + 10\ \text{kN} + 5\ \text{kN} + 5\ \text{kN}}{2} = 20\ \text{kN}(\uparrow)$$

支座反力求出后,取结点为脱离体,计算各杆的内力。此题最初包含两个未知力的结点只有 A、B 两结点,现从结点 A 开始,依序按 C、D、E 截取结点计算杆件内力。

① 取结点 A 为脱离体绘出受力图,如图 4.4c 所示。

由 $\sum F_y = 0$,　　　　　　　　　　$R_A - 5\ \text{kN} + N_{AD}\sin 45° = 0$

得　　　　　　　　　　　　　　　$N_{AD} = -15\sqrt{2}\ \text{kN}(压力)$

由 $\sum F_x$,　　　　　　　　　　　$N_{AD}\cos 45° + N_{AC} = 0$

得　　　　　　　　　　　　　　　$N_{AC} = 15\ \text{kN}(拉力)$

② 取结点 C 脱离体绘出受力图,如图 4.4d 所示。

$\sum F_y = 0$,得 $N_{CD} = 0$

由 $\sum F_x = 0$,　$-N_{AC} + N_{CF} = 0$

得　　　　　　　　　　　　　　　$N_{CF} = N_{AC} = 15\ \text{kN}(拉力)$

③ 取结点 D 为脱离体绘出受力图,如图 4.4e 所示。

由 $\sum F_y = 0$, $-10\ \text{kN} - N_{CD} - N_{AD}\cos 45° - N_{DF}\sin 45° = 0$

得 $$N_{DF} = +5\sqrt{2} \text{ kN （拉力）}$$

由 $\sum F_x = 0, N_{DE} + N_{DF}\cos 45° - N_{AD}\sin 45° = 0$

得 $$N_{DE} = -20 \text{ kN（压力）}$$

④ 取结点 E 为脱离体绘出受力图，如图 4.4f 所示。

由 $\sum F_y = 0, -N_{EF} - 10 \text{ kN} = 0$

得 $$N_{EF} = -10 \text{ kN（压力）}$$

由对称性可得：$N_{EG} = N_{DE}$ $N_{FG} = N_{DE}$ $N_{FH} = N_{CF}$ $N_{HG} = N_{CD}$ $N_{HB} = N_{AC}$ $N_{BG} = N_{AD}$

为了检查上面计算结果是否正确，可再取结点 F 的脱离体（图 4.5）进行校核。

但要注意，由于 $N_{DF} = N_{FG}$，$N_{CF} = N_{FH}$，因此，无论 N_{CF} 和 N_{DE} 计算结果如何，平衡方程 $\sum F_x = 0$ 恒满足，所以此方程不能达到校核的目的，必须用 $\sum F_y = 0$ 来检查，即

$$\sum F_y = -10 \text{ kN} + (5\sqrt{2} \text{ kN})\cos 45° + (5\sqrt{2} \text{ kN})\cos 45° = 0$$

可见计算结果无错误。

图 4.5 结点 F 受力图

为了清楚起见，最后将此桁架各杆的内力值标注在桁架图中各相应杆件的近旁，并注明符号，如图 4.4b 所示。

由计算结果可见，在计算桁架内力过程中，有时会遇到某些杆件的内力为零的情况（如例 4.1 中的 CD 杆件和 HG 杆件）。桁架中内力等于零的杆件称为零杆，即它们是不受力的杆件。零杆不能随意去掉，因为零杆只是在特定的荷载作用下内力为零。另外从几何组成上看，静定桁架是没有多余连系的，如果将零杆去掉则桁架就变成几何可变体系。

零杆可以通过计算求出，也可以直接判断出来。下面介绍几种判别零杆的方法。

（1）不在一直线上的两杆组成的结点，如结点上没有外荷载作用，则该两杆都是零杆（图 4.6a）。取图所示的 x、y 轴，则由 $\sum F_x = 0$ 得 $N_1 = 0$，由 $\sum F_y = 0$ 得 $N_2 = 0$，所以两杆的内力都等于零。

（2）三杆组成的结点，此结点无外荷载作用，其中两杆在一直线上，则另一杆件是零杆，而共线的两杆件内力大小相等，内力性质相同（图 4.6b）。如取图所示的 x、y 轴，则由 $\sum F_y = 0$ 得 $N_3 = 0$，由 $\sum F_x = 0$ 得 $N_1 = N_2$。

（3）不在一直线上的两杆组成的结点，当结点上作用的荷载（或支座反力）与其中一杆件轴线在一直线上时，此杆件的内力与荷载（或支座反力）相等，而另一杆件为零杆（图

图 4.6　零杆判断示意图

（a）两根零杆；（b）三根零杆；（c）一根零杆

4.6c)。从图中可知,由 $\sum F_y = 0$ 得 $N_2 = -F$,由 $\sum F_x = 0$ 得 $N_1 = 0$。

【例 4.2】 试判别图 4.7 所示桁架的零杆。

【解】 ① 先找由两根杆件组成的结点,如 F 结点符合条件(1),所以杆 FA、FG 是零杆。J 结点符合条件(3),所以杆 IJ 是零杆。

② 再找由三根杆件组成的结点,如 C、E、H 三结点符合条件(2),所以 CG、HD 和 EI 是零杆。

【例 4.3】 试判别图 4.8 所示桁架的零杆。

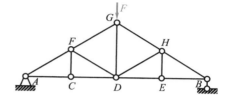

图 4.7　平面矩形桁架零杆判断示意图　　　　图 4.8　平面三角形桁架零杆判断示意图

【解】 ① 由判别零杆方法(2)得知,结点 C、E 的 CF、EH 杆件均为零杆。

② 结点 F 虽有四根杆件,但其中 CF 为零杆,可以不考虑,余下的三根杆件中,杆 AF 和 FG 在一直线上,结点上又无荷载,故杆 FD 为零杆。同理杆 HD、GD 也为零杆。

在计算桁架内力时,如果能熟练而灵活地运用上述方法判定零杆及有关杆的内力,然后再计算,可使计算简化。

4.3　截面法计算桁架杆件内力

计算桁架内力的另一种方法是截面法。截面法是假想用一个截面去截开若干根杆件,将桁架分割为两个脱离体,取其中一个脱离体,绘出受力图,再根据静力平衡方程求出杆件的未知内力。由于截面法分割桁架的脱离体是平面一般力系,因此,截面法的平衡方程有三个,可以求出三个未知内力。

在用截面法计算内力时,所取的截面虽可以截断若干根杆件,但其中所要求的未知内力的杆件数不能超过三个,而且这三根杆件不能相交于一点(如交于一点,则可用的独立方程实际上只有两个),否则无法求解。在计算桁架未知内力时,仍先假设未知内力为拉力,如计算结果为正值,则表示杆件实际内力是拉力;反之杆件为压力。

【例 4.4】 试用截面法求图 4.9a 所示桁架中杆件 1、2、3 的内力。

【解】 ① 求支座反力,取桁架整体为脱离体。

由 $\sum F_x = 0$, $R_{Ax} - 1 \text{ kN} = 0$

得
$$R_{Ax} = 1 \text{ kN}(\rightarrow)$$

由 $\sum M_B(F) = 0$, $-6 \text{ m}R_{Ay} + 4 \text{ kN} \times 14 \text{ m} + 1 \text{ kN} \times 16 \text{ m} - 6 \text{ kN} \times 4 \text{ m} = 0$

得
$$R_{Ay} = 8 \text{ kN}(\uparrow)$$

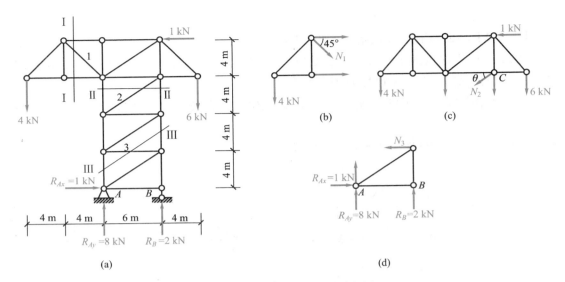

图 4.9　井架桁架受力计算分析图

(a)井架桁架受力简图;(b)Ⅰ-Ⅰ截面法;(c)Ⅱ-Ⅱ截面法;(d)Ⅲ-Ⅲ截面法

由 $\sum M_A(F) = 0, 6\ \text{m}R_B - 6\ \text{kN} \times 10\ \text{m} + 4\ \text{kN} \times 8\ \text{m} + 1\ \text{kN} \times 16\ \text{m} = 0$

得　　　　　　　　　　　　　$R_B = 2\ \text{kN}(\uparrow)$

② 求杆件 1 的内力(N_1),用截面Ⅰ-Ⅰ将桁架截为两部分,取左半部分为脱离体,如图 4.9b 所示。假设杆件内力为拉力。

由 $\sum F_y = 0$,　　　　　　$-4\ \text{kN} - N_1 \sin 45° = 0$

得　　　　　　　　　　　　　$N_1 = -5.66\ \text{kN}(压力)$

③ 求杆件 2 的内力(N_2),用截面Ⅱ-Ⅱ将桁架截为两部分,取上半部分为脱离体,如图 4.9c 所示。假设杆件内力为拉力。

$$\cos\theta = \frac{6}{\sqrt{6^2 + 4^2}} = 0.832$$

由 $\sum F_x = 0$,　　　　　　$-1\ \text{kN} - N_2\cos\theta = 0$

得　　　　　　　　　　　　　$N_2 = -1.2\ \text{kN}$

④ 求杆件 3 的内力(N_3),用截面Ⅲ-Ⅲ将桁架截为两部分,取下半部分为脱离体,如图 4.9d 所示。假设杆件内力为拉力。

由 $\sum F_x = 0$,　　　　　　　$R_{Ax} - N_3 = 0$

　　　　　　　　　　　　　　　$1\ \text{kN} - N_3 = 0$

得　　　　　　　　　　　　　$N_3 = 1\ \text{kN}\ (拉力)$

【例 4.5】　用截面法求图 4.10a 所示桁架中杆件 1、2、3 的内力。

【解】　① 求支座反力,取桁架整体为脱离体,由平衡方程:

$$\sum M_A(F) = 0, \quad 10\ \text{kN} \times 4\ \text{m} - 20\ \text{kN} \times 9\ \text{m} + 18\ \text{m}\ R_B = 0$$

得　　　　　　　　　　　　　$R_B = 7.78\ \text{kN}(\uparrow)$

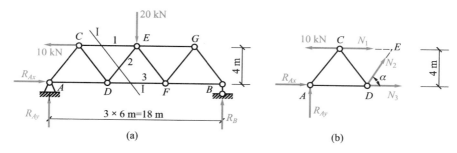

图 4.10　梯形桁架受力计算分析图

(a)梯形桁架受力简图；(b) Ⅰ - Ⅰ 截面法

$$\sum F_y = 0, \qquad R_{Ay} + R_B - 20 \text{ kN} = 0$$

得

$$R_{Ay} = 12.22 \text{ kN}(\uparrow)$$

$$\sum F_x = 0, \qquad R_{Ax} - 10 \text{ kN} = 0$$

得

$$R_{Ax} = 10 \text{ kN}(\rightarrow)$$

② 用截面 Ⅰ - Ⅰ 将杆件 1、2、3 截断,把桁架截为两部分,取左半部分为脱离体,如图 4.10b 所示。假设杆件 1、2、3 内力均为拉力。由平衡方程:

$$\sum M_D(F) = 0, \qquad -4 \text{ m } N_1 + 10 \text{ kN} \times 4 \text{ m} - 6 \text{ m } R_{Ay} = 0$$

$$-4 \text{ m } N_1 + 10 \text{ kN} \times 4 \text{ m} - 6 \text{ m} \times 12.22 \text{ kN} = 0$$

得

$$N_1 = -8.33 \text{ kN}(压力)$$

$$\sum M_E(F) = 0, \quad 4 \text{ m } N_3 - 9 \text{ m } R_{Ay} + 4 \text{ m } R_{Ax} = 0$$

$$4 \text{ m } N_3 - 9 \text{ m} \times 12.22 \text{ kN} + 4 \text{ m} \times 10 \text{ kN} = 0$$

得

$$N_3 = 17.50 \text{ kN }(拉力)$$

$$\sum F_y = 0, \qquad R_{Ay} + N_2 \sin\alpha = 0$$

而

$$\sin\alpha = 0.8$$

得

$$N_2 = -15.28 \text{ kN}(压力)$$

结点法和截面法是计算桁架内力的两种通用方法。通常在计算桁架全部杆件内力时,宜采用结点法;如果只需求出桁架内某几根杆件的内力,一般宜用截面法。在计算桁架各杆件内力时,结点法和截面法可以结合运用,如计算联合桁架杆件内力,单用结点法是算不出来的,应先用截面法将联合处杆件的内力求出,然后再用结点法对组成联合桁架的各简单桁架进行内力分析。

思　考　题

4.1　如何用结点法、截面法求桁架内力? 在计算时应注意哪些要点? 有何技巧?

4.2　试述判别零杆的方法。

4.3 所谓零杆,就是不受力的杆件,它们在桁架中并不起作用,如果去掉这些杆件会更省材料。这种说法是否正确?为什么?

习　　题

4.1 根据判别零杆的方法,找出下列图中所示桁架的零杆。

(a)

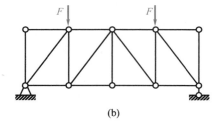
(b)

习题 4.1 图

4.2 试用结点法计算下列桁架中各杆件内力。

(a)

(b)

习题 4.2 图

4.3 试用截面法计算下列桁架中指定杆件的内力。

(a)

(b)

习题 4.3 图

4.4 试选择适当的方法求下列桁架中指定杆件的内力。

(a)   (b)

习题 4.4 图

5 轴向拉伸和压缩

5.1 概　　述

　　研究物体受力时保持平衡状态的条件中，略去了力对物体产生的变形效果，将物体视为"不会变形的刚体"。

　　从现在开始，将研究结构或组成结构的各构件在荷载作用下其内部的受力情况。在进行研究时，不再将物体视作"刚体"，而恢复物体的本来面目，即各种物体受力后都会产生或大或小的变形。如建筑结构中的钢筋混凝土梁，受力后会产生弯曲变形；钢筋混凝土柱和砖墙，受压后会产生压缩变形等。变形的大小与受力的大小有关，受力愈大，变形也愈大；当力增大到一定程度时，构件就会发生破坏。所以，从工程实际来讲，任何一个建筑结构物的正常工作，就必须保证该建筑结构物中的任意构件都应满足一定的要求，这种要求可分为以下三种：

（1）强度要求：构件在外力作用下不会发生破坏，即构件抵抗破坏能力的要求，称为强度要求。

（2）刚度要求：构件在外力作用下产生的变形不超过一定的范围，即构件抵抗变形能力的要求，称为刚度要求。

（3）稳定性要求：构件在外力作用下不丧失平衡状态，即构件抵抗丧失稳定平衡能力的要求，称为稳定性要求。

只有满足上述三项要求，才能保证构件安全正常地工作，达到建筑结构安全使用的目的。

5.1.1 变形固体的概念

工程中的各种构件都是由钢材、铸铁、混凝土、砖、石材、木材等固体材料制成的。这些固体材料在外力作用下，都会产生变形，称为变形固体。根据变形的性质，变形可分为弹性变形和塑性变形。所谓弹性变形，是指变形固体在外力去掉后，能恢复到原来形状和尺寸的变形。例如一根钢丝在不大的拉力作用下产生伸长变形，在去掉拉力后，钢丝又恢复到原状，这说明钢丝具有弹性。如钢丝受较大外力，产生较大的变形，当外力去掉后，变形不能完全消失而留有残余，则消失的变形是弹性变形，残余的变形称为塑性变形或残余变形。

用于建筑工程的变形固体材料是多种多样的，其性质也千差万别，为使研究任务简单易行，在对物体进行变形和受力分析时，应对各种具体的变形固体材料进行抽象简化。为此，对所研究的变形固体作出如下的基本假设。

1. 连续均匀假设

即假设物体内部是连续不断地充满着均匀的物质，且在各点处材料的性质完全相同。

2. 各向同性假设

即假设物体沿各个方向的力学性质是相同的。

3. 弹性假设

即当作用于物体上的外力不超过某一限度时，将物体看作是完全弹性体。

总之，在建筑力学的范围内，我们研究的材料是均匀连续的、各向同性的弹性体。

5.1.2 杆件及其变形的基本形式

所谓杆件，是指其纵向尺寸比横向尺寸大得多的构件。如房屋建筑中的梁、柱及屋架中的各种杆都可视作杆件。

杆件的形状和尺寸是由杆件的横截面和杆轴线来确定的。杆件各横截面几何中心的连线，称为杆轴线。垂直于杆轴线的截面称为横截面。如杆轴线为直线、横截面的形状和尺寸都相同的杆件称为等直杆，如图 5.1 所示。

杆件在不同形式的外力作用下，将会发生不同形式的变形，通常可归纳为以下四种基本形式：

（1）轴向拉伸或压缩变形（图 5.2a、b）。

（2）剪切变形（图 5.2c）。

（3）扭转变形（图 5.2d）。

（4）弯曲变形（图 5.2e）。

在工程中的杆件，往往同时承受不同的外力，虽然变形较为复杂，但也都是由上述各种基本变形组成的。

图 5.1　等直杆

图 5.2　杆件变形的基本形式

（a）轴向拉伸；（b）轴向压缩；（c）剪切变形；

（d）扭转变形；（e）弯曲变形

5.2　轴向拉、压的内力和应力计算

5.2.1　轴向拉、压杆横截面上的内力

沿杆件轴线作用一对大小相等、方向相反的外力 F，杆件将产生轴向拉伸或轴向压缩变形。当作用力的指向离开杆端时，杆件伸长，称为轴向拉伸（图 5.2a）；当作用力指向杆端时，杆件缩短，称为轴向压缩（图 5.2b）。通常称产生轴向拉伸或压缩的杆件为拉杆或压杆。

在工程中，产生轴向拉伸和压缩的杆件是很常见的。如图 5.3a 所示的三角形支架中 *AB* 杆受到拉伸，*BC* 杆受到压缩；又如图 5.3b 所示的桁架各杆，有的是拉杆，有的是压杆。

图 5.3　拉伸杆和压缩杆的示意图

（a）三角形支撑杆件的拉伸和压缩；（b）桁架杆件的拉伸和压缩

物体在受到外力作用而变形时，其内部各质点间的相对位置将有变化。与此同时，各质点间相互作用的力也发生了改变。各质点间的相互作用力由于物体受到外力作用而引起的

改变量,就是力学中所研究的内力。

为了更进一步说明内力的概念,可以做一个简单的实验。取一根橡皮筋,用手拉它时,橡皮筋被拉长,同时会感到橡皮筋在拉我们的手,试图恢复其原来的长度;也就是橡皮筋内部有一种反抗拉长的力,拉力越大,橡皮筋伸长也越大,这种反抗力也越大。当拉力达到一定程度时,橡皮筋被拉断。

这种抵抗力又是如何产生的呢? 因为物体是由许多分子组成的,分子间保持一定的距离,在外力作用下,物体发生变形,也就改变了分子之间的相互距离,而分子之间要维持其原来的距离,便会产生一种阻止间距改变的力,这种分子间抵抗变形的力称为内力。外力越大,变形也越大,内力也越大,当大到一定程度,分子间无法维持它们的相互联系,杆件也就破坏了。

当内力的作用线与杆轴重合时称为轴向内力,简称轴力,用符号 N 表示。轴力的单位是牛顿(N)或千牛顿(kN)。

轴力的正负符号规定为:拉力为正,压力为负。

轴心受力构件横截面上的内力只有轴力。分析轴心受力构件的内力时,所用的方法是"截面法"。它是求内力的一般方法,也是力学中最常用的基本方法之一。

用截面法求内力,包括以下四个步骤:

(1)截开:在需要求内力处,用一假想截面将杆件截开,分成两部分,将截面上的内力暴露出来。

(2)取脱离体:取假想截面任一侧的一部分为脱离体,最好取外力较少的一侧为脱离体。

(3)画受力图:画出所取脱离体部分的受力图,截面上的内力方向最好按正方向假设。

(4)平衡:根据脱离体的受力图,建立平衡方程,由脱离体上的已知外力来计算截面上的未知内力。

【例 5.1】 求图 5.4a 所示等截面直杆各段的轴力。

【解】 ① 求 AB 段轴力。

在 AB 段内任意截面处将杆截开,取截面以左为脱离体,截面上内力用 N_{AB} 表示,并假定 N_{AB} 为拉力,如图 5.4b 所示。

由 $\sum x = 0$ 得

$$N_{AB} = -F_1 = -4 \text{ kN}$$

求得 N_{AB} 为负值,则表示 AB 段的实际内力与假设方向相反,其轴力不是拉力,而是压力,大小为 4 kN。

② 求 BC 段轴力。

类似 AB 段,用一假想截面在 BC 段内任意处将杆件截成两部分,以 N_{BC} 表示截面上的内力,如图 5.4c 所示,取截面以左为脱离体。

由 $\sum F_x = 0$ 得, $\qquad N_{BC} + F_1 - F_2 = 0$

有 $\qquad N_{BC} = F_2 - F_1 = 3 \text{ kN} - 4 \text{ kN} = -1 \text{ kN}$

图 5.4　等直杆受力计算简图

(a)受力简图；(b)AB 段截面；(c)AC 段截面；(d)CD 段截面；(e)轴力图

由上述结果可知,BC 段轴力为压力,大小为 1 kN。

③ 求 CD 段轴力。

同上面所讲步骤,取截面以右为脱离体,如图 5.4d 所示。

由 $\sum F_x = 0$ 得

$$N_{CD} = F_4 = 2 \text{ kN}$$

N_{CD} 为正值,截面上的轴力为拉力,大小为 2 kN。

通过上面这个例题,可以看出在求杆件的内力时,可以取截面以左或截面以右的脱离体为研究对象。同一截面上的内力,由左侧或右侧的脱离体求得的内力总是大小相等、方向相反、符号相同。

当杆件受到多于两个的轴向外力作用时,杆件各段轴力也就不同。计算等截面直杆强度时,都要以杆件的最大轴力作为依据,因此必须知道杆件各截面上的轴力,以确定其最大轴力。为了表示各横截面上的轴力随横截面位置而变化的规律,工程上常采用图形来表示。例 5.1 中的图 5.4e 就是所计算杆件的轴力图。

绘轴力图时,先作一条基线与杆轴线平行且等长,基线上的每一点都代表相应截面的位置。用与基线正交的短线代表相应截面的轴力,其长短应按一定的比例来表示轴力的大小;正轴力(拉力)应绘在基线的上方,图中标明⊕号;负轴力(压力)绘在基线的下方,图中标明⊖号。从轴力图中即可确定最大轴力的数值及其所在横截面的位置。

5.2.2　轴向拉、压杆横截面上的应力

1. 应力的概念

在用截面法求杆件内力时,杆件的内力只与作用在杆件上的外力有关,与截面尺寸大小、形状、所用材料无关。可是杆件的强度却与所用材料的性质及截面的几何性质,有着密切的关系。如有同一材料的两根直杆,一粗一细,在相同拉力作用下,细杆比粗杆先拉断。这是因为两根杆件的截面面积不等,在相同内力作用下,单位面积上分布内力的大小却不相同。截面小的杆件,单位面积上受的内力大,当然先于粗杆而破坏。由此可见,杆件的强度

是和材料的性质及杆件截面的几何性质有着密切的关系。

通常将单位面积上的分布内力称为应力,它反映内力在截面面积上的分布密集程度。与截面正交的应力称为正应力,用符号 σ 表示。

应力的单位是帕斯卡(Pa),简称帕。

$$1\ \text{Pa} = 1\ \text{N/m}^2$$
$$1\ \text{kPa} = 1\ 000\ \text{Pa} = 1\ 000\ \text{N/m}^2$$
$$1\ \text{MPa} = 10^3\ \text{kPa} = 10^6\ \text{N/m}^2 = 1\ \text{N/mm}^2$$

以往工程中还用 kgf/cm^2 作为应力的单位,两种单位的换算关系为

$$1\ \text{Pa} = 1/9.81 \times 10^4\ \text{kgf/cm}^2 \approx 1 \times 10^{-5}\ \text{kgf/cm}^2$$
$$1\ \text{kgf/cm}^2 = 10^5\ \text{Pa} = 100\ \text{kPa}$$

2. 轴向拉、压杆件横截面上的应力

要计算轴向拉、压杆件横截面上各点的应力,首先应知道轴力在横截面上的分布规律。

为此,取一等直杆做实验,先在杆件表面上画出垂直于杆轴线的横截面与杆件表面的交线 aa、bb 和平行于杆轴线的平行线 cc、dd,如图 5.5a。然后在杆件的两端作用轴向拉力 F,使杆件产生轴向伸长变形。可观察到,横截面与杆件表面的交线 aa、bb 沿轴向分别平移到 $a'a'$、$b'b'$,但仍然垂直于杆件的轴线。纵向线 $c'c'$、$d'd'$ 都有相同的伸长,并仍然平行于杆件的轴线,如图 5.5b 所示。

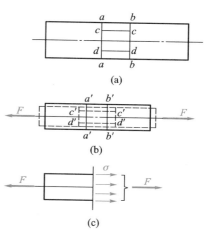

图 5.5　等直杆内截面
受力分析简图

(a)内截面;(b)受拉变形;(c)截断面

根据实验所观察到的现象,可以推断出杆件内部的变形和杆件表面的变形是相同的,整个横截面在变形前是平面,变形后仍保持平面,且与杆件轴线垂直,这称为平面假设。由于两个横截面之间各根纵向线的伸长均相同,则其受力也相同,因此可得出横截面上的内力是均匀分布的,即在横截面上各点的正应力是相等的,如图 5.5c 所示。

如用 A 表示杆件横截面面积,轴力为 N,则杆件横截面上的正应力为

$$\sigma = \frac{N}{A} \tag{5.1}$$

正应力的正负号规定为:拉应力为正,压应力为负。

当杆件受几个轴向外力作用时,由截面法可求得最大轴力 $N_{\max}$,对等直杆来讲,杆件的最大正应力算式为

$$\sigma_{\max} = N_{\max}/A \tag{5.2}$$

最大轴力所在的横截面称为危险截面,由式(5.2)算得的正应力即危险截面上的正应力,称为最大工作应力。

【例 5.2】   一横截面面积 $A = 100 \ \text{mm}^2$ 的等直杆,其受力情况如图 5.6 所示。试求各段的应力值和最大工作应力。

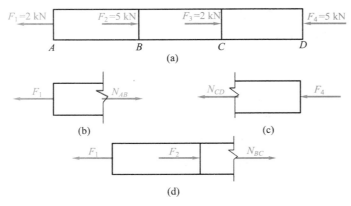

图 5.6   等直杆受力计算简图

(a)受力简图;(b)AB 段截面;(c)AC 段截面;(d)CD 段截面

【解】   此题的各段轴力计算过程从略。下面求各段正应力。

① AB 段:

$$N_{AB} = 2 \ \text{kN} = 2 \ 000 \ \text{N}$$

$$\sigma_{AB} = \frac{N_{AB}}{A} = \frac{2 \ 000 \ \text{N}}{100 \times 10^{-6} \ \text{m}^2} = 20 \times 10^6 \ \text{N/m}^2 = 20 \ \text{MPa}$$

② BC 段:

$$N_{BC} = -3 \ \text{kN} = -3 \ 000 \ \text{N}$$

$$\sigma_{BC} = \frac{N_{BC}}{A} = \frac{-3 \ 000 \ \text{N}}{100 \times 10^{-6} \ \text{m}^2} = -30 \times 10^6 \ \text{N/m}^2 = -30 \ \text{MPa}$$

③ CD 段:

$$N_{CD} = -5 \ \text{kN} = -5 \ 000 \ \text{N}$$

$$\sigma_{CD} = \frac{N_{CD}}{A} = \frac{-5 \ 000 \ \text{N}}{100 \times 10^{-6} \ \text{m}^2} = -50 \times 10^6 \ \text{N/m}^2 = -50 \ \text{MPa}$$

AB 段应力值为正值,为拉应力;BC、CD 段应力值为负值,为压应力。

④ 最大工作应力:

最大轴力为

$$N_{\text{max}} = N_{CD} = -5 \ \text{kN} = -5 \ 000 \ \text{N}$$

将其代入公式(5.2),得此杆的最大工作应力为

$$\sigma_{\text{max}} = \frac{N_{\text{max}}}{A} = \frac{-5 \ 000 \ \text{N}}{100 \times 10^{-6} \ \text{m}^2} = -50 \times 10^6 \ \text{N/m}^2 = -50 \ \text{MPa}$$

5.3 轴向拉、压杆件的强度条件

5.3.1 容许应力与安全系数

只要已知作用在杆件上的轴向外力,便可求出杆件横截面上的内力和应力。但要判断该杆是否破坏,仅知道截面上的应力是不够的,必须了解杆件材料抵抗破坏能力的大小。不同材料能承受的应力总是有一定限度的,如杆件的应力达到或超过此限度,杆件便破坏。此应力称为极限应力,用 σ^0 表示。

为了保证杆件能安全正常地工作,必须使杆件在轴向外力作用下所产生的应力值不超过材料的极限应力。在实际计算时,考虑各种不利因素,保证杆件在使用过程中留有一定的安全储备,因此规定用一个比极限应力小的应力值来作为衡量材料承载能力的依据,此应力称为容许应力,用符号 $[\sigma]$ 表示。常用材料的容许应力见表 5.1。

表 5.1 常用材料的容许应力

材料名称	牌号	容许应力			
		轴向拉伸		轴向压缩	
		MPa	kgf/cm²	MPa	kgf/cm²
低碳钢	HPB300	270	2 700	270	2 700
低合金钢	16Mn	300	3 000	300	3 000
混凝土	C20	0.44	4.5	7	70
	C30	0.6	6	10.3	105
红松(顺纹)		6.4	64	10	100
杉木(顺纹)		7	70	10	100
灰口铸铁		34~54	340~540	160~200	1 600~2 000

极限应力 σ^0 与容许应力 $[\sigma]$ 的比值叫做安全系数,用符号 K 表示,即

$$K = \sigma^0 / [\sigma] \tag{5.3a}$$

或

$$[\sigma] = \sigma^0 / K \tag{5.3b}$$

安全系数 K 是一个大于 1 的数,它反映了人们给予材料的强度储备量,也就是反映了材料在工作中安全可靠的程度。安全系数的确定是一个十分重要、严肃的问题,如安全系数确定低了,构件在使用过程中不安全;如定高了,则浪费材料不经济。因此安全与节约应二者兼顾,使矛盾得到统一。

5.3.2　轴向拉、压杆件的强度条件

对于轴向拉、压杆件,为了保证杆件安全正常地工作,必须满足下述条件:
$$\sigma_{max} \leqslant [\sigma] \qquad (5.4)$$
式(5.4)就是拉、压杆件的强度条件。对于等截面直杆,还可以根据公式(5.2)改为
$$N_{max}/A \leqslant [\sigma] \qquad (5.5)$$
在不同的工程实际情况下,可根据上述强度条件对拉、压杆件进行以下三方面的计算。

1. 强度校核

已知杆件截面尺寸、承受的荷载及材料的容许应力,就可以检验杆件是否安全,这一过程称为杆件的强度校核。

2. 选择截面尺寸

如已知杆件所承受的荷载和所选用的材料,要求按强度条件确定杆件横截面的面积或尺寸,则可将式(5.5)改为
$$A \geqslant N_{max}/[\sigma] \qquad (5.6)$$

3. 确定允许荷载

如已知杆件所用的材料和杆件横截面积,要求按强度条件来确定此杆所能容许的最大轴力,并根据内力和荷载的关系,计算出杆件所允许承受的荷载,则可将公式(5.5)改为
$$N_{max} \leqslant A[\sigma] \qquad (5.7)$$

【例 5.3】　三角屋架如图 5.7a 所示,承受沿水平方向分布的竖向均布荷载 $q = 4.8$ kN/m。屋架中的钢拉杆 AB 直径 $d = 20$ mm,钢材的容许应力$[\sigma] = 170$ MPa。试校核该钢拉杆的强度。

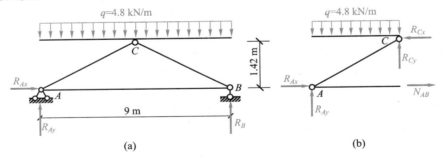

图 5.7　三角屋架受力计算分析图

(a)三角屋架受力简图;(b)三角屋架受力分析简图

【解】　① 求支座反力,取屋架整体为脱离体,如图 5.7a 所示。

由 $\sum x = 0$ 得,　　　　　　　　　　$R_{Ax} = 0$

利用对称关系得　　　$R_{Ay} = R_B = (4.8 \times 9 \times 0.5)$ kN $= 21.6$ kN

② 求拉杆 AB 的轴力,取半个屋架为脱离体,如图 5.7b 所示。

由 $\sum M_C = 0$ 得

$$N_{AB} \times 1.42 \text{ m} + \frac{1}{2} \times 4.8 \text{ kN/m} \times (4.5 \text{ m})^2 - R_{Ay} \times 4.5 \text{ m} + R_{Ax} \times 1.42 \text{ m} = 0$$

$$N_{AB} = \left(R_{Ay} \times 4.5 \text{ m} - \frac{1}{2} \times 4.8 \text{ kN/m} \times (4.5 \text{ m})^2 \right) / 1.42 \text{ m} = 34.23 \text{ kN}$$

③ 强度校核。

钢拉杆 AB 横截面上的应力为

$$\sigma = \frac{N}{A} = 34.23 \times 10^3 \text{N} \Big/ \left[\frac{\pi}{4} \times (0.02 \text{ m})^2 \right] = 109 \times 10^6 \text{ Pa}$$

$$= 109 \text{ MPa} < [\sigma] = 170 \text{ MPa}$$

满足强度条件,故此钢拉杆在强度方面是安全的。

【例 5.4】 一支架如图 5.8a 所示,AB 杆为圆形截面钢杆,容许应力$[\sigma] = 170$ MPa;BC 杆为正方形截面木杆,容许应力$[\sigma] = 6$ MPa。在结点 B 处挂一重物 $Q = 50$ kN,试分别选择 AB、BC 杆的截面尺寸。

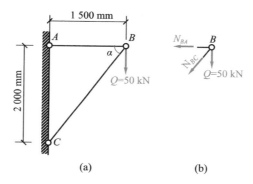

图 5.8　支架受力计算分析图

(a)支架受力简图;(b)结点 B 受力图

【解】 ① 计算各杆轴力。

取 B 结点为研究对象,如图 5.8b 所示,由平衡条件得

由 $\sum F_y = 0$, $N_{BC}\sin\alpha + Q = 0$

$$N_{BC} = -\frac{Q}{\sin\alpha} = -50 \text{ kN} \Big/ \frac{2 \text{ m}}{\sqrt{(2 \text{ m})^2 + (1.5 \text{ m})^2}} = -62.5 \text{ kN}$$

由 $\sum F_x = 0$, $N_{AB} + N_{BC}\cos\alpha = 0$

$$N_{AB} = -(-62.5 \text{ kN}) \times 1.5 \text{ m} / \sqrt{(2 \text{ m})^2 + (1.5 \text{ m})^2} = 37.5 \text{ kN}$$

② 截面尺寸选择。

AB 杆:由公式(5.6)得

$$A = \frac{\pi d^2}{4} \geqslant N_{AB} / [\sigma]$$

$$d \geqslant \sqrt{\frac{4N_{AB}}{[\sigma]\pi}} = \sqrt{\frac{4 \times 37.5 \text{ kN}}{170 \text{ Pa} \times 10^3 \times \pi}} = 0.0168 \text{ m} = 16.8 \text{ mm}$$

取 $d = 18$ mm。

BC 杆: BC 杆截面是正方形,设截面边长为 a,由公式(5.6)得

$$A = a^2 \geqslant N_{BC}/[\sigma]$$

$$a \geqslant \sqrt{N_{BC}/[\sigma]} = \sqrt{62.5 \text{ kN}/6 \text{ Pa} \times 10^3} = 0.1 \text{ m} = 100 \text{ mm}$$

取 $a = 100$ mm。

【例 5.5】 图 5.9a 所示吊架中 AC 和 BC 都是圆杆,AC 为铜杆,$d = 20$ mm,$[\sigma] = 120$ MPa;BC 为钢杆,$d = 16$ mm,$[\sigma] = 160$ MPa。试求该吊架的容许荷载。

【解】 ① 计算各杆轴力:由于本例的荷载是未知数,故应先找出轴力与荷载的关系。取结点 C 为研究对象。由平衡条件得

图 5.9 吊架受力计算分析图
(a)吊架受力简图;(b)结点 F 受力图

$$\sum F_x = 0, \quad N_{CB}\sin 30° - N_{CA}\sin 45° = 0$$

$$\sum F_y = 0, \quad N_{CB}\cos 30° + N_{CA}\cos 45° = F$$

解此联立方程得 $N_{CB} = 0.732F$

$$N_{CA} = 0.518F$$

② 计算允许荷载:以上求出了各杆轴力与荷载 F 之间的关系,要求允许荷载,则应先求出各杆的容许轴力,由强度条件得

$$N_{CA} \leqslant [\sigma]A = 120 \text{ Pa} \times 10^3 \times \frac{\pi \times (0.02 \text{ m})^2}{4} = 37.70 \text{ kN}$$

$$N_{CB} \leqslant [\sigma]A = 160 \text{ Pa} \times 10^3 \times \frac{\pi \times (0.016 \text{ m})^2}{4} = 32.17 \text{ kN}$$

根据轴力与荷载的关系得

铜杆 $$F = \frac{N_{CA}}{0.518} = \frac{37.70 \text{ kN}}{0.518} = 72.78 \text{ kN}$$

钢杆 $$F = \frac{N_{CB}}{0.732} = \frac{32.17 \text{ kN}}{0.732} = 43.95 \text{ kN}$$

要使整个结构满足强度条件,故该吊架的允许荷载 $F = 43.95$ kN。

5.4 轴向拉、压杆件的变形及胡克定律

轴向拉伸或压缩时的变形特点是杆件在纵向伸长或压缩和横向缩小或增大,如图 5.10 所示。

5.4.1 纵向变形

杆件拉伸或压缩时,杆件长度方向发生的改变量称为绝对变形,用 Δl 表示。如杆件原

长为 l，变形后为 l_1，则绝对变形为

$$\Delta l = l_1 - l \qquad (5.8)$$

拉伸时杆件伸长，绝对变形为正，如图 5.10a 所示；压缩时杆件缩短，绝对变形为负，如图 5.10b 所示。绝对变形的单位为米（m）或毫米（mm）。

绝对变形只反映杆件的总变形量，无法表明杆件的变形程度。由于杆件各段的伸长是均匀的，故可用单位长度杆件的纵向伸长来反映杆件的变形程度，这个量称为相对变形，又称为线应变，通常用符号 ε 表示，即

$$\varepsilon = \Delta l / l \qquad (5.9)$$

图 5.10   等直横杆的拉伸和压缩
（a）等直横杆受拉；（b）等直横杆受压

拉伸时，因为 Δl 为正值，所以 ε 也为正；压缩时，Δl 为负值，ε 也就为负。同时，线应变是量纲为一的量。

5.4.2   横向变形

杆件在轴向外力作用下，不仅发生纵向变形，而且还会发生横向变形。拉伸时横向尺寸减小，压缩时横向尺寸增大，如图 5.10 所示。如杆件横向原长为 a，变形后为 a_1，则横向绝对变形为

$$\Delta a = a_1 - a$$

横向绝对变形与横向原长之比称为横向线应变，用符号 ε' 表示，即

$$\varepsilon' = \Delta a / a$$

拉伸时，Δa 为负值，所以 ε' 为负值；压缩时，Δa 为正值，ε' 就为正值。拉伸或压缩时，杆件的纵向线应变和横向线应变的符号总是相反的。横向线应变 ε' 仍是一个没有单位的量。

实验表明，在弹性范围内，横向线应变 ε' 和纵向线应变 ε 的比值是一个常数。这个比值的绝对值称为横向变形系数或泊松比，通常用符号 μ 表示。即

$$\mu = \left| \frac{\varepsilon'}{\varepsilon} \right| \qquad (5.10)$$

泊松比是一个没有单位的量，各种材料 μ 值的大小都是通过实验来测定的。表 5.2 中列出部分常用材料的泊松比。

表 5.2   常用材料的 E、μ 值

材料名称	弹性模量 E/MPa	泊松比 μ
碳钢	$200 \sim 210 \times 10^3$	$0.25 \sim 0.33$
16 锰钢	$200 \sim 220 \times 10^3$	$0.25 \sim 0.33$
铸铁	$115 \sim 160 \times 10^3$	$0.23 \sim 0.27$

材料名称	弹性模量 E/MPa	泊松比 μ
铜及其合金	$(74 \sim 130) \times 10^3$	$0.31 \sim 0.42$
花岗石	49×10^3	—
木材(顺纹)	$(10 \sim 12) \times 10^3$	—
混凝土	$(22 \sim 38) \times 10^3$	0.2

5.4.3 胡克定律

拉、压杆件的变形是纵向伸长或缩短,其变形的大小与杆件所受的力、截面的几何性质及材料的性能有关。实验表明,多数建筑材料在受力不超过弹性范围时,其应力与应变成正比。材料受力后的这种比例关系,称为胡克定律,并用下式表示。

$$\sigma = E\varepsilon \tag{5.11}$$

式(5.11)中的 E 为比例常数,称为材料的弹性模量,不同的材料其值也不同。常用材料的弹性模量 E 值都由实验测定,见表 5.2。

如将应力 σ 和应变 ε 分别用下式

$$\sigma = N/A$$

$$\varepsilon = \Delta l/l$$

代入式(5.11),则得胡克定律的另一种表达式。

$$\Delta l = Nl/EA \tag{5.12}$$

由式(5.12)可知,纵向绝对变形 Δl 与轴力 N 和杆长 l 成正比,与材料的弹性模量 E 和截面面积 A 成反比。EA 乘积越大,杆件的纵向绝对变形 Δl 越小,所以,EA 反映杆件抵抗线变形的能力,称为抗拉、压刚度。

【例 5.6】 图 5.11a 所示钢杆的横截面面积 $A = 1\ 000\ \text{mm}^2$,已知 $F_1 = F_2 = 15\ \text{kN}$,$F_3 = 45\ \text{kN}$,钢的弹性模量 $E = 200 \times 10^3\ \text{MPa}$。试求 A 点的竖向位移。

【解】 因为 D 端固定,所以 A 点的竖向位移就是整个杆件的轴向变形量。由于各段轴力不同,应先作出杆件的轴力图,如图 5.11b 所示。杆件的总变形量应是各段变形量的代数和,即

$$\Delta l = \Delta l_{AB} + \Delta l_{BC} + \Delta l_{CD}$$

$$= \frac{N_{AB} \cdot l_{AB}}{EA} + \frac{N_{BC} \cdot l_{BC}}{EA} + \frac{N_{CD} \cdot l_{CD}}{EA}$$

由轴力图 5.11b 得

$$N_{AB} = 15\ \text{kN}$$

$$N_{BC} = 30\ \text{kN}$$

图 5.11 等直竖杆的拉伸和压缩

(a)钢杆的竖向受力简图;(b)钢杆的轴力图

$$N_{CD} = -15 \text{ kN}$$
$$l_{AB} = l_{BC} = l_{CD} = 100 \text{ mm} = 0.1 \text{ m}$$
$$A = 1\,000 \text{ mm}^2 = 10 \times 10^{-4} \text{ m}^2$$
$$E = 200 \times 10^3 \text{ MPa} = 200 \times 10^6 \text{ kPa}$$

将以上各值代入上式,得

$$\Delta l = \frac{1}{200 \text{ kPa} \times 10^6 \times 10 \text{ m}^2 \times 10^{-4}} \left[15 \text{ kN} \times 0.1 \text{ m} + 30 \text{ kN} \times 0.1 \text{ m} + (-15) \text{ kN} \times 0.1 \text{ m} \right]$$

$$= 1.5 \times 10^{-5} \text{ m} = 1.5 \times 10^{-2} \text{ mm}$$

正号表示 A 的位移方向向上。

5.5　材料拉(压)时的力学性质

有关拉(压)杆的力学计算中,都涉及材料固有的某些力学性质。如材料的弹性模量 E、泊松比 μ 和极限应力等,它们都是用材料的拉伸和压缩试验方法来测定的。

由于低碳钢在塑性材料中具有代表性,而铸铁在脆性材料中具有代表性,下面将主要介绍这两种材料的力学性质。

5.5.1　低碳钢拉伸时的力学性质

材料拉伸实验要求采用标准试件,如图 5.12 所示。

图 5.12　拉伸试验的标准构件

(a)圆形截面标准构件;(b)矩形截面标准构件

试件的工作段长度(称为标距)l 与截面直径 d 的比例规定为 $l = 5d$ 或 $l = 10d$;如截面为矩形,截面面积为 A,则 $l = 11.3 \sqrt{A}$ 或 $l = 5.65 \sqrt{A}$。

1. 应力–应变图

试验时,将试件夹在试验机上。启动机器,试件由零开始逐渐承受拉力并同时发生变形。在试验机上可以读出试件所受力 F 的大小,以及相应的伸长变形 Δl。每隔一段时间记下一个 F 值及相应的 Δl 值,并将其画在以 Δl 为横坐标、F 为纵坐标的坐标图上,便可得到 $F - \Delta l$ 关系曲线,如图 5.13 所示。

如将 F 除以试件横截面的原始面积 A（即应力 $\sigma = \dfrac{N}{A}$）来代替 F 作纵坐标;将 Δl 除以原

始标距 $l\left(\text{即应变 } \varepsilon = \dfrac{\Delta l}{l}\right)$ 来代替 Δl 作横坐标，这样画出来的曲线称为应力 – 应变图（或称 $\sigma - \varepsilon$ 图），它表示材料从加载到破坏，全过程的应力与应变之间的对应关系。图 5.14 所示为 HPB300 钢的 $\sigma - \varepsilon$ 图。

图 5.13　力与伸长变形关系曲线

图 5.14　HPB300 钢的应力 – 应变关系图

2. 力学性能

从图 5.14 可以看出应力与应变之间的关系是比较复杂的，根据曲线的变化情况，可以将其分为四个阶段：

（1）弹性阶段（图 5.14 中 Ob 段）

拉伸初始阶段 Oa 为直线，表明 σ 与 ε 成正比。a 点对应的应力值称为比例极限，用符号 σ_p 表示。

当应力不超过 σ_p 时，材料的应力与应变成正比。由此可知，直线 Oa 的斜率即为材料的弹性模量 E。

$$E = \frac{\sigma}{\varepsilon} = \tan\alpha \tag{5.13}$$

应力超过 σ_p 后，σ 与 ε 就不再成直线关系。但在应力不超过 b 点所对应的应力值时，材料的变形仍是弹性变形，b 点所对应的应力值称为弹性极限，用符号 σ_e 表示。前面提到的弹性范围就是指应力不超过 σ_e 的范围。由于 a、b 两点非常接近，工程上对弹性极限 σ_e 和比例极限 σ_p 就未加严格区别，所以得出"在弹性范围内，应力与应变成正比"。

（2）屈服阶段（图 5.14 中的 bc 段）

当应力超过 b 点的对应值以后，应变增加得很快，而应力几乎不增加或仅在一个微小范围内上下波动，其图形近似于一条水平线，它表明材料丧失了抵抗变形的能力。这种现象称为屈服现象，bc 段称为屈服阶段，bc 段中的最低点所对应的应力值称为屈服极限，用符号 σ_s 表示。

（3）强化阶段（图 5.14 中的 ce 段）

经过屈服阶段后，材料内部结构重新进行调整，又产生了新的抵抗变形的能力。此时，增加荷载还会继续变形，这种现象称为材料的强化。强化阶段的最高点 e 所对应的应力值是材料所能承受的最大应力，称为强度极限，用符号 σ_b 表示。

（4）颈缩阶段（图 5.14 中的 ef 段）

过 e 点以后，试件在局部范围内，横截面的尺寸将急剧减小，形成颈缩现象。此时，试件继续伸长变形所需的拉力相应减少,曲线形成下降段并很快达到 f 点,试件被拉断。

由上述材料的力学性能分析可知:

① 材料的应力达到屈服强度 σ_s 时,杆件虽未断裂,但产生了显著的变形,势必影响结构的正常使用,所以屈服强度 σ_s 是衡量材料强度的一个重要指标。

② 材料的应力达到强度极限 σ_b 时,出现颈缩现象并很快被拉断,所以强度极限 σ_b 也是衡量材料强度的一个重要指标。

3. 材料的变形性能

在拉伸试验中,还可以得到一些关于材料变形的性能。

(1)延伸率

试件拉断后,弹性变形消失,残留的变形称为塑性变形。试件的标距由原来的 l 变为 l_1,长度的改变量与原标距 l 之比的百分率称为材料的延伸率,用符号 δ 表示。

$$\delta = \frac{l_1 - l}{l} \times 100\% \qquad (5.14)$$

HPB300 钢的延伸率 $\delta = 10\%$。

工程上根据延伸率的不同,将材料分为两类:

$\delta > 5\%$ 的材料,称为塑性材料(如钢、合金钢、铜、铝等)。

$\delta < 5\%$ 的材料,称为脆性材料(如铸铁、石料、混凝土、砖等)。

(2)截面收缩率

试件拉断后,断口处的截面面积为 A_1。截面的缩小量与原截面面积 A 之比的百分率,称为材料的截面收缩率,用符号 ψ 表示。

$$\psi = \frac{A - A_1}{A} \times 100\%$$

4. 钢材的冷加工

在钢材的拉伸试验中,若在强化阶段内任意一点 k 卸去荷载,则应力 - 应变曲线将沿着与 Oa 近似平行的直线回到 O_1 点,如图 5.14 所示。图中 O_1d 代表消失的弹性变形;OO_1 代表残留的塑性变形。如卸载后立即重新加载,应力 - 应变曲线将沿着 O_1kef 变化。由于 O_1k 是直线变化,这表明材料的比例极限和屈服极限都比没有经过加载—卸载处理的材料有所提高,这种现象称为冷作硬化。

工程中常用冷作硬化的方法来提高钢筋和钢丝的屈服点,并把它们称为冷拉钢筋和冷拔钢丝。把直径为 5 mm 的钢丝($\sigma_s = 1\,180$ MPa)冷拉后,其屈服极限可提高到 $\sigma_s = 1\,330$ MPa,节约钢材 10% 左右。

5. 低碳钢压缩时的力学性质

压缩试验的试件一般做成圆柱形,如图 5.15a 所示。试件的长度 l 一般为直径 d 的 1.5~3 倍,即 $l = (1.5 \sim 3)d$。

图 5.15b 为 HPB300 钢压缩时的应力 - 应变图(其中实线为拉伸时的应力 - 应变图)。从图中可看出,压缩时低碳钢的比例极限 σ_p、屈服极限 σ_s 和弹性模量 E 都与拉伸时相同,

但无法测定压缩时的强度极限。因为屈服阶段以后,试件越压越扁,没有颈缩阶段,不发生断裂。

图 5.15　低碳钢压缩性能

(a)压缩试验构件;(b)HPB300 钢压缩时的应力 – 应变图

5.5.2　铸铁的力学性质

对于铸铁的拉伸和压缩试验,其试件及试验方法与低碳钢试验相同。

铸铁拉伸及压缩的应力 – 应变曲线及试件的破坏情况,如图 5.16 所示。

图 5.16　铸铁的力学性能

(a)铸铁拉伸及压缩的应力 – 应变图;(b)铸铁拉断现象;(c)铸铁压缩现象

由图 5.16 可以看出,铸铁拉伸和压缩时的应力 – 应变曲线没有直线部分和屈服阶段,即没有比例极限和屈服极限,只有强度极限。延伸率 $\delta = 0.5\% \sim 0.6\%$。无颈缩现象,破坏突然发生,断口是一个近似垂直于试件轴线的横截面。

铸铁压缩时没有明显的直线阶段,没有屈服和颈缩现象,只有一个强度特征值,即强度极限 σ_b,其值约为 $600 \sim 900$ MPa。压缩破坏时,沿着与轴线大约成 $(0.25 \sim 0.3)\pi$ 的斜截面突然破裂。

5.5.3　两种材料的力学性能的对比

低碳钢是一种典型的塑性材料,通过试验可以看出塑性材料的抗拉和抗压强度都很高,拉杆在断裂前变形明显,有屈服、颈缩等报警现象,可及时采取措施加以预防。

铸铁是一种典型的脆性材料,其特征是抗压强度很高,但抗拉强度很低,脆性材料破坏前毫无预兆,突然断裂,令人措手不及。

思 考 题

5.1 两根截面相同、材料不同的杆件,受相同的轴向外力作用,它们的内力是否相同?

5.2 轴力与截面形状相同、材料与截面面积不同的受拉杆件,它们的应力是否相同?强度是否一样?

5.3 塑性材料和脆性材料在力学性质上有哪些主要区别?

5.4 变形与应变有何区别?受拉杆件的总伸长若等于零,那么杆内的应变是否也为零?

5.5 简述低碳钢拉伸时的力学性质及每个阶段的特点?

5.6 轴向拉、压杆件的强度条件是哪些?根据强度条件可解决哪几类实际问题?

习 题

5.1 试求图示各杆Ⅰ-Ⅰ、Ⅱ-Ⅱ、Ⅲ-Ⅲ截面上的轴力。

5.2 试绘出图示各杆的轴力图。

习题 5.1 图   习题 5.2 图

5.3 试求图示各杆指定截面的轴力和正应力。

习题 5.3 图

5.4 在图示结构中,各杆横截面面积都等于 30 cm²,力 F = 100 kN 作用在 B 结点上,试求 BC 和 CD 杆的应力。

5.5　正三角架受荷载 $F = 80$ kN 作用, AB 杆为钢杆, 容许应力 $[\sigma] = 170$ MPa; BC 杆为木杆, 容许应力 $[\sigma] = 10$ MPa, 试求两杆截面面积。

5.6　有一重 12 kN 的木箱, 用绳索吊起, 设绳索的直径 $d = 40$ mm, 容许应力 $[\sigma] = 10$ MPa, 试校核其强度。

习题 5.4 图

习题 5.5 图

习题 5.6 图

受弯构件

6.1　截面的几何性质

　　构件在外力作用下产生的应力和应变，都与构件的截面形状和尺寸有关。反映截面形状和尺寸的某些性质的量，统称为截面的几何性质。

6.1.1　静矩和形心

1. 静矩

图 6.1 所示的平面图形代表任意截面，在图形平面内建立一直角坐标系 zOy，在图形内

任取一微面积 dA，该微面积至两坐标轴的距离分别为 y 和 z，截面图形内每一微面积 dA 与其到平面内任意坐标轴 y 或 z 的距离乘积的总和，称为该截面图形对 y 或 z 轴的静矩，即

$$S_y = \int_A z\,\mathrm{d}A \\ S_z = \int_A y\,\mathrm{d}A \Big\} \tag{6.1}$$

图 6.1　静矩求解示意图

由式（6.1）可知，静矩是对某定轴而言的，同一截面对不同坐标轴的静矩各不相同。静矩的单位为 m^3 或 mm^3，静矩可为正值，也可为负值，也可以为零。

2. 截面形心

若截面形心 C 的坐标分别为 z_C 和 y_C，将截面看成等厚的均质薄板，则根据合力矩定理可得

$$\int_A y\,\mathrm{d}A = Ay_C$$

$$\int_A z\,\mathrm{d}A = Az_C$$

即

$$S_z = Ay_C \\ S_y = Az_C \Big\} \tag{6.2}$$

于是截面形心的坐标为

$$y_C = S_z/A \\ z_C = S_y/A \Big\} \tag{6.3}$$

如果 z 轴和 y 轴通过截面的形心，则 $S_z = S_y = 0$，即截面对通过形心轴的静矩等于零。

由 n 个简单图形组成的截面称为组合截面。计算组合截面对某轴的静矩时，可分别算出各简单图形对该轴的静矩，然后代数相加，即

$$S_z = \sum_{i=1}^{n} A_i y_i \\ S_y = \sum_{i=1}^{n} A_i z_i \Big\} \tag{6.4}$$

式中，A_i、y_i 和 z_i 分别代表各简单图形的面积和形心坐标，n 为简单图形的个数。由此，组合截面的形心坐标可按下式进行计算。

$$y_C = \sum_{i=1}^{n} A_i y_i \Big/ \sum_{i=1}^{n} A_i \\ z_C = \sum_{i=1}^{n} A_i z_i \Big/ \sum_{i=1}^{n} A_i \Big\} \tag{6.5}$$

【例 6.1】 图 6.2 所示的倒 T 形截面，尺寸如图所示，单位为 mm。试求截面的形心。

【解】 取坐标系 zOy。因图形与 y 轴对称，截面的形心必在 y 轴上，故 $z_C = 0$，只需计算 y_C 值。将截面分为 Ⅰ、Ⅱ 两个矩

图 6.2　倒 T 形截面求形心

形，则

$$A_{\text{I}} = 400 \text{ mm} \times 150 \text{ mm} = 6.0 \times 10^4 \text{ mm}^2$$

$$y_{\text{I}} = 75 \text{ mm}$$

$$A_{\text{II}} = 400 \text{ mm} \times 200 \text{ mm} = 8.0 \times 10^4 \text{ mm}^2$$

$$y_{\text{II}} = 350 \text{ mm}$$

将上述各值代入式（6.5），得

$$y_C = \frac{\sum_{i=1}^{n} A_i y_i}{\sum_{i=1}^{n} A_i} = \frac{6 \times 10^4 \text{ mm}^2 \times 75 \text{ mm} + 8 \times 10^4 \text{ mm}^2 \times 350 \text{ mm}}{6 \times 10^4 \text{ mm}^2 + 8 \times 10^4 \text{ mm}^2} = 232 \text{ mm}$$

6.1.2 截面的惯性矩

1. 惯性矩

图 6.3 所示平面图形为任意截面，在图形上任取一微面积 dA，该微面积到两坐标轴的距离分别为 z 和 y。截面图形内每一微面积 dA 与其到平面内任意坐标轴 z 或 y 的距离平方乘积的总和，称为该截面图形对 z 轴或 y 轴的惯性矩，分别用符号 I_z 和 I_y 表示。即

$$\left. \begin{array}{l} I_z = \int_A y^2 dA \\ I_y = \int_A z^2 dA \end{array} \right\} \tag{6.6}$$

不论坐标轴取在截面的什么部位，y^2 和 z^2 恒为正值，所以惯性矩恒为正值。惯性矩常用单位是米^4（m^4）或毫米^4（mm^4）。

2. 简单截面图形的惯性矩

（1）矩形截面

图 6.4 所示矩形截面，高为 h，宽为 b。z 轴和 y 轴为截面对称轴。取微面积 $dA = b dy$，由惯性矩的定义直接积分得

$$I_z = \int_A y^2 dA = \int_{-\frac{h}{2}}^{\frac{h}{2}} y^2 b dy = \frac{bh^3}{12}$$

图 6.3　惯性矩求解示意图

图 6.4　矩形截面求惯性矩

同理可求得

$$I_y = \frac{b^3 h}{12}$$

对于边长为 a 的正方形截面,其惯性矩为

$$I_z = I_y = \frac{a^4}{12}$$

(2)圆形截面

图 6.5 所示圆形截面,直径为 d,半径为 R,直径轴 z 和 y 为其对称轴,取微面积 $dA = 2\sqrt{R^2 - y^2}dy$,积分得圆形截面的惯性矩为

$$I_z = \int_A y^2 dA = 2\int_{-R}^{R} y^2 \sqrt{R^2 - y^2}dy = \frac{\pi R^4}{4} = \frac{\pi d^4}{64}$$

同理可求得

$$I_y = \frac{\pi d^4}{64}$$

图 6.5 圆形截面求惯性矩

3. 惯性半径

为了计算上的需要,常将惯性矩表达为图形面积与某一长度平方的乘积,即

$$I_z = r_z^2 A , \quad I_y = r_y^2 A$$

$$\left.\begin{array}{c} r_z = \sqrt{\dfrac{I_z}{A}} \\[2mm] r_y = \sqrt{\dfrac{I_y}{A}} \end{array}\right\} \tag{6.7}$$

此长度 r_z、r_y 称为截面图形对形心轴 z 和 y 的惯性半径。

常用截面图形的几何性质(包括截面面积、截面图形的形心坐标、截面图形对形心轴的惯性矩、抗弯截面模量、截面图形对形心轴的惯性半径)列在表 6.1 中,以供计算时查用。

表 6.1 常用平面图形的几何性质表

序号	图形	面积 A	形心轴的位置	形心轴惯性矩 I	抗弯截面模量 W	惯性半径 r
1		$A = bh$	$z_c = b/2$ $y_c = h/2$	$I_z = bh^3/12$ $I_y = hb^3/12$ 正方形 $b = h = a$ $I_z = I_y = a^4/12$	$W_z = bh^2/6$ $W_y = hb^2/6$	$r_z = h/2\sqrt{3}$ $r_y = b/2\sqrt{3}$
2		$A = \pi d^2/4$	圆心上	$I_z = I_y =$ $\pi d^4/64$	$W_z = W_y$ $= \pi d^3/32$	$r_z = r_y = d/4$

序号	图形	面积 A	形心轴的位置	形心轴惯性矩 I	抗弯截面模量 W	惯性半径 r
3		$A = \pi(D^2 - d^2)/4$	圆心上	$I_z = I_y =$ $\pi(D^4 - d^4)/64$	$W_z = W_y = \pi D^3$ $[1-(d/D^4)]/32$	$r_z = r_y = d/4$ $\sqrt{1+(d/D)^2}$
4		$A = bh/2$	$z_C = b/3$ $y_C = h/3$	$I_z = bh^3/36$ $I_{z0} = bh^3/12$ $I_{z1} = bh^3/4$	$W_z = bh^2/24$ $W_y = bh^2/12$	$r_z = h/3\sqrt{2}$

6.1.3 惯性矩的平行移轴公式

同一截面对不同坐标轴的惯性矩是不同的,但其间存在一定的关系。下面讨论相互平行坐标轴的惯性矩之间关系。

图 6.6 所示 C 点为截面的形心,z 和 y 轴为形心轴。z_1 和 y_1 轴分别与 z 和 y 轴平行,其间距分别为 a 和 b。

在截面中任取一微面积 $\mathrm{d}A$,它在两坐标系中的坐标关系为

$$z_1 = z + b$$
$$y_1 = y + a$$

根据惯性矩定义可知

$$I_{z1} = \int_A y_1^2 \mathrm{d}A = \int_A (y+a)^2 \mathrm{d}A = \int_A (y^2 + 2ya + a^2)\mathrm{d}A$$
$$= \int_A y^2 \mathrm{d}A + 2a\int_A y\mathrm{d}A + a^2\int_A \mathrm{d}A$$

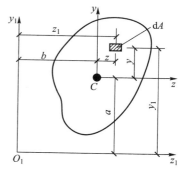

图 6.6 惯性矩平行移轴求解示意图

式中,第一项积分 $\int_A y^2 \mathrm{d}A$ 为截面对形心轴 z 的惯性矩;第二项积分 $\int_A y\mathrm{d}A$ 为截面对形心轴 z 的静矩,该项等于零;第三项积分 $\int_A \mathrm{d}A$ 为截面的面积 A。

故得

同理得

$$\left. \begin{array}{l} I_{z1} = I_z + a^2 A \\ I_{y1} = I_y + b^2 A \end{array} \right\} \tag{6.8}$$

公式(6.8)说明,截面图形对任意轴的惯性矩,等于其对平行于该轴的形心轴的惯性矩,再加上截面面积与两轴间距离平方的乘积,这就是惯性矩平行移轴公式。

6.1.4 组合截面惯性矩的计算

组合截面对某轴的惯性矩,等于组成它的各个简单图形对同一轴惯性矩之和。

【例6.2】 图6.7所示T形截面,尺寸如图所示,单位为mm。试求T形截面对形心轴 z_C 和 y_C 的惯性矩。

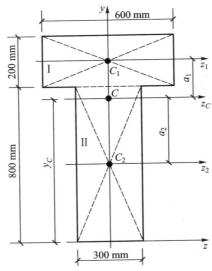

图6.7 T形组合截面惯性矩的计算简图

【解】 ① 求形心位置。

将截面分为 I、II 两个矩形

$$A_1 = 600 \text{ mm} \times 200 \text{ mm} = 12 \times 10^4 \text{ mm}^2, y_{\text{I}} = 900 \text{ mm}$$

$$A_2 = 300 \text{ mm} \times 800 \text{ mm} = 24 \times 10^4 \text{ mm}^2, y_{\text{II}} = 400 \text{ mm}$$

由形心公式得

$$y_C = \frac{\sum_{i=1}^{n} A_i y_i}{\sum_{i=1}^{n} A_i} = \frac{12 \times 10^4 \text{ mm}^2 \times 900 \text{ mm} + 24 \times 10^4 \text{ mm}^2 \times 400 \text{ mm}}{12 \times 10^4 \text{ mm}^2 + 24 \times 10^4 \text{ mm}^2} = 567 \text{ mm}$$

② 求T形截面对 z_C、y_C 轴的惯性矩。

由图得
$$a_1 = 1\ 000 - y_C - \frac{200}{2} = 1\ 000 \text{ mm} - 567 - 100 = 333 \text{ mm}$$

$$a_2 = y_C - \frac{800}{2} = 567 \text{ mm} - 400 \text{ mm} = 167 \text{ mm}$$

由平行移轴公式得

$$I_{zc} = I_{z1} + a_1^2 A_1 + I_{z2} + a_2^2 A_2 = \frac{600 \text{ mm} \times (200 \text{ mm})^3}{12} + (333 \text{ mm})^2 \times$$

$$12 \times 10^4 \text{ mm}^2 + \frac{300 \text{ mm} \times (800 \text{ mm})^3}{12} + (167 \text{ mm})^2 \times 24 \times 10^4 \text{ mm}^2$$

$$= 3.32 \times 10^{10} \text{ mm}^4$$

$$I_{yC} = I_{y1} + I_{y2} = \frac{200 \text{ mm} \times (600 \text{ mm})^3}{12} + \frac{800 \text{ mm} \times (300 \text{ mm})^3}{12} = 0.54 \times 10^{10} \text{ mm}^4$$

6.2 受弯构件的内力

6.2.1 直梁弯曲的构件

工程结构中经常利用梁来承受荷载,如房屋建筑中的楼(屋)面梁承受楼板传来的荷载如图 6.8a 所示;外廊式建筑的挑梁承受楼板及栏杆传来的荷载如图 6.8b 所示。这些荷载的方向都与梁的轴线相垂直,在荷载作用下梁要变弯,其轴线由原来的直线变成了曲线,构件的这种变形称为弯曲变形,产生弯曲变形的构件称为受弯构件。

图 6.8 直梁弯曲构件的荷载简化图

(a)楼板荷载简化图;(b)挑梁楼板荷载简化图

在工程中常见的梁,其横截面大都具有一个对称轴,对称轴与梁轴线所组成的平面称为纵向对称平面。如果梁上外力(包括荷载和支座反力)作用线都位于纵向对称平面内,组成一个平衡力系。此时,梁的轴线将弯曲成一条位于纵向对称平面内的平面曲线,这样的弯曲变形称为平面弯曲。

为了分析梁的内力,首先应确定作用在梁上的外力。作用在梁上的外力包括两部分:第一部分是作用在梁上的荷载,第二部分是梁的约束反力。

作用在梁上的荷载有下列几种:

1. 分布荷载

分布在某一面积上的荷载,如风荷载、雪荷载和梁的自重等。计算时通常将分布荷载折算成沿梁长度方向连续分布的线荷载,线荷载的大小通常用荷载集度 q 来表示,线荷载的单位为牛每米(N/m)或千牛每米(kN/m)。分布荷载又分为均布荷载(即在分布长度上各点的荷载集度是相同的)和非均布荷载(即在分布长度上各点的荷载集度是不相同的),如图6.9a、b 所示。

图 6.9　均布荷载简化图

(a)窗过梁均布荷载简化图;(b)池侧壁均布荷载简化图

2.　集中荷载

当分布荷载作用在梁上的长度与梁的全长相比很小时,可简化为作用在梁上一点,称为集中荷载,用符号 *F* 表示,其单位为牛(N)或千牛(kN),如图6.10 所示。

3.　集中力偶

如图6.11 所示,荷载作用在梁上的长度与梁的全长相比很小时,可简化为作用在梁上某截面处的一对反向集中力,称为集中力偶,用符号 *M* 表示,其单位为牛・米(N・m)或千牛・米(kN・m)。

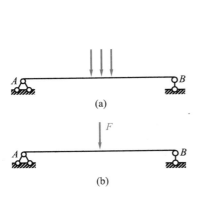

图 6.10　集中荷载简化图

(a)简支梁集中荷载图;

(b)简支梁集中荷载简化图

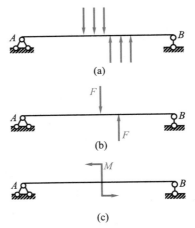

图 6.11　集中力偶简化图

(a)简支梁集中力偶图;(b)简支梁集中力偶简化图;

(c)简支梁集中力偶简图

梁的支座反力与梁的支座构造形式有关,具体内容详见第1章的1.4节。

工程中常见的梁,可分为以下三种:

（1）简支梁 该梁的一端为固定铰支座，另一端为可动铰支座，如图6.12a所示。

（2）外伸梁 一端或两端向外伸出的简支梁称为外伸梁，如图6.12b所示。

（3）悬臂梁 该梁的一端为固定端支座，另一端为自由端，如图6.12c所示。

上述三种梁均属于静定梁，在荷载已知的条件下，静定梁的全部支座反力均可由平衡方程求得。

图6.12 工程中常见梁的类型

（a）简支梁；（b）外伸梁；（c）悬臂梁

6.2.2 梁的内力及计算

梁在外力作用下，横截面上将产生内力。

1. 梁的内力——剪力和弯矩

设一简支梁 AB 如图6.13a所示，现分析距支座 A 为 x 处的横截面 m—m 上的内力。

图6.13 截面法受力分析简图

（a）简支梁受两个集中力；（b）截面法示意图

在求内力的 m—m 处，用一假想与梁轴线垂直的平面将梁截为两段，取其中任意一段来研究，如图6.13b中的左段，左段上除作用有荷载和支座反力外，在截开的截面上还有右段梁对左段梁的作用力，这些力就是截面 m—m 上的内力。

由于梁原来是平衡的，截开后的每一段梁也应该保持平衡，所以截面 m—m 上的内力可用平衡方程求得。因为左段梁上的各外力在 y 轴上投影的代数和及各外力对截面形心之矩的代数和一般不为零，即左段梁上的外力一般不是平衡力系。所以，左段梁要保持平衡，在m—m 截面上必然要产生一个与各外力的合力平行、指向相反的内力 V 和一个位于荷载平面内的内力偶矩 M。内力 V 称为剪力，它实际上是梁横截面上切向分布内力的合力；内力偶矩 M 称为截面的弯矩，它实际上是横截面上的法向分布内力组成的合力偶矩。

2. 剪力和弯矩的计算

求截面剪力和弯矩的基本方法是截面法，但应注意在取脱离体时，可取左段，也可以取右段，但应以计算简便为准。

如图 6.13b 所示,取左段为研究对象,画出左段的受力图,由平衡方程

$$\sum F_y = 0, \qquad\qquad R_A - F_1 - V = 0$$

可得

$$V = F_1 - R_A$$

如 $F_1 > R_A$,V 为正值,则 V 的方向与假设一致(即截面上剪力 V 的实际方向向下)。

$$\sum M = 0, \qquad\qquad M - R_A x + F_1 a = 0$$

以上是对 m—m 截面的形心取矩。

可得

$$M = R_A x + F_1 a$$

如计算结果为正值,则弯矩 M 的转向与假设一致(即截面上弯矩的实际转向为逆时针转向)。

若取右段梁为研究对象,同样可求得如上的结果,但剪力的指向和弯矩的转向与左段梁剪力的指向及弯矩的转向相反,这是因为它们是作用力与反作用力的原因。

由以上结果可以看出:梁任一截面上的剪力 V 在数值上,等于截面以左或截面以右所有竖向外力(包括斜向外力的竖向分力)的代数和;梁任一截面上的弯矩 M 在数值上,等于截面以左或截面以右所有外力对截面形心之矩的代数和。

3. 剪力和弯矩的正负符号规定

内力有正负之分,梁的弯曲内力——剪力和弯矩的正负符号规定如下:

(1)剪力符号 当截面上的剪力使所选的脱离体做顺时针方向转动为正,如图 6.14a 所示;反之为负,如图 6.14b 所示。

(2)弯矩符号 当截面上的弯矩使所考虑的脱离体上部受压,下部受拉时为正,如图 6.15a 所示;反之为负,如图 6.15b 所示。

图 6.14 正负剪力示意图

(a)正剪力示意图;(b)负剪力示意图

图 6.15 正负弯矩示意图

(a)正弯矩示意图;(b)负弯矩示意图

按上述规定,图 6.13b 所示 m—m 截面上的剪力 V 和弯矩 M 均为正值。

【例 6.3】 图 6.16a 所示一简支梁,承受两个集中荷载作用,已知 $F_1 = 24\ \text{kN}$、$F_2 = 12\ \text{kN}$,试求指定截面 1—1、2—2 的剪力和弯矩。

【解】 ① 求支座反力。

由 $\sum M_A = 0$ 得 $\quad R_B = \dfrac{F_1 \times 2\ \text{m} + F_2 \times 5\ \text{m}}{6\ \text{m}} = \dfrac{24\ \text{kN} \times 2\ \text{m} + 12\ \text{kN} \times 5\ \text{m}}{6\ \text{m}} = 18\ \text{kN}(\uparrow)$

由 $\sum M_B = 0$ 得 $\quad R_A = \dfrac{F_1 \times 4\ \text{m} + F_2 \times 1\ \text{m}}{6\ \text{m}} = \dfrac{24\ \text{kN} \times 4\ \text{m} + 12\ \text{kN} \times 1\ \text{m}}{6\ \text{m}} = 18\ \text{kN}(\uparrow)$

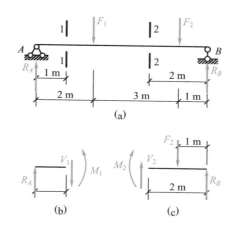

图 6.16　简支梁截面法计算简图

(a)简支梁受集中力简图；(b)1—1 截面法；(c)2—2 截面法

由 $\sum F_y = 0$ 得　　$R_A + R_B - F_1 - F_2 = 18\ kN + 18\ kN - 24\ kN - 12\ kN = 0$

支座反力计算正确。

② 求指定截面 1—1 的内力,取截面 1—1 以左为脱离体,截面上的剪力 V_1、弯矩 M_1 均按正方向假设,如图 6.16b 所示。

由 $\sum F_y = 0$,　　　　　　　　　$R_A - V_1 = 0$

得　　　　　　　　　　　　　　$V_1 = R_A = 18\ kN$

由 $\sum M = 0$,　　　　　　　　　$M_1 - R_A \times 1\ m = 0$

得　　　　　　　　　　　　$M_1 = R_A \times 1\ m = 18\ kN \cdot m$

由计算结果可知,V_1 和 M_1 均为正值,这说明截面上的剪力和弯矩的实际方向与假设方向相同。按内力的正负号规定,截面 1—1 上的内力均为正值。

③ 求指定截面 2—2 的内力,取截面 2—2 以右为脱离体,截面上的剪力 V_2 和弯矩 M_2 均按正方向假设,如图 6.16c 所示。

由 $\sum F_y = 0$,　　　　　　　　　$V_2 + R_B - F_2 = 0$

得　　　　　　　$V_2 = F_2 - R_B = 12\ kN - 18\ kN = -6\ kN$

由 $\sum M = 0$,　　　　　　　$M_2 + F_2 \times 1\ m - R_B \times 2\ m = 0$

得　　$M_2 = R_B \times 2\ m - F_2 \times 1\ m = 18\ kN \times 2\ m - 12\ kN \times 1\ m = 24\ kN \cdot m$

由计算结果知,V_2 为负值,这说明截面 2—2 上剪力的假设方向与实际方向相反,即 V_2 的实际方向应向下;M_2 为正值,这说明截面 2—2 弯矩的假设方向与实际方向相同。

【例 6.4】　图 6.17 所示悬臂梁,受均布荷载与集中荷载作用,试求 1—1 截面上的剪力和弯矩。

【解】　将 1—1 截面截开,取右段为脱离体,脱离体受力图如图 6.17 所示。在列平衡方程时,分布荷载可用合力代替。

由 $\sum F_y = 0$, $\qquad V_1 - q \cdot a - P = 0$

得 $\qquad V_1 = q \cdot a + P = 4 \text{ kN/m} \times 2 \text{ m} + 4 \text{ kN} = 12 \text{ kN}$

由 $\sum M = 0$, $\qquad -M_1 - q \cdot a \cdot \dfrac{a}{2} - P \cdot a = 0$

$$M_1 = -\frac{1}{2} q \cdot a^2 - P \cdot a$$

$$= -\frac{1}{2} \cdot 4 \text{ kN/m} \times (2 \text{ m})^2 - 4 \text{ kN} \times 2 \text{ m}$$

$$= -16 \text{ kN} \cdot \text{m}$$

图 6.17　悬臂梁截面法
计算简图
（a）悬臂梁受力简图；
（b）1—1 截面法

M_1 为负值,表明弯矩的实际转向同假设转向相反。

从上述例题的剪力和弯矩的计算过程中可以看到,梁任意横截面上的剪力 V,是由 $\sum F_y = 0$ 这个平衡方程式求得的;弯矩 M_1 是由 $\sum M = 0$ 这个平衡方程式求得的。还可得出以下结论:

① 梁任一横截面上的剪力,在数值上等于该截面以左或以右所有竖向外力(包括斜向外力的竖向分力)的代数和。

② 梁任一横截面上的弯矩,在数值上等于该截面以左或以右所有外力对该截面形心力矩的代数和。

利用上述结论在计算指定截面上的内力时,可不必画脱离体的受力图和列平衡方程式,只要梁上的外力(包括支座反力)已知,任意横截面上的内力值均可直接求得。

【例 6.5】　一外伸梁,荷载及尺寸如图 6.18a 所示。试求截面 1—1、D 点稍左的 2—2 截面和稍右的 3—3 截面上的剪力和弯矩。

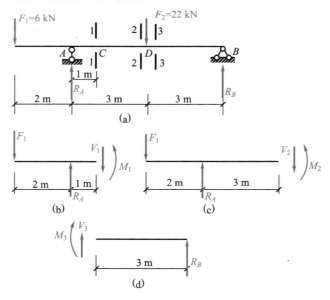

图 6.18　外伸梁承受集中力的截面法计算简图
（a）外伸梁受集中力简图；（b）1—1 截面法；（c）2—2 截面法；（d）3—3 截面法

【解】 ① 求支座反力。

由 $\sum M_B = 0$ 得 $R_A = \dfrac{1}{6\text{ m}}(F_1 \times 8\text{ m} + F_2 \times 3\text{ m}) = \dfrac{1}{6\text{ m}}(6\text{ kN} \times 8\text{ m} + 22\text{ kN} \times 3\text{ m})$

$$= 19\text{ kN}(\uparrow)$$

由 $\sum M_A = 0$ 得 $R_B = \dfrac{1}{6\text{ m}}(F_2 \times 3\text{ m} - F_1 \times 2\text{ m}) = \dfrac{1}{6\text{ m}}(22\text{ kN} \times 3\text{ m} - 6\text{ kN} \times 2\text{ m})$

$$= 9\text{ kN}(\uparrow)$$

② 求指定截面内力。

由图 6.18b 有 $\qquad V_1 = R_A - F_1 = 19\text{ kN} - 6\text{ kN} = 13\text{ kN}$

$\qquad M_1 = R_A \times 1\text{ m} - F_1 \times 3\text{ m} = 19\text{ kN} \times 1\text{m} - 6\text{ kN} \times 3\text{ m} = 1\text{ kN} \cdot \text{m}$

由图 6.18c 有 $\qquad V_2 = V_{D左} = R_A - F_1 = 19\text{ kN} - 6\text{ kN} = 13\text{ kN}$

$\qquad M_2 = M_{D左} = R_A \times 3\text{ m} - F_1 \times 5\text{ m} = 19\text{ kN} \times 3\text{ m} - 6\text{ kN} \times 5\text{ m} = 27\text{ kN} \cdot \text{m}$

由图 6.18d 有 $\qquad V_3 = V_{D右} = -R_B = -9\text{ kN}$

$\qquad M_3 = M_{D右} = R_B \times 3\text{ m} = 9\text{ kN} \times 3\text{ m} = 27\text{ kN} \cdot \text{m}$

V_{II} 和 V_{III} 分别表示集中作用点稍左和稍右截面的剪力,此二截面剪力值虽不同,但其绝对值之和 13 kN + 9 kN = 22 kN 与集中荷载 F_2 的数值相等。M_2 和 M_3 分别表示 D 点稍左、稍右的弯矩值,其特点是:大小相等、符号相同。

【例 6.6】 荷载及尺寸如图 6.19 所示的一简支梁,试求 C 截面稍左和稍右的剪力和弯矩。

【解】 ① 求支座反力。

由 $\sum M_A = 0$ 得 $R_B = M/l\ (\downarrow)$

由 $\sum M_B = 0$ 得 $R_A = M/l\ (\uparrow)$

② 求指定截面内力。

由图 6.19b 有 $V_1 = V_{C左} = R_A = M/l$

$\qquad M_1 = M_{C左} = R_A a = Ma/l$

由图 6.19c 有 $V_2 = V_{C右} = R_B = M/l$

$\qquad M_2 = M_{C右} = -R_B b = -Mb/l$

由以上计算结果看出,$V_1 = V_2 = M/l$ 即集中力偶作用点处稍左、稍右截面上的剪力值,两者大小相等,符号相同。另外 M_1 和 M_2 为 C 点稍左、稍右截面上的弯矩,其值虽不相同,但它们的绝对值之和 $Ma/l + Mb/l = M(a + b)/l = M$,等于集中力偶的力偶矩 M。

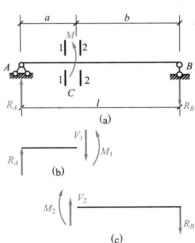

图 6.19 简支梁承受集中力偶
的截面法计算简图
(a)受力简图;(b)1—1 截面法;
(c)2—2 截面法

6.2.3 剪力图和弯矩图

在一般情况下,梁各个截面上的剪力值和弯矩值是不同的,它们随截面位置的不同而变化。由于在进行梁的强度计算时,需要知道梁在外力作用下所产生的最大内力及最大内力所在的截面位置,以及全段梁的内力随截面位置而变化的情况,通常内力沿梁全长的变化规律用图形来表示,这种表示剪力、弯矩变化规律的图形称为剪力图和弯矩图。

1. 静力法绘制内力图

在外力作用下,梁的内力图都是函数图形,若以横坐标 x 表示梁横截面的位置,则梁上各横截面上的剪力和弯矩均可以表示为 x 的函数。即

$$V = V_{(x)} ; \qquad M = M_{(x)}$$

以上二式,分别称为梁的剪力方程和弯矩方程。在列方程时,首先应建立坐标 x,一般以梁的左端为坐标原点。然后根据平衡条件列方程、作图。并规定:以平行于梁轴线的 x 轴为基线,作剪力图时,正剪力画在基线的上方,负剪力画在基线的下方;作弯矩图时,正弯矩画在基线的下方,负弯矩画在基线的上方,并在图中注明正负号。

【例 6.7】 图 6.20a 所示悬臂梁,受均布荷载 q 作用,试绘制此梁的剪力图和弯矩图。

【解】 以梁左端 A 点为坐标原点,取距 A 点为 x 的任一截面,列出该截面的剪力方程和弯矩方程。

$$V_{(x)} = -qx \qquad (0 \leqslant x < l) \qquad (1)$$

$$M_{(x)} = -\frac{1}{2}qx^2 \qquad (0 \leqslant x < l) \qquad (2)$$

由(1)式可知剪力 $V_{(x)}$ 是 x 的一次函数,故剪力 $V_{(x)}$ 在 $0 \leqslant x < l$ 范围内为一斜直线,即 $x = 0$ 时,$V_{(0)} = 0$;$x = l$ 时,$V_{(l)} = -ql$,剪力图如图 6.20b 所示。

由(2)式可知弯矩 $M_{(x)}$ 是 x 的二次函数,故弯矩 $M_{(x)}$ 在 $0 \leqslant x < l$ 范围内为二次抛物线,这就需要确定三、四个控制点,才能大致描出该曲线形状,即 $x = 0$ 时,$M_{(0)} = 0$;$x = \frac{l}{2}$ 时,$M_{(\frac{l}{2})} = -\frac{1}{8}ql^2$;$x = l$ 时,$M_{(l)} = -\frac{1}{2}ql^2$,由此可绘出弯矩图如图 6.20c 所示。

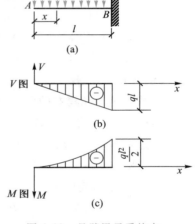

图 6.20 悬臂梁承受均布荷载的内力计算图

(a)受力简图;(b)剪力图;(c)弯矩图

【例 6.8】 图 6.21a 所示一简支梁,受均布荷载作用,试绘制该梁的剪力图和弯矩图。

【解】 ① 求支座反力:

$$R_A = R_B = \frac{1}{2}ql \ (\uparrow)$$

② 列剪力方程和弯矩方程,取 A 点为坐标原点,距 A 点为 x 的任一截面的剪力方程和弯矩方程为

$$V_{(x)} = R_A - qx = q\left(\frac{1}{2}l - x\right) \qquad (0 < x < l) \qquad (1)$$

$$M_{(x)} = R_A x - qx\frac{x}{2} = \frac{1}{2}q(lx - x^2) \qquad (0 \leqslant x \leqslant l) \qquad (2)$$

③ 绘制剪力图和弯矩图。

由(1)式可知,剪力图为一斜直线。

$x = 0$ 时，$\qquad V_A = R_A = \dfrac{1}{2}ql$

$x = l$ 时，$\qquad V_B = q\left(\dfrac{1}{2}l - L\right) = -\dfrac{1}{2}ql$

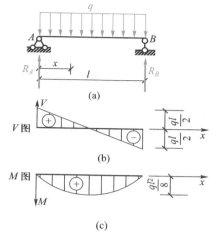

剪力图如图 6.21b 所示,由图看出,梁两端的剪力最大,即 $|V|_{max} = \dfrac{1}{2}ql$,跨中剪力等于零。

由(2)式可知,弯矩图为一条二次抛物线。

$x = 0$ 时，$\qquad M_{(0)} = M_A = 0$

$x = \dfrac{l}{4}$时，$\quad M_{\left(\frac{l}{4}\right)} = \dfrac{1}{2}q\left[l\,\dfrac{l}{4} - \left(\dfrac{l}{4}\right)^2\right] = \dfrac{3}{32}ql^2$

$x = \dfrac{l}{2}$时，$\quad M_{\left(\frac{l}{2}\right)} = \dfrac{1}{2}q\left[l\,\dfrac{l}{2} - \left(\dfrac{l}{2}\right)^2\right] = \dfrac{1}{8}ql^2$

$x = \dfrac{3}{4}l$时，$\quad M_{\left(\frac{3l}{4}\right)} = \dfrac{1}{2}q\left[l\,\dfrac{3}{4}l - \left(\dfrac{3l}{4}\right)^2\right] = \dfrac{3}{32}ql^2$

$x = l$ 时，$\qquad M_{(l)} = \dfrac{1}{2}q\left[ll - (l)^2\right] = 0$

图 6.21　简支梁承受均布
荷载的内力计算图
（a）受力简图；（b）剪力图；
（c）弯矩图

弯矩图如图 6.21c 所示,由图看出,梁的两端弯矩等于零,跨中弯矩最大,即 $|M|_{max} = \dfrac{1}{8}ql^2$,但此处剪力等于零。

【例 6.9】　图 6.22a 所示一简支梁,受一集中力作用,试绘制剪力图和弯矩图。

【解】　① 求支座反力。

以梁整体为平衡条件,求得支座反力为

$$R_A = \dfrac{Fb}{l}(\uparrow)$$

$$R_B = \dfrac{Fa}{l}(\uparrow)$$

② 列剪力方程和弯矩方程。

由于梁上的集中力 F 将梁分为 AC、CB 两段,各段的剪力方程和弯矩方程分别为

AC 段：$\quad V_{(x_1)} = R_A = Fb/l \quad (0 < x_1 < a)$ （1）

BC 段：$\quad V_{(x_2)} = R_A - F = -Fa/l \quad (a < x_2 < l)$ （2）

AC 段：$\quad M_{(x_1)} = R_A x_1 = \dfrac{Fb}{l}x_1 \quad (0 \leqslant x_1 \leqslant a)$ （3）

图 6.22　简支梁承受集中
力的内力计算图
（a）受力简图；（b）剪力图；
（c）弯矩图

BC 段: $\qquad M_{(x_2)} = R_A x_2 - F(x_2 - a) = \dfrac{Fb}{l}x_2 - F(x_2 - a) \quad (a \leqslant x_2 \leqslant l)$ \hfill (4)

③ 绘制剪力图和弯矩图。

由式(1)(2)可知，AC 段和 BC 段的剪力为常数，剪力图各为一条平行于基线的直线，如图 6.22b 所示；由(3)(4)两式可知，AC 段和 BC 段的弯矩图各为一条斜直线，如图 6.22c 所示。

AC 段：$x_1 = 0$ 时，$\qquad\qquad\qquad M_A = 0$

$\qquad\qquad x_1 = a$ 时，$\qquad\qquad\qquad M_C = R_A a = \dfrac{Fab}{l}$

BC 段：$x_2 = a$ 时，$\qquad\qquad M_C = \dfrac{Fb}{l}a - F(a - a) = \dfrac{Fab}{l}$

$\qquad\qquad x_2 = l$ 时，$\qquad\qquad M_B = \dfrac{Fb}{l}l - F(l - a) = 0$

④ 由图可看出，无集中荷载的梁段，其剪力图是平行于基线的直线，集中力作用点处，剪力图发生突变，即由 $+\dfrac{Fb}{l}$ 变为 $\dfrac{Fa}{l}$，突变绝对值为 $\dfrac{Fb}{l} + \dfrac{Fa}{l} = F$，等于集中力 F 的大小。在无集中荷载的梁段，弯矩图为斜直线，在集中力作用点处，弯矩图出现一个拐点。

【例 6.10】 图 6.23a 所示一简支梁，受集中力偶 M 作用，试绘此梁的剪力图和弯矩图。

【解】 ① 求支座反力。

以梁整体为平衡条件，求得

$$R_A = \frac{M}{l} \ (\uparrow); \quad R_B = \frac{M}{l} \ (\downarrow)$$

② 列剪力方程和弯矩方程。

由于此梁只有一集中力偶作用，而无横向外力作用，故此梁只有一个剪力方程。即

$$V_{(x)} = \frac{M}{l} \quad (0 < x < l)$$

AC 段和 BC 段的弯矩方程分别为

AC 段：$\qquad M_{(x_1)} = R_A x_1 = \dfrac{M}{l}x_1 \quad (0 \leqslant x_1 < a)$

BC 段：$\qquad M_{(x_2)} = R_A x_2 - M = \dfrac{M}{l}x_2 - M \quad (a < x_2 \leqslant l)$

③ 绘剪力图和弯矩图。

由剪力方程可知，全梁的剪力值为一常数，即剪力图为一条与基线相平行的直线，如图 6.23b 所示。

由弯矩方程可知，AC 和 BC 梁段的弯矩值分别为 x_1、x_2 的一次函数，各为一条斜直线，如图 6.23c 所示。

图 6.23 简支梁承受集中
力偶的内力计算图
（a）受力简图；（b）剪力图；
（c）弯矩图

AC 段:$x_1 = 0$ 时,$M_{(0)} = M_A = 0$

$\qquad x_1 = a$ 时,$M_{(a)} = M_{C左} = R_A a = \dfrac{M}{l} a$

BC 段:$x_2 = a$ 时,$M_{(a)} = M_{C右} = \dfrac{M}{l} a - M = -\dfrac{M}{l} b$

$\qquad x_2 = l$ 时,$M_{(l)} = M_B = \dfrac{M}{l} l - M = 0$

由此例可看出,在集中力偶作用处,剪力图不受影响,仍为一条与基线相平行的直线。而弯矩图在集中力偶作用处发生突变,突变的绝对值等于集中力偶的大小,即

$$\frac{M}{l} a + \frac{M}{l} b = \frac{M}{l}(a+b) = M$$

通过上述例题的计算,可将剪力图和弯矩图的绘制步骤归纳如下:

① 求支座反力。

② 梁上荷载不连续要分段,集中力、集中力偶和分布荷载的起止点作为分界点。

③ 确定坐标原点,列出各梁段的剪力方程和弯矩方程。

④ 绘出剪力图和弯矩图。

⑤ 确定 $|V_{max}|$ 和 $|M_{max}|$ 的大小及其所在位置。

 2. 用简捷法绘制梁的剪力图和弯矩图

当梁上外力发生变化时,内力就不能用一个统一的函数式表达,必然分段列内力方程式。如果梁上荷载变化越复杂,分段就越多,内力图的绘制就会十分繁琐,而且很容易发生差错。

下面介绍绘制梁内力图的另一种方法——简捷法。

在介绍此法之前,先研究剪力、弯矩和梁上分布荷载间的关系。分布荷载的大小用单位长度上的力来度量,称为荷载集度,通常用符号 q 表示,并规定 q 的方向为:向上为正,向下为负。

如图 6.24 所示简支梁,受均布荷载 q 作用,此时梁的剪力方程和弯矩方程为

图 6.24　简支梁承受均布荷载简图

$$V_{(x)} = \frac{1}{2} ql - qx$$

$$M_{(x)} = \frac{1}{2} qlx - \frac{1}{2} qx^2$$

如果将方程 $M_{(x)}$ 对 x 求导得

$$\frac{\mathrm{d}M_{(x)}}{\mathrm{d}x} = \frac{1}{2} ql - qx = V_{(x)} \qquad\qquad (6.9\mathrm{a})$$

其结果正好是剪力方程 $V_{(x)}$。如再将剪力方程 $V_{(x)}$ 对 x 求导得

$$\frac{\mathrm{d}V_{(x)}}{\mathrm{d}x} = -q_{(x)} \qquad\qquad (6.9\mathrm{b})$$

其结果又恰是梁上分布荷载集度 $q_{(x)}$，式中的负号表示荷载方向向下。

同理可得到如下结果

$$\frac{\mathrm{d}^2 M_{(x)}}{\mathrm{d}x^2} = -q_{(x)} \tag{6.9c}$$

式中,(6.9a)、(6.9b)、(6.9c)分别表示剪力、弯矩和荷载集度间的微分关系,它们的几何意义是:

由式(6.9a)可知,弯矩在某点对 x 的一阶导数等于该点处剪力的大小。

由式(6.9b)可知,剪力在某点对 x 的一阶导数等于该点处分布荷载集度的大小。

由式(6.9c)可知,弯矩在某点对 x 的二阶导数等于该点处分布荷载集度的大小。

由上述微分关系的几何意义,可归纳出在常见情况下,梁上的荷载、剪力图和弯矩图三者间的一些规律:

① 梁段上没有荷载作用,即 $q_{(x)} = 0$,由 $\dfrac{\mathrm{d}V_{(x)}}{\mathrm{d}x} = -q_{(x)} = 0$ 可知,剪力 $V_{(x)}$ 为常数,所以,此段梁的剪力图为一水平线。又由 $\dfrac{\mathrm{d}M}{\mathrm{d}x} = V_{(x)} =$ 常数可知,弯矩图的斜率为一常数,故弯矩图为一斜直线,其方向取决于剪力的正负号。在规定弯矩图的纵坐标向下为正时,$V_{(x)} =$ 常数 > 0 时,即弯矩图的斜率为正,弯矩图为一从左向右下的斜直线(\)。$V_{(x)} =$ 常数 < 0 时,即弯矩图的斜率为负,弯矩图为一从左向右上的斜直线(/)。$V_{(x)} = 0$ 时,即弯矩图的斜率为零,弯矩图为一水平线(—)。

② 梁段上有均布荷载,即 $q_{(x)} =$ 常数,由 $\dfrac{\mathrm{d}V_{(x)}}{\mathrm{d}x} = -q_{(x)} =$ 常数可知,剪力图的斜率为常数,所以,该梁段的剪力图为一斜直线。斜线方向由 $q_{(x)}$ 的正负决定,当 $q_{(x)} > 0$ 时,剪力图为从左向右上的斜直线(/);当 $q_{(x)} < 0$ 时,剪力图为从左向右下的斜直线(\)。由 $\dfrac{\mathrm{d}^2 M_{(x)}}{\mathrm{d}x^2} = -q_{(x)}$ 可知,该梁段的弯矩图必为二次抛物线,弯矩图的斜率随 x 变化。当 $q_{(x)} < 0$ 时,由 $\dfrac{\mathrm{d}^2 M_{(x)}}{\mathrm{d}x^2} = -q_{(x)} < 0$ 可知,此时弯矩图曲线凹向上(◡);当 $q_{(x)} > 0$ 时,由 $\dfrac{\mathrm{d}^2 M_{(x)}}{\mathrm{d}x^2} = -q_{(x)} > 0$ 可知,此时弯矩图曲线凹向下(◠)。

③ 关于弯矩的极值。

由数学知识知道,当 $\dfrac{\mathrm{d}M_{(x)}}{\mathrm{d}x} = V_{(x)} = 0$ 时,即在 $V_{(x)} = 0$ 处,弯矩 $M_{(x)}$ 具有极大值或极小值。但应当指出此极值弯矩对全梁来讲,不一定是绝对值最大的弯矩。

④ 由上节得出的两点结论:即在集中力作用点处,剪力图发生突变,突变值等于集中力的大小,弯矩图在此处成拐点;在集中力偶作用处,弯矩图发生突变,突变值等于集中力偶的大小,而剪力图无影响。

通过上述研究,知道了剪力、弯矩和荷载之间的规律,这为迅速绘制剪力图和弯矩图提供了方法,又为校核剪力图、弯矩图的正误提供了理论基础。

为了便于掌握和记忆这些规律,将其列成表供计算使用,见表6.2。

表 6.2　梁上荷载、剪力图、弯矩图之间的关系

梁上外力情况	剪力图	弯矩图
无外力	水平直线	斜直线 $\begin{cases} V>0 \setminus \\ V<0 / \end{cases}$
均布荷载向下作用	斜直线(从左向右下斜\)	凹向上的二次曲线(⌣)
均布荷载向上作用	斜直线(从左向右上斜/)	凹向下的二次曲线(⌢)
集中力	集中力作用点处发生突变,突变值等于集中力	集中力作用处发生转折
集中力偶	集中力偶处无变化	集中力偶作用点处发生突变,突变值等于集中力偶
实例		

如果已知梁上的外力,根据表6.2便可以分析出梁上各段的剪力图和弯矩图的大致形状。到时只需求出梁上各段控制截面上的内力值,便可绘出全梁的内力图。这种方法不用列内力方程,使用非常简便,在实际中广泛应用,此法称为简捷法。

【例 6.11】　如图 6.25a 所示一外伸梁,梁上荷载及尺寸如图所示,试绘制该梁的剪力图和弯矩图。

【解】　① 求支座反力。

$$R_A = 4 \text{ kN}(\uparrow)；R_B = 10 \text{ kN}(\uparrow)$$

根据梁上荷载情况将梁分为 AC、CB、BD 三段。

② 画剪力图。

AC 段:梁上无荷载,剪力图为水平线。

$$V_A = V_{C左} = R_A = 4 \text{ kN}$$

画出此水平线。

BC 段:梁上无荷载,剪力图仍为水平线。

$$V_{C右} = V_{B左} = R_A - F = 4 \text{ kN} - 10 \text{ kN} = -6 \text{ kN}$$

画出此水平线。由于 C 点有集中力 F 作用,所以剪力图在此发生突变,突变值为 4 kN + 6 kN = 10 kN 等于集中力 F 的大小。

BD 段:梁上有向下的均布荷载作用,所以,剪力图为从左向右下斜的直线(\)。

$$V_{B右} = q \times 2 \text{ m} = 2 \text{ kN/m} \times 2 \text{ m} = 4 \text{ kN}; V_D = 0$$

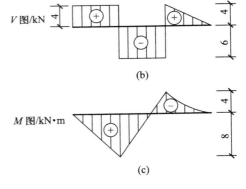

图 6.25　外伸梁内力计算图
(a)受力简图;(b)剪力图;(c)弯矩图

画出此直线,得最终剪力图,如图 6.25b 所示。在图中 B 点剪力图发生突变,这是因为在 B 点有支座反力 R_B 作用的缘故,而且突变值 4 kN + 6 kN = 10 kN 等于支座反力 R_B。

③ 画弯矩图。

AC 段:梁上无荷载,弯矩图为斜直线。

$$M_A = 0; M_C = R_A \times 2 \text{ m} = 4 \text{ kN} \times 2 \text{ m} = 8 \text{ kN} \cdot \text{m}$$

因为 $V_{(x)} > 0$,所以弯矩图为从左向右下斜的直线,画出此直线。

BC 段:同 AC 段。

$$M_C = 8 \text{ kN} \cdot \text{m}; M_B = R_A \times 4 \text{ m} - F \times 2 \text{ m} = 4 \text{ kN} \times 4 \text{ m} - 10 \text{ kN} \times 2 \text{ m} = -4 \text{ kN} \cdot \text{m}$$

因为 $V_{(x)} < 0$,所以弯矩图为从左向右上斜的直线,画出此直线。此外,弯矩图在 C 点出现拐点,如图 6.25c 所示。

BD 段:该段梁上作用向下的均布荷载,故弯矩图为向下凸的曲线。

$$M_B = -\frac{1}{2}q \times (2\text{m})^2 = -\frac{1}{2} \times 2 \text{ kN/m} \times 4 \text{ m}^2 = -4 \text{ kN} \cdot \text{m}; M_D = 0$$

画出此段曲线,最终弯矩图如图 6.25c 所示。

【例 6.12】　一简支梁,梁上荷载及尺寸如图 6.26a 所示,试绘制该梁的剪力图和弯矩图。

【解】　① 求支座反力。

$$R_A = 3.7 \text{ kN} (\uparrow); \quad R_B = 12.3 \text{ kN} (\uparrow)$$

② 绘制内力图。

根据梁上荷载情况,将梁分为 AC、CB 两段,逐段绘制内力图。

(a)剪力图。

AC 段:无荷载,剪力图为水平线,$V_A = V_C = R_A = 3.7 \text{ kN}$

图 6.26　简支梁内力计算图

（a）受力简图；（b）剪力图；（c）弯矩图

画出此直线。

CB 段：该段梁上作用有向下的均布荷载，剪力图为从左向右下斜的直线，

$$V_C = 3.7 \text{ kN}; \ V_B = -R_B = -12.3 \text{ kN}$$

画出此直线，剪力图如图 6.26b 所示。

（b）弯矩图。

AC 段：无荷载，且 $V_{(x)} > 0$，弯矩图为从左向右下斜的直线，

$$M_A = 0; M_{C左} = R_A \times 2 \text{ m} = 3.7 \text{ kN} \times 2 \text{ m} = 7.4 \text{ kN} \cdot \text{m}$$

画出此直线。

CB 段：该段梁上作用向下的均布荷载，弯矩图为向下凸的曲线。同时，由于 *C* 点有一集中力偶作用，弯矩图在 *C* 点发生突变，且突变绝对值等于集中力偶的大小。

$$M_{C右} = R_A \times 2 \text{ m} + M = 3.7 \text{ kN} \times 2 \text{ m} + 10 \text{ kN} \cdot \text{m} = 17.4 \text{ kN} \cdot \text{m}; M_B = 0$$

画出此曲线，弯矩图如图 6.26c 所示。

（c）求弯矩极值。

由剪力图可知，此段弯矩图中有极值。设极值截面距 *B* 支座为 *x*，由该截面剪力等于零的条件求出 *x* 值。即

$$V_{(x)} = -R_B + qx = 0$$

得
$$x = \frac{R_B}{q} = \frac{12.3 \text{ kN}}{4 \text{ kN/m}} = 3.075 \text{ m}$$

则极值的大小为

$$M_{max} = R_B x - \frac{1}{2}qx^2 = 12.3 \text{ kN} \times 3.075 \text{ m} - \frac{1}{2} \times 4 \text{ kN/m} \times (3.075\text{m})^2$$
$$= 18.91 \text{ kN} \cdot \text{m}$$

最终弯矩图如图 6.26c 所示。

由上述两个例题可看出,用简捷法远比静力法简便、迅速,应熟练掌握。简捷法步骤归纳如下:

① 求支座反力。

② 定性分析。根据梁上外力情况进行分段,再根据各梁段上的荷载情况,初步确定各梁段内力图的大致形状。

③ 定量计算。根据各梁段内力图的大致形状,算出各控制截面的内力值,最终绘出梁的内力图。

3. 用叠加法画剪力图和弯矩图

一般梁在荷载作用下变形微小,其跨长的改变量可忽略不计,因此在求梁的支座反力和内力时,均可按原始尺寸计算。当梁上有几种荷载作用时,梁的支座反力和内力可以这样计算:先分别计算每种荷载单独作用时的支座反力和内力,然后再将这些分别计算的结果代数相加。

例如图 6.27 所示的简支梁在集中力 F 和均布荷载 q 两种荷载作用下,其支座反力为

图 6.27　简支梁受力简图

$$R_A = \frac{1}{2}ql + \frac{F}{2}(\uparrow); \quad R_B = \frac{1}{2}ql + \frac{F}{2}(\uparrow)$$

距 A 支座为 x_1 截面上的剪力和弯矩方程分别为

$$V_{(x_1)} = R_A - qx_1 = \left(\frac{1}{2}ql + \frac{F}{2}\right) - qx_1 \quad \left(0 \leqslant x_1 \leqslant \frac{l}{2}\right)$$

$$M_{(x_1)} = R_A x_1 - \frac{1}{2}qx_1^2 = \left(\frac{1}{2}ql + \frac{F}{2}\right)x_1 - \frac{1}{2}qx_1^2$$

同理可求出 CB 段的剪力和弯矩方程为

$$V_{(x_2)} = R_A - F - qx_2 = \frac{1}{2}ql + \frac{F}{2} - F - qx_2 = \frac{1}{2}ql - \frac{F}{2} - qx_2 \quad \left(\frac{l}{2} \leqslant x_2 \leqslant l\right)$$

$$M_{(x_2)} = R_A x_2 - F\left(x_2 - \frac{l}{2}\right)\frac{1}{2}qx_2^2 = \left(\frac{1}{2}ql + \frac{F}{2}\right)x_2 - F\left(x_2 - \frac{l}{2}\right) - \frac{1}{2}qx_2^2$$

由以上各式可看出,梁的支座反力、剪力和弯矩方程都是由两部分组成:第一部分相当于均布荷载 q 单独作用在梁上所引起的方程,第二部分相当于集中力 F 单独作用在梁上所引起的方程。

剪力图和弯矩图也可用叠加法绘制,如图 6.28 所示。先分别作出各种荷载单独作用下

梁的剪力图和弯矩图,如图 6.28b、c 所示,然后将其对应截面的内力纵坐标代数相加,即 A 截面加 A 截面、B 截面加 B 截面、跨中截面加跨中截面,如图 6.28a 所示。

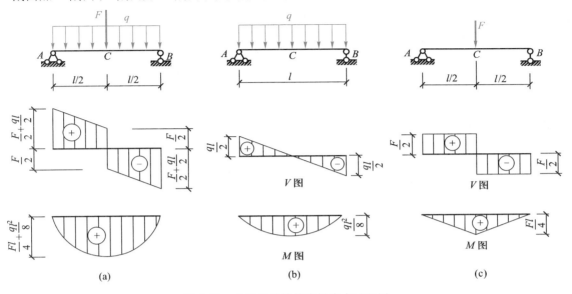

图 6.28　叠加法计算简支梁内力过程图

(a)简支梁叠加内力计算图;(b)简支梁均布荷载内力图;(c)简支梁集中荷载内力图

叠加后的内力图应注意下述两点:

① 在各种荷载单独作用下,其内力图变化规律均为直线时,叠加后的内力图仍为直线。

② 在各种荷载单独作用下,其内力图变化规律有的是直线,有的是曲线或均为曲线时,叠加后的内力图为曲线。

【例 6.13】　用叠加法绘制图 6.29 所示简支梁的剪力图和弯矩图。

【解】　先分别作出简支梁在均布荷载 q 单独作用下的剪力图 V_1 和弯矩图 M_1 及力偶 M 单独作用下的剪力图 V_2 和弯矩图 M_2,如图 6.29b、c 所示。

剪力图叠加

截面 A 处得
$$V_A = V_{A1} + V_{A2} = \frac{1}{2}ql + ql = \frac{3}{2}ql$$

截面 B 处得
$$V_B = V_{B1} + V_{B2} = -\frac{1}{2}ql + ql = \frac{1}{2}ql$$

将上列控制截面的数值标出后,用直线相连,即得剪力图。

弯矩图叠加:

截面 A 处得
$$M_A = M_{A1} + M_{A2} = 0 + (-ql^2) = -ql^2$$

截面 B 处得
$$M_B = M_{B1} + M_{B2} = 0$$

跨中截面处得
$$M_C = M_{C1} + M_{C2} = \frac{1}{8}ql^2 - \frac{1}{2}ql^2 = -\frac{3}{8}ql^2$$

将上述控制截面的数值标出后,用曲线相连,即得弯矩图。

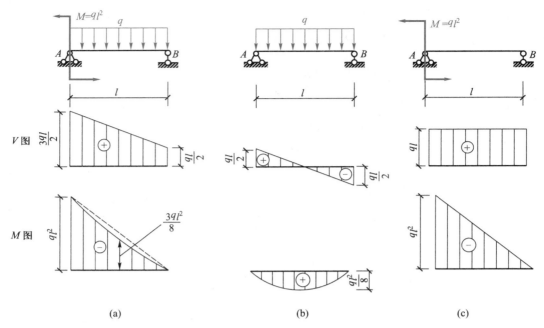

图 6.29　叠加法计算简支梁内力过程图

（a）简支梁叠加内力计算图；（b）简支梁均布荷载内力图；（c）简支梁集中力偶内力图

6.3　受弯构件的应力及强度计算

梁弯曲时，横截面上一般产生两种内力——剪力和弯矩。由图 6.30 看出，剪力是截面上切向分布内力 $\tau \cdot dA$ 的合力，弯矩则是截面上法向分布内力 $\sigma \cdot dA$ 的合力偶矩。所以，与剪力对应的应力为剪应力，与弯矩对应的应力为正应力。

6.3.1　梁的正应力及正应力强度计算

为了分析梁的正应力，取纯弯曲的梁段来研究。纯弯曲就是当梁受力后，横截面上只产生弯矩而无剪力。如图 6.31 所示，梁中的 *CD* 段就是纯弯曲。

1. 试验观察与分析

梁在发生纯弯曲变形时，横截面上正应力的分布规律不能直接观察到，因此，需要通过梁的变形来观察，并分析其变形规律，从而推导出正应力的分布规律。

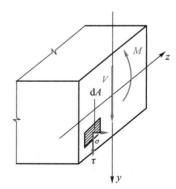

图 6.30　梁横截面内力简图

现用一橡皮梁进行试验观察，先在梁的侧面画上与梁轴线平行的水平纵向线和与纵向线垂直的竖直线，再在对称于跨中点的位置上施加集中荷载，如图 6.32a 所示。

图 6.31 简支梁内力计算图

（a）受力图；（b）剪力图；（c）弯矩图

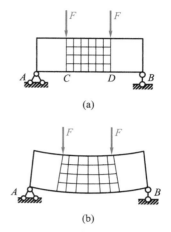

图 6.32 简支梁受弯试验图

（a）受力示意图；（b）弯曲变形示意图

梁变形后,可看到下列现象:

（1）各竖直线仍为直线,不过相互间转了一个角度。

（2）各纵向水平直线变为曲线,但仍与竖直线垂直。

（3）向下凸一边的纵向线伸长,逐步形成越靠近梁下边缘伸长越多;向里凹进一边的纵向线缩短,且越靠近梁上边缘的缩短越多。

根据上述试验现象,可作出如下分析和假设:

（1）平面假设:梁的横截面在变形后仍为一个平面,逐步形成与变形后的梁轴线垂直,只是转了一个角度。

（2）由于梁上部各层纵向纤维缩短,下部各层纵向纤维伸长,中间必有一层纵向纤维既不伸长也不缩短,这层纤维称为中性层。中性层与横截面的交线称为中性轴,如图 6.32b 所示。

2. 正应力公式的推导

纯弯曲变形的正应力公式,应从几何变形、应力与应变的物理关系和静力平衡条件三个方面去推导。

（1）几何变形方面

用 a – a、b – b 截面从纯弯曲变形的梁中截取一微段 $\mathrm{d}x$ 来研究,如图 6.33a 所示。y 轴为横截面的对称轴,z 轴为中性轴（位置待定）。纯弯曲变形后,横截面 a – a、b – b 各绕中性轴相对转了一角度 $\mathrm{d}\theta$,如图 6.33c 所示。曲线 $\overset{\frown}{O_1O_2}$ 在中性层上,其长度不变,仍为 $\mathrm{d}x$。现讨论距中性层为 y 的任一层纤维 kk_1 的线应变。

设梁弯曲后中性层 $\overset{\frown}{O_1O_2}$ 的曲率半径为 ρ,因为中性层的长度不变,所以

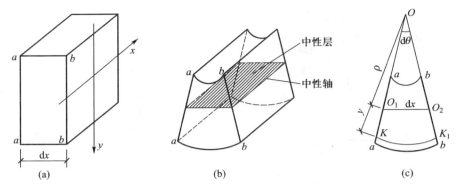

图 6.33　纯弯截面几何变形

(a) 纯弯截面研究对象;(b) 纯弯截面中性轴;(c) 横截面绕中性轴旋转

$$\widehat{O_1O_2} = \rho d\theta = dx$$

而距中性层为 y 处的纤维 $\widehat{kk_1}$ 的曲率半径为 $\rho + y$,kk_1 变形后的长度为

$$\widehat{kk_1} = (\rho + y)d\theta = \rho d\theta + y d\theta = dx + y d\theta$$

故其纵向伸长为

$$\Delta dx = \widehat{kk_1} - \widehat{O_1O_2} = dx + y d\theta - dx = y d\theta$$

其纵向线应变为

$$\varepsilon = \frac{\Delta dx}{dx} = \frac{y d\theta}{dx} = \frac{y d\theta}{\rho d\theta} = \frac{y}{\rho} \tag{6.10}$$

公式(6.10)就是线应变 ε 随纤维所在位置而变化的规律。在纯弯曲情况下,ρ 为常量,所以线应变 ε 与该纤维到中性层的距离 y 成正比,与中性层曲率半径 ρ 成反比。

(2) 应力与应变的物理关系

材料在弹性范围内,正应力与线应变的关系是服从胡克定律的,即

$$\sigma = E\varepsilon$$

将公式(6.10)代入上式,得

$$\sigma = E\frac{y}{\rho} \tag{6.11}$$

式(6.11)中 E,ρ 为常量,所以横截面上任意一点的正应力 σ 与该点离中性轴的距离 y 成正比。

(3) 静力平衡条件

由于纯弯曲梁中任一横截面上的内力只有弯矩,所以,横截面上法向内力之和应等于零,如图 6.34 所示。即

由 $\sum x = 0$ $\qquad\qquad N = \int_A \sigma dA = 0 \tag{6.12}$

将式(6.11)代入式(6.12)得 $\int_A \frac{E}{\rho} y dA = \frac{E}{\rho} \int_A y dA = 0$

由于 $\frac{E}{\rho}$ 不可能为零,如要满足上式,必是

$$\int_A y \, dA = 0$$

由于 $\int_A y \, dA = S_z$ 是横截面对中性轴(z 轴)的静矩,而截面对其形心轴的静矩等于零,所以中性轴必通过截面的形心。

又由平衡条件得 $\sum M_z = 0$,　　$M_z = \int_A y\sigma \, dA = M$　(6.13)

将式(6.11)代入式(6.13)得

$$\int_A y^2 \left(\frac{E}{\rho} \right) dA = \frac{E}{\rho} \int_A y^2 \, dA = \frac{E}{\rho} I_z = M \qquad (6.14)$$

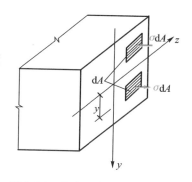

图 6.34　静力平衡条件示意图

式中,$\int_A y^2 \, dA = I_z$ 为截面对中性轴的惯性矩。

于是式(6.14)可写成　　　　　　　$$\frac{1}{\rho} = \frac{M}{EI_z} \qquad\qquad\qquad (6.15)$$

式(6.15)为研究梁弯曲问题的一个重要公式,是计算弯曲变形的基础。$\frac{1}{\rho}$ 是梁弯曲的曲率,其大小表明梁的弯曲程度。从式中可见,$\frac{1}{\rho}$ 与 M 成正比;$\frac{1}{\rho}$ 与 EI_z 成反比。EI_z 表示梁抵抗弯曲变形的能力,称为梁的抗弯刚度。

将式(6.15)代入式(6.11)得

$$\sigma = \frac{M}{I_z} y \qquad\qquad\qquad (6.16)$$

式(6.16)是梁弯曲时横截面上任意一点的正应力计算公式。此式表明:横截面上任意一点的正应力 σ 与该截面上的弯矩 M 和该点到中性轴的距离 y 成正比,与横截面对中性轴的惯性矩 I_z 成反比。正应力沿截面高度成直线变化,离中性轴愈远正应力愈大,中性轴上的正应力等于零。梁的横截面由中性轴将其分为上下两部分,一部分受拉,另一部分受压。

在用公式(6.16)计算正应力时,可不考虑式中弯矩 M 和 y 的正负号,均以绝对值代入,最后根据梁的变形情况来确定正应力是拉应力还是压应力。

【例 6.14】　一矩形截面简支梁,荷载及截面尺寸如图 6.35a 所示(未注的尺寸单位为:mm),试计算跨中截面上 a、b 两点的正应力。

【解】　先作梁的剪力图和弯矩图,跨中截面位于纯弯段 CD 中。截面的惯性矩 I_z 为

$$I_z = \frac{bh^3}{12} = \frac{0.1 \text{ m} \times (0.18 \text{ m})^3}{12} = 48.6 \times 10^{-6} \text{ m}^4$$

$$M = 5 \text{ kN} \cdot \text{m} = 5\,000 \text{ N} \cdot \text{m}$$

$$y_a = ac = 0.09 \text{ m}; y_b = bc = 0.05 \text{ m}$$

则 a 点应力为

$$\sigma_a = \frac{M}{I_z} y_a = \frac{5\,000 \text{ N} \cdot \text{m}}{48.6 \times 10^{-6} \text{ m}^4} \times 0.09 \text{ m} = 9.26 \times 10^6 \text{ N/m}^2 = 9.26 \text{ MPa}$$

图 6.35　矩形截面简支梁
（a）受力简图；（b）剪力图；（c）弯矩图

b 点的应力为

$$\sigma_b = \frac{M}{I_z}y_b = \frac{5\ 000\ \text{N} \cdot \text{m}}{48.\ 6 \times 10^{-6}\ \text{m}^4} \times 0.\ 05\ \text{m} = 5.\ 14 \times 10^6\ \text{N/m}^2 = 5.\ 14\ \text{MPa}$$

在用公式（6.16）计算梁弯曲正应力时，应注意以下几点：

① 在公式推导过程中运用了胡克定律，因此只有在材料处于弹性范围时该式才适用。

② 在非纯弯曲情况下，即横截面同时存在弯矩和剪力时，由于剪力对正应力的分布规律影响很小，因此，对非纯弯曲的情况该式仍适用。

③ 公式虽按矩形截面梁推导出来的，但对具有对称轴的其他截面，如 T 形、工字形、圆形等，也都适用。

④ 公式是在平面弯曲情况下推导出来的，故不适用于非平面弯曲的情况。

3. 梁的正应力强度条件

为了保证梁的安全正常工作，梁内的最大正应力不能超过材料的容许应力。

梁内任意横截面上的最大正应力发生在距中性轴最远的位置，其值为

$$\sigma_{\text{max}} = \frac{M}{I_z}y_{\text{max}}$$

将上式改写为

$$\sigma_{\text{max}} = \frac{M}{I_z/y_{\text{max}}}$$

令

$$W_z = I_z/y_{\text{max}}$$

则
$$\sigma_{\max} = \frac{M}{W_z}$$
(6.17)

式中，W_z——抗弯截面模量，它与截面形状及尺寸有关，反映截面形状和尺寸对弯曲强度的影响，单位为米³（m³）或毫米³（mm³）。

矩形截面：
$$W_z = I_z / y_{\max} = \frac{bh^3}{12} / h/2 = \frac{bh^2}{6}$$
(6.18)

圆形截面：
$$W_z = I_z / y_{\max} = \frac{\pi d^4}{64} / d/2 = \frac{\pi d^3}{32}$$
(6.19)

在对梁进行强度计算时，应先画出梁的弯矩图，找出数值最大的弯矩 $M_{\max}$（不计符号）及其所在的截面，这个截面称为危险截面。在危险截面上，截面外边缘处各点的正应力为全梁最大的正应力值，破坏往往从这些点开始，所以这些点又称为危险点。危险截面上危险点的正应力计算式可写为

$$\sigma_{\max} = \frac{M_{\max}}{W_z}$$

根据强度要求，同时考虑留有一定的安全储备，梁内的最大正应力 $\sigma_{\max}$ 不应超过材料的弯曲容许正应力 $[\sigma]$，即

$$\sigma_{\max} = M_{\max} / W_z \leqslant [\sigma]$$
(6.20)

式中，$[\sigma]$——弯曲时材料的容许正应力，可在有关规范中查到。

利用公式（6.20）的强度条件，可进行以下三个方面的计算。

（1）强度校核

$$\frac{M_{\max}}{W_z} \leqslant [\sigma]$$

（2）选择截面尺寸

$$W_z \geqslant \frac{M_{\max}}{[\sigma]}$$

（3）计算容许荷载

$$M_{\max} \leqslant W_z [\sigma]$$

再由 $M_{\max}$ 与荷载间的关系，求出梁所能承受的最大荷载。

【例 6.15】　一简支梁，荷载及截面尺寸如图 6.36 所示，木材弯曲容许应力 $[\sigma]$ = 11 MPa，试校核其强度。

图 6.36　矩形截面简支梁受力简图

【解】 最大正应力发生在跨中弯矩最大的截面上。

$$M_{\max} = \frac{1}{8}ql^2 = \frac{1}{8} \times 5 \text{ kN/m} \times (4 \text{ m})^2 = 10 \text{ kN} \cdot \text{m} = 10 \times 10^3 \text{ N} \cdot \text{m}$$

抗弯截面模量为

$$W_z = \frac{1}{6}bh^2 = \frac{1}{6} \times 0.15 \text{ m} \times (0.2 \text{ m})^2 = 1 \times 10^{-3} \text{ m}^3$$

最大正应力为

$$\sigma_{\max} = \frac{M_{\max}}{W_z} = \frac{10 \times 10^3 \text{ N} \cdot \text{m}}{1 \times 10^{-3} \text{ m}^3} = 10 \times 10^6 \text{ N/m}^2 = 10 \text{ MPa} < [\sigma] = 11 \text{ MPa}$$

强度满足要求。

【例6.16】 图6.37所示一简支梁,梁采用 No.20a 工字钢,承受两个对称集中力 F 作用,材料的容许应力 $[\sigma] = 170$ MPa,试求该梁许可荷载 F。

图6.37 工字钢简支梁受力简图

【解】 根据强度条件,梁所能承受的最大弯矩为

$$M_{\max} = W_z[\sigma]$$

跨中最大弯矩与荷载 F 的关系为　　$M_{\max} = 2F(\text{N} \cdot \text{m})$

所以　　　　　　　　　　　　　$2F = W_z[\sigma]$

从而得　　　　　　　　　　　　$F = \frac{W_z[\sigma]}{2}$

由附表查得 No.20a 工字钢的抗弯截面模量 $W_z = 237 \text{ cm}^3 = 237 \times 10^{-6} \text{ m}^3$,代入上式得

$$F = \frac{237 \times 10^{-6} \text{ m}^3 \times 170 \times 10^6 \text{ N/m}^2}{2 \text{ m}} = 20.145 \times 10^3 \text{ N} = 20.145 \text{ kN}$$

即梁上所能承受的最大荷载 $F = 20.145$ kN。

【例6.17】 一圆形截面木梁,梁上荷载及尺寸如图6.38所示,弯曲时木材的容许应力 $[\sigma] = 10$ MPa,试选择该圆木梁的直径。

【解】 求支座反力绘制内力图:

$\sum M_A = 0,$　　　　　　　　　$R_B = 6.33 \text{ kN}(\uparrow)$

$\sum M_B = 0,$　　　　　　　　　$R_A = 2.17 \text{ kN}(\uparrow)$

弯矩图如图6.38所示,有

$$M_{\max} = 1.18 \text{ kN} \cdot \text{m}$$

图 6.38　圆形截面外伸梁受力简图

$$M_B = -2.5 \text{ kN} \cdot \text{m}$$

危险截面是 B 截面。

由

$$W_z \geqslant M_{max}/[\sigma]$$

圆木抗弯截面模量为

$$W_z = \frac{\pi d^3}{32}$$

则

$$d \geqslant \sqrt[3]{\frac{32 M_{max}}{\pi [\sigma]}} = \sqrt[3]{\frac{32 \times 2.5 \times 10^3 \text{ N} \cdot \text{m}}{\pi \times 10 \times 10^6 \text{ Pa}}} = 0.137 \text{ m} \approx 14 \text{ cm}$$

该圆木梁的最小直径为 14 cm。

6.3.2　梁的剪应力及其强度条件

梁在非纯弯曲时,横截面上存在着剪力和弯矩,弯矩由正应力组成,剪力则由剪应力组成。因此,横截面上不仅有正应力 σ,同时还有剪应力 τ。一般情况下,梁的弯曲正应力是梁强度计算的主要依据,但在某些特殊情况下,如梁的跨度较小或截面窄而高,其剪应力可能达到相当大的数值,就要求进行剪应力的强度计算。

1. 矩形截面梁的剪应力

横截面上任一点的剪应力为(推导过程从略)

$$\tau = VS_z^* / I_z b \tag{6.21}$$

式中,V——计算横截面上的剪力;

　　I_z——横截面对中性轴的惯性矩;

　　b——矩形截面的宽度;

　　S_z^*——所求剪应力处到截面边缘所围成的这一部分面积对中性轴的静矩。

由于指定截面的 V、I_z、b 均为定值,所以剪应力的分布只与 S_z^* 有关。面积 A^* 对中性轴的静矩为

$$S_z^* = A^* y_0 = b\left(\frac{h}{2} - y\right)\frac{1}{2}\left(\frac{h}{2} + y\right) = \frac{b}{2}\left(\frac{h^2}{4} - y^2\right)$$

将上式及 $I_z = \dfrac{bh^3}{12}$ 代入公式(6.21),得

$$\tau = \frac{6V}{bh^3}\left(\frac{h^2}{4} - y^2\right)$$

此式表明,剪应力 τ 沿截面高度按二次抛物线规律变化,如图 6.39b 所示,距中性轴愈近,剪应力愈大,在中性轴上($y=0$)的剪应力值最大。

其值为
$$\tau_{\max} = 1.5\,\frac{V}{A} \tag{6.22}$$

即矩形截面梁横截面上的最大剪应力为截面上平均剪应力的 1.5 倍。

2. 工字形截面的剪应力

工字形截面由上下翼缘和腹板组成,剪应力主要分布在腹板上,由于腹板为窄长的矩形,其剪应力计算公式为

$$\tau = VS_z^*/I_z b_1 \tag{6.23}$$

式中,b_1 为腹板的厚度,剪应力沿腹板高度按二次抛物线变化,如图 6.40b 所示。

图 6.39　受弯矩形梁剪应力分布图

（a）抗拉范围；（b）剪应力分布简图

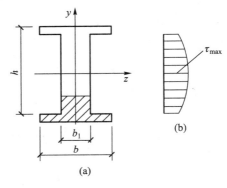

图 6.40　受弯工字形梁剪应力分布图

（a）抗拉范围；（b）剪应力分布简图

最大剪应力仍发生在中性轴上,其值为

$$\tau_{\max} = \frac{VS_{z\max}^*}{I_z b_1}$$

式中,$S_{z\max}^*$ 为中性轴以上或以下截面面积对中性轴的静矩。

3. 剪应力强度条件

梁在荷载作用下所产生的最大剪应力,不能超过材料的容许剪应力。对全梁来说,最大剪应力发生在剪力最大的截面上,则梁的剪应力强度条件为

$$\tau_{\max} = V_{\max} S_{z\max}^* / I_z b \leqslant [\tau] \tag{6.24}$$

在一般情况下,先按正应力强度条件选择梁的截面尺寸和形状,再用剪应力强度条件进行校核。

【例 6.18】 型号为 No.20a 的工字钢外伸梁,荷载及尺寸如图 6.41 所示,材料的容许应力 $[\sigma]=170$ MPa、$[\tau]=100$ MPa,试校核此梁是否安全。

【解】 ① 求支座反力。

$$\sum M_A = 0, \qquad R_B = 17 \text{ kN}(\uparrow)$$
$$\sum M_B = 0, \qquad R_A = 9 \text{ kN}(\uparrow)$$

(a)

② 绘制梁的剪力图和弯矩图,如图 6.41b、c 所示。

③ 正应力强度校核。

最大正应力发生在弯矩最大的 C 截面 $M_{max}=27$ kN·m

由型钢表查得 $W_z = 237 \text{ cm}^3 = 237 \times 10^{-6} \text{ m}^3$

(b)

最大正应力为

$$\sigma_{max} = \frac{M_{max}}{W_z} = 27 \times 10^3 \text{ N} \cdot \text{m}/237 \times 10^{-6} \text{ m}^3$$
$$= 113.9 \times 10^6 \text{ N/m}^2$$
$$= 113.9 \text{ MPa} < [\sigma] = 170 \text{ MPa}$$

(c)

图 6.41 工字钢外
伸梁计算简图
(a)受力简图;(b)剪力图;
(c)弯矩图

正应力强度条件满足。

④ 剪应力强度校核。

最大剪力发生在 CB 段,$V_{max} = 11$ kN $= 11 \times 10^3$ N。

由型钢表查得:$I_z/S_{zmax} = 17.2$ cm $= 0.172$ m;$b_1 = 0.7$ cm $= 0.007$ m。

最大剪力为

$$\tau_{max} = \frac{V_{max} S_{zmax}}{I_z b_1} = \frac{11 \times 10^3 \text{ N}}{0.172 \text{ m} \times 0.007 \text{ m}} = 9.14 \times 10^6 \text{ N/m}^2$$
$$= 9.14 \text{ MPa} < [\tau] = 100 \text{ MPa}$$

故该梁是安全的。

【例 6.19】 一矩形简支梁,荷载及尺寸如图 6.42a 所示,弯曲时材料的容许应力 $[\sigma]=11$ MPa,$[\tau]=1.2$ MPa,如取截面高宽比为 3:2,试确定矩形截面的高和宽。

(a)

【解】 ① 由剪力图和弯矩图得

$$M_{max} = 10 \text{ kN} \cdot \text{m}; V_{max} = 10 \text{ kN}$$

(b)

② 先由正应力强度条件确定其截面尺寸,梁所需的抗弯截面模量为

$$W_z = \frac{M_{max}}{[\sigma]} = \frac{10 \times 10^3 \text{ N} \cdot \text{m}}{11 \times 10^6 \text{ Pa}} = 0.91 \times 10^{-3} \text{ m}^3$$

因为 $W_z = \dfrac{bh^2}{6} = \dfrac{b\left(\dfrac{3}{2}b\right)^2}{6} = \dfrac{3}{8}b^3$

(c)

图 6.42 矩形简支梁计算简图
(a)受力图;(b)剪力图;(c)弯矩图

得
$$b = \sqrt[3]{\frac{8W_z}{3}} = \sqrt[3]{\frac{8 \times 0.91 \times 10^{-3}\ m^3}{3}} = 0.134\ m = 13.4\ cm$$

$$h = \frac{3}{2}b = 13.4\ cm \times 1.5 \approx 20\ cm$$

取 $b = 13\ cm, \quad h = 20\ cm$。

③ 剪应力强度条件校核。

$$\tau_{max} = \frac{3}{2}\frac{V_{max}}{A} = 1.5 \times \frac{10 \times 10^3\ N}{0.13\ m \times 0.2\ m} = 0.58 \times 10^6\ N/m^2 = 0.58\ MPa < [\tau] = 1.2\ MPa$$

满足剪应力强度条件。

6.3.3 应力状态

前已述及横截面上的应力计算,并建立其强度条件,但在实际工程中,构件破坏并非全是发生在横截面上。如图 6.43a 所示的钢筋混凝土梁受弯破坏时,除了在跨中底部产生竖向裂缝外,在支座附近还会产生斜裂缝。又如图 6.43b 所示铸铁试件受压破坏时,破坏面与杆轴约成 45°角的斜面,这些都说明斜截面上存在着应力。

图 6.43　受弯、受压构件应力状态
(a)钢筋混凝土梁受弯破坏;(b)铸铁件受压破坏

因此,研究杆件内某一点的应力情况时,不能仅限于研究某一方位的应力,还应当研究通过该点各个方向截面上该点的应力,称为该点的应力状态。

为了研究受力构件内任一点的应力状态,可以围绕该点截取一个边长无限小的正六面体,称为单元体。单元体每一个面上的应力可看做均匀分布,且每对平行平面上的应力相等。如图 6.44a 所示悬臂梁,点 A 的应力单元体如图 6.44b 所示,由于单元体前后两个面上无应力,故可以用其平面投影图表示,如图 6.44c 所示。

单元体剪应力为零的平面称为主平面;主平面上的正应力称为主应力。

一点的应力状态可由其主应力情况分为:三个主应力都不等于零,称为三向应力状态,如图 6.45a 所示;只有一个主应力等于零,称为二向应力状态或平面应力状态,如图 6.45b 所示;二个主应力等于零,称为单向应力状态,如图 6.45c 所示。

　1. 平面应力状态的应力分析

　工程上采用的受力构件,常属于两个互相垂直方向的受力情况。从杆件中截取的单元

图 6.44　悬臂梁某点应力单元体分析

（a）受力简图；（b）直观图；（c）投影图

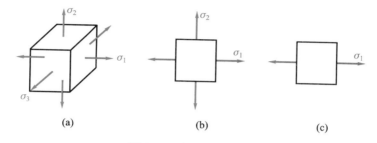

图 6.45　应力状态分析

（a）三向应力状态；（b）二向应力状态；（c）单向应力状态

体,它的两对平面上同时存在有正应力和剪应力,其单元体的应力状态为平面一般应力状态。

（1）斜截面上的应力

图 6.46a 所示为从杆件中取出的一个平面应力状态的单元体,各面上的应力如图所示,且 $\sigma_x > \sigma_y > 0$。现研究与单元体平面成 α 角的斜截面 m—m 上的应力变化规律。

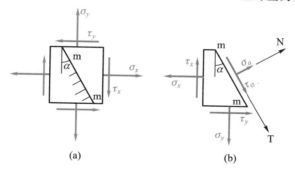

图 6.46　斜截面应力状态

（a）单元体应力状态；（b）脱离体应力状态

取 m—m 截面下部为脱离体,如图 6.46b 所示。设 m—m 斜面面积为 dA,则竖平面的面积为 dAcosα,水平面的面积为 dAsinα。取斜截面的外法线方向为 n 轴,切线方向为 t 轴,由脱离体的平衡条件得

$$\sum F_n = 0, \sigma_\alpha dA - \sigma_x dA\cos\alpha\cos\alpha + \tau_x dA\cos\alpha\sin\alpha - \sigma_y dA\sin\alpha\sin\alpha + \tau_y dA\sin\alpha\cos\alpha = 0$$

$$\sum F_t = 0, \tau_\alpha dA - \sigma_x dA\cos\alpha\sin\alpha - \tau_x dA\cos\alpha\cos\alpha + \sigma_y dA\sin\alpha\cos\alpha + \tau_y dA\sin\alpha\sin\alpha = 0$$

根据剪应力互等定律，$\tau_x = \tau_y = \tau$，于是

$$\sigma_\alpha = \sigma_x \cos^2\alpha + \sigma_y \sin^2\alpha - 2\tau_x \sin\alpha\cos\alpha$$

$$= \sigma_x \left(\frac{1}{2} + \frac{\cos 2\alpha}{2} \right) + \sigma_y \left(\frac{1}{2} - \frac{\cos 2\alpha}{2} \right) - \tau_x \sin 2\alpha$$

$$= \frac{\sigma_x + \sigma_y}{2} + \frac{\sigma_x - \sigma_y}{2} \cos 2\alpha - \tau_x \sin 2\alpha \qquad (6.25)$$

$$\tau_\alpha = \sigma_x \cos\alpha\sin\alpha - \sigma_x \sin\alpha\cos\alpha + \tau_x (\cos^2\alpha - \sin^2\alpha)$$

$$= \frac{\sigma_x - \sigma_y}{2} \sin 2\alpha + \tau_x \cos 2\alpha \qquad (6.26)$$

公式(6.25)和公式(6.26)表示了平面应力状态下任意斜截面上正应力和剪应力的变化规律，显示了斜截面上的应力 σ_α、τ_α 与已知应力 σ_x、σ_y 和 τ_x 之间的关系。当斜截面的倾斜角 α 变化时，斜截面上的应力 σ_α 和 τ_α 也随之变化。

（2）正应力的极值

如上所述，斜截面的倾斜角 α 不同，斜截面上的正应力必然有其极值，而正应力极值的截面恰为剪应力等于零的平面，正应力的极值也就是主应力。现将其结果列出（推导从略）。

① 主应力作用面的方位角：

$$\tan 2\alpha_0 = \frac{-2\tau_x}{\sigma_x - \sigma_y} \qquad (6.27)$$

② 主应力：

$$\sigma_{\min}^{\max} = \frac{\sigma_x + \sigma_y}{2} \pm \sqrt{\left(\frac{\sigma_x - \sigma_y}{2} \right)^2 + \tau_x^2} \qquad (6.28)$$

（3）剪应力的极值

同理，可求得任意斜截面上剪应力的极值及其所在截面的方位角 α_1。现将公式列出（推导从略）。

① 主剪应力作用面的方位角：

$$\tan 2\alpha_1 = \frac{\sigma_x - \sigma_y}{2\tau_x} \qquad (6.29)$$

② 主剪应力：

$$\tau_{\min}^{\max} = \pm \sqrt{\left(\frac{\sigma_x - \sigma_y}{2} \right)^2 + \tau_x^2} \qquad (6.30)$$

或

$$\tau_{\min}^{\max} = \pm \frac{\sigma_{\max} - \sigma_{\min}}{2} \qquad (6.31)$$

公式(6.31)表明最大剪应力（又称为主剪应力）在数值上等于最大主应力和最小主应

力之差的一半。

比较公式（6.27）和式（6.29），
$$\tan 2\alpha_1 = -\cot 2\alpha_0 = \tan(2\alpha_0 + 90°)$$
得
$$\alpha_1 = \alpha_0 + 45°$$

上式说明主剪应力所在平面的夹角为45°。

2. 纯剪应力状态

平面应力状态单元体的四个侧面上只有剪应力而无正应力时，称为纯剪应力状态。

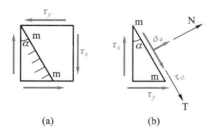

图 6.47　纯剪应力状态

（a）单元体应力状态；（b）脱离体应力状态

图 6.47a 所示一纯剪应力状态，现研究与单元体的竖平面成 α 角的 m—m 斜截面上的应力。以 m—m 截面下部为脱离体，取截面的外法线方向为 N 轴，切线方向为 T 轴，由平衡条件得

$$\sum N = 0,\qquad \sigma_\alpha dA + \tau_x dA\cos\alpha\sin\alpha + \tau_y dA\sin\alpha\cos\alpha = 0$$

$$\sum T = 0,\qquad \tau_\alpha dA - \tau_x dA\cos\alpha\cos\alpha + \tau_y dA\sin\alpha\sin\alpha = 0$$

由于 $\tau_x = \tau_y = \tau$，则

$$\sigma_\alpha = -\tau_x \sin 2\alpha \qquad\qquad (6.32)$$
$$\tau_\alpha = \tau_x \cos 2\alpha \qquad\qquad (6.33)$$

公式（6.32）和（6.33）就是纯剪应力状态单元体任意斜截面上正应力和剪应力的计算式。由式可知，σ_α 和 τ_α 的值随倾角 α 而变化，且都是 α 的函数。

$$\left.\begin{array}{ll} \text{当 } \alpha = -\dfrac{\pi}{4}\text{时，} & \sigma_\alpha = \sigma_{max} = \tau_x \\[2mm] \text{当 } \alpha = \dfrac{\pi}{4}\text{时，} & \sigma_\alpha = \sigma_{min} = -\tau_x \end{array}\right\} \qquad (6.34)$$

由式（6.34）可知，当 $\alpha = \mp\pi/4$ 时，斜截面上无剪应力，而正应力达到极值，其绝对值等于 τ_x，其中一个是主拉应力 σ_{max}，另一个是主压应力 σ_{min}。剪应力的极值就是原来单元体上的剪应力。

3. 主应力迹线

图 6.48a 所示一简支梁承受均布荷载作用时的主应力迹线，图中实线表示主拉应力迹线，虚线表示主压应力迹线。

根据主应力迹线，可以理解为什么钢筋混凝土梁在竖向荷载作用下，在梁跨中范围内出

图 6.48　主应力迹线及抵抗配筋图

（a）主应力迹线；（b）抵抗主应力迹线配筋

现竖向裂缝，而在支座附近会出现与梁轴线大致成 45°角的斜裂缝的问题。支座附近斜裂缝的产生，是由于主拉应力超过混凝土的抗拉强度而引起的。所以，对于钢筋混凝土结构中的受弯构件，必须进行正截面强度和斜截面强度计算，并配置一定数量的纵向受力钢筋和弯起钢筋或箍筋(图 6.48b)来承受主拉应力。

6.4　梁 的 变 形

梁在荷载作用下会产生变形。为了保证梁安全正常地工作，除满足强度条件外，还要满足刚度条件，也就是把梁的变形控制在容许的范围内。

6.4.1　梁的变形

当外力作用在梁的纵向对称平面内时，如图 6.49a 所示，梁将产生平面弯曲，梁的轴线弯曲为一条连续的平面曲线，称为梁的挠曲线或弹性曲线，梁的变形一般用竖向位移和角位移来表示，如图 6.49b 所示。

图 6.49　悬臂梁变形

（a）受力图；（b）变形简图

1. 竖向位移

梁的任一横截面 C，在梁变形后向下移至 C'，CC' 就是 C 截面的竖向位移，称为 C 截面的挠度，用符号 y 表示。

2. 角位移

梁的任一横截面 C，在梁变形后绕中性轴转动了一个角度 θ，角 θ 称为截面 C 的转角。

当梁上作用几种荷载时，可用叠加原理来计算梁的挠度和转角。

表 6.3 列出几种简单荷载作用下梁的挠度和转角。

表 6.3　简单荷载作用下梁的转角和挠度

支承及荷载情况	梁端转角	最大挠度	挠曲线方程
	$\theta_B = \dfrac{Fl^2}{2EI_z}$	$y_{max} = \dfrac{Fl^3}{3EI_z}$	$y = \dfrac{Fx^2}{6EI_z}(3l - x)$
	$\theta_B = \dfrac{ql^3}{6EI_z}$	$y_{max} = \dfrac{ql^4}{8EI_z}$	$y = \dfrac{qx^2}{24EI_z}(x^2 + 6l^2 - 4lx)$
	$\theta_B = \dfrac{ml^2}{EI_z}$	$y_{max} = \dfrac{ml^2}{2EI_z}$	$y = \dfrac{mx^2}{2EI_z}$
	$\theta_A = -\theta_B = \dfrac{F^2}{16EI_z}$	$y_{max} = \dfrac{Fl^3}{48EI_z}$	$y = \dfrac{Fx}{48EI_z}(3l^2 - 4x^2)$ $(0 \leqslant x \leqslant l/2)$
	$\theta_A = -\theta_B = \dfrac{ql^3}{24EI_z}$	$y_{max} = \dfrac{5ql^4}{384EI_z}$	$y = \dfrac{qx}{24EI_z}(l^3 - 2lx^2 + x^3)$
	$\theta_A = \dfrac{ml}{6EI_z}$ $\theta_B = -\dfrac{ml}{3EI_z}$	在 $x = \dfrac{l}{\sqrt{3}}$ 处 $y_{max} = \dfrac{ml^2}{9\sqrt{3EI_z}}$	$y = \dfrac{mx}{64EI_z}(l^2 - x^2)$

【例 6.20】 试用叠加法计算图 6.50 所示简支梁 C 截面的挠度及支座 A 处的转角,设 EI_z 为常数。

【解】 根据梁上荷载情况分别查表 6.3。

① 集中荷载作用。

$$y_{C1} = \frac{Fl^3}{48EI_z} = \frac{qa(2a)^3}{48EI_z} = \frac{qa^4}{6EI_z}$$

$$\theta_{A1} = \frac{Fl^2}{16EI_z} = \frac{qa(2a)^2}{16EI_z} = \frac{qa^3}{4EI_z}$$

② 均布荷载 q 作用。

$$y_{C2} = \frac{5ql^4}{384EI_z} = \frac{5q(2a)^4}{384EI_z} = \frac{5qa^4}{24EI_z}$$

$$\theta_{A2} = \frac{ql^3}{24EI_z} = \frac{q(2a)^3}{24EI_z} = \frac{qa^3}{3EI_z}$$

③ 二种荷载共同作用时的 y_C、θ_A 为

$$y_C = y_{C1} + y_{C2} = \frac{qa^4}{6EI_z} + \frac{5qa^4}{24EI_z} = \frac{9qa^4}{24EI_z} \quad (\downarrow)$$

$$\theta_A = \theta_{A1} + \theta_{A2} = \frac{qa^3}{4EI_z} + \frac{qa^3}{3EI_z} = \frac{7qa^3}{12EI_z} \quad (\curvearrowleft)$$

【例 6.21】 试用叠加法计算图 6.51 所示悬臂梁 B 点的挠度和转角,EI_z 为常数。

图 6.50　简支梁叠加法计算

（a）承受均布力和集中力；

（b）承受集中力的挠度及转角；

（c）承受均布力的挠度及转角

图 6.51　悬臂梁叠加法计算

（a）承受两集中力；

（b）承受集中力 1 的挠度及转角；

（c）承受集中力 2 的挠度及转角

【解】 根据梁上荷载情况分别查表 6.3。

① 集力 F 作用于 C 点时，

$$y_{B1} = \frac{Fa^2}{6EI_z}(3l - a) = \frac{Fa^2}{6EI_z}(3 \times 2a - a) = \frac{5Fa^3}{6EI_z}$$

$$\theta_{B1} = \frac{Fa^2}{2EI_z}$$

② 集中力 F 作用于 B 点时，

$$y_{B2} = \frac{Fl^3}{3EI_z} = \frac{F(2a)^3}{3EI_z} = \frac{8Fa^3}{3EI_z}$$

$$\theta_{B2} = \frac{Fl^2}{2EI_z} = \frac{F(2a)^2}{2EI_z} = \frac{2Fa^2}{EI_z}$$

③ 两种情况共同作用时 y_B、θ_B 为

$$y_B = y_{B1} + y_{B2} = \frac{5Fa^3}{6EI_z} + \frac{8Fa^3}{3EI_z} = \frac{7Fa^3}{2EI_z} \quad (\downarrow)$$

$$\theta_B = \theta_{B1} + \theta_{B2} = \frac{Fa^2}{2EI_z} + \frac{2Fa^2}{EI_z} = \frac{5Fa^2}{2EI_z} \quad (\curvearrowleft)$$

6.4.2 梁的刚度校核

为了保证梁的正常工作,应控制梁的变形,使其最大值不超过容许值。因此,要求梁必须要有一定的刚度。

梁的刚度校核,通常是计算梁在荷载作用下的最大相对挠度 $\frac{f}{l}$,不得大于容许的相对挠度 $\left[\frac{f}{l}\right]$,即

$$\frac{f}{l} \leqslant \left[\frac{f}{l}\right] \tag{6.35}$$

式中,$\left[\frac{f}{l}\right]$——梁的容许相对挠度值,根据梁的不同用途可在有关规范中查得,如土建工程中的钢筋混凝土吊车梁的容许相对挠度 $\left[\frac{f}{l}\right] = \frac{1}{600} \sim \frac{1}{500}$。

对于一般土建工程的梁,如强度要求能够满足,刚度要求通常也能满足。因为,在设计工作中,强度要求是主要的,刚度要求通常处于从属地位。一般都是先按强度要求选择截面,然后再按刚度要求进行校核。

【例 6.22】 如图 6.52 所示简支梁,已知:$l = 6$ m,$q = 4$ kN/m,$\left[\frac{f}{l}\right] = \frac{1}{400}$,梁采用 No.20b 工字钢,其弹性模量 $E = 2 \times 10^5$ MPa,试校核该梁的刚度。

【解】 查表得 No.20b 工字钢的惯性矩为

图 6.52　简支梁受均布力

$$I_z = 0.25 \times 10^{-4} \text{ m}^4$$

梁跨中的最大挠度为

$$f = \frac{5ql^4}{384EI_z} = \frac{5 \times 4 \times 10^3 \text{ N/m} \times (6 \text{ m})^4}{384 \times 2 \times 10^{11} \text{ Pa} \times 0.25 \times 10^{-4} \text{ m}^4} = 0.0135 \text{ m}$$

$$\frac{f}{l} = \frac{0.0135 \text{ m}}{6 \text{ m}} = \frac{1}{444} < \left[\frac{f}{l}\right] = \frac{1}{400}$$

该工字钢梁的刚度满足要求。

思 考 题

6.1 矩形截面上 $abcd$、$cdfe$ 两部分对截面形心轴 z 的静矩有何关系?

6.2 T 形截面的形心轴(z 轴)上下部分的形心 C_1、C_2 的坐标 y_1、y_2 存在什么关系?

思考题 6.1 图   思考题 6.2 图

6.3 矩形截面高宽比为 $h:b = 2:1$,试问在下列情况下,对截面形心轴 z 轴的惯性矩 I_z 有何变化?

(1)截面高度增加一倍,即 $h = 4b$。

(2)截面宽度增加一倍,即 $h = b$。

(3)截面高度与宽度互换,即 $b = 2h$。

6.4 平面弯曲的受力和变形有什么特点?

6.5 什么是截面上的剪力和弯矩?剪力和弯矩的正负符号是如何规定的?

6.6 用静力平衡方程计算出内力的正负符号是否符合内力正负符号的规定?它们之间有无区别?

6.7 为什么在集中力作用的地方,左右两截面上的剪力不相等?

6.8 何谓中性轴?为什么中性轴一定通截面的形心?

6.9 为什么要计算梁的变形?用叠加法求梁的变形时,应注意哪些问题?

习 题

6.1 图示倒 T 形截面,已知:$b_1 = 30$ cm、$b_2 = 60$ cm、$h_1 = 50$ cm、$h_2 = 14$ cm,试求:

(1)求截面的形心位置。

(2)求阴影部分对形心轴的静距。

(3)求截面对形心的惯性矩形 I_z。

6.2 试计算图示各梁指定截面的剪力和弯矩。

习题 6.1 图   习题 6.2 图

6.3 试用静力法绘制图示各梁的剪力图和弯矩图。

习题 6.3 图

6.4 试用简捷法绘制图示各梁的剪力图和弯矩图

习题 6.4 图

6.5 试用叠加法绘制图示各梁的剪力图和弯矩图。

6.6 圆木外伸梁,荷载及尺寸如图所示,木材的容许应力$[\sigma]=10$ MPa,试校核其强度。

习题 6.5 图   习题 6.6 图

6.7 一简支梁采用 No. 22a 工字钢,受力图如图所示,材料的容许应力$[\sigma]=170$ MPa,试求梁的许可荷载。

6.8 试求图示梁的最大正应力、最大剪应力及剪应力最大处,截面腹板与翼缘交界处 D 点的剪应力(截面尺寸单位为 : mm)。

6.9 图示简支梁,已知:$l=6$ m,$F=20$ kN,$q=6$ kN/m,材料容许应力$[\sigma]=160$ MPa,$[\tau]=100$ MPa,试选择工字钢的型号。

习题 6. 7 图

习题 6. 8 图

习题 6. 9 图

7 压杆稳定

【知识目标】

能正确陈述物体的平衡状态及失稳的概念；

能正确陈述临界力的意义；

能基本陈述临界应力总图的物理意义，以及欧拉公式的适用范围；

能正确陈述压杆稳定的应用。

【技能目标】

正确理解压杆稳定和失稳的基本概念；

能正确计算柔度、临界力；

能正确应用稳定条件进行稳定计算和截面设计。

【教学准备】

准备部分几何图形板、杆件、教学视频、一体教室。

【教法建议】

试验法、讲练结合法、分析法、讨论法、卡片法、实境教学法。

7.1　压杆稳定的概念

7.1.1　物体的三种平衡状态

平衡状态的形式有以下三种。

1. 稳定平衡

如某物体由于某种原因使其偏离它原来的平衡位置，而在这种原因消除后，它能够回到其原来的位置，也就是说这种平衡状态是经得起干扰的，是稳定的平衡状态。

2. 不稳定平衡状态

如某物体由于某种原因使其稍微偏离它原来的平衡位置,而在这种原因消除后,它不但不能回到其原来的平衡位置,而且继续增大偏离,显然,这种平衡状态是经不起干扰的,是不稳定的平衡状态。

3. 随遇平衡状态

如某物体由于某种原因使其稍微偏离它原来的平衡位置,而在这种原因消除后,它就停在新的位置不动,这种平衡状态称为随遇平衡状态。由于它是稳定平衡状态和不稳定平衡状态之间的一种平衡状态,因此又称为临界平衡状态。

7.1.2 压杆失稳的概念

设一细长弹性的等直杆,受轴向压力 F 作用,其受力简图如图 7.1 所示,现要判断此杆所处的平衡状态。首先在杆上加一微小的横向干扰力 Q,使杆件产生微弯曲,然后撤去干扰力,看杆轴线能否回到原直线位置,若杆轴最终能回到原直线位置,此时该杆处于稳定平衡状态,如图 7.1a 所示。

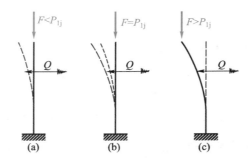

图 7.1 压杆平衡状态的类型

(a)稳定平衡状态;(b)临界平衡状态;(c)不稳定平衡状态

如果杆轴停留在干扰力给它的微弯曲位置而不动,此时该杆处于临界平衡状态,如图 7.1b 所示。如果杆轴不能回到原直线位置,而继续弯曲到一个新的曲线位置才平衡,则该杆处于不稳定平衡状态,如图 7.1c 所示。压杆稳定或不稳定与所受的轴向压力的大小有关,设压杆稳定与不稳定的临界状态时所承受的轴向压力为临界压力或临界力,用符号 P_{lj} 表示。临界力 P_{lj} 是压杆稳定或不稳定的分界值。

当 $F < P_{lj}$ 时,压杆处于稳定平衡状态;

当 $F = P_{lj}$ 时,压杆处于临界平衡状态;

当 $F > P_{lj}$ 时,压杆处于不稳定平衡状态。

在实际工程中所使用的压杆,如果处在不稳定的平衡状态,即使杆件的强度和刚度满足要求,也会因受到干扰而丧失稳定,最终导致破坏。

7.2 临界力的计算

通过实验和工程实践得知,影响压杆临界力的因素很多,主要有杆件的长度、截面形状及大小、杆件的材料以及杆件两端的支承情况等因素。

7.2.1 欧拉公式

当材料处于弹性阶段时,细长压杆的临界力可用科学家欧拉推导的公式计算。

$$P_{lj} = \frac{\pi^2 EI}{(\mu l)^2} \tag{7.1}$$

式中,E——材料的弹性模量;

$\quad\quad I$——截面的最小惯性矩;

$\quad\quad l$——杆件的长度;

$\quad\quad \mu$——长度系数,其值按压杆两端的支承形式而定。

表 7.1 给出不同支承情况时的长度系数。在实际工程中,压杆的实际支承情况不同于表中所列的理想情况,计算时可参阅有关规范,酌情确定压杆的长度系数。

表 7.1 不同支承情况时的长度系数

支承情况	一端固定,一端自由	两端铰支	一端固定,一端铰支	两端固定
图例				
长度系数	2	1	0.7	0.5

【例 7.1】 两端铰支的 No.20a 工字钢压杆,杆长 $l = 4$ m,钢材的弹性模量 $E = 200 \times 10^3$ MPa,试确定该杆的临界力。

【解】 由型钢表查得 No.20a 工字钢的最小惯性矩 $I = 158$ cm^4 $= 158 \times 10^{-8}$ m^4,由表 7.1 查得两端铰支压杆的长度系数 $\mu = 1$,由式(7.1)求得该压杆的临界力为

$$P_{lj} = \frac{\pi^2 EI}{(\mu l)^2} = \frac{3.14^2 \times 200 \times 10^6 \times 158 \times 10^{-8}}{(1 \times 4)^2} = 194.7 \text{ kN}$$

7.2.2 临界应力和长细比

压杆在临界力作用下横截面上的应力称为临界应力,用符号 σ_{lj} 表示,计算公式为

$$\sigma_{lj} = \frac{P_{lj}}{A} = \frac{\pi^2 EI}{(\mu l)^2}\Big/A = \frac{\pi^2 E}{(\mu l)^2}\frac{I}{A} = \frac{\pi^2 E}{(\mu l)^2}i^2$$

式中, $i = \sqrt{I/A}$ 为压杆截面的最小惯性半径。

$$\sigma_{lj} = \pi^2 E\Big/\left(\frac{\mu l}{i}\right)^2 = \frac{\pi^2 E}{\lambda^2} \tag{7.2}$$

式中, $\lambda = \mu l/i$ 为压杆的长细比或柔度,无量纲。长细比 λ 与压杆两端的支承情况、杆长、截面形状和尺寸等因素有关,它表示压杆的细长程度。长细比大,压杆细长,临界应力小,临界力也小,杆件容易丧失稳定。反之,长细比小,压杆粗而短,临界应力大,临界力也大,杆件就不容易丧失稳定。所以,长细比是影响压杆稳定的重要因素。

7.2.3 欧拉公式的适用范围

欧拉公式是在假定材料处于弹性范围内并满足胡克定律的前提下推导出来的,因此,压杆在失稳前的应力不得超过材料的比例极限 σ_p,即

$$\sigma_{lj} = \pi^2 E/\lambda^2 \leqslant \sigma_p$$

$$\lambda \geqslant \sqrt{\frac{\pi^2 E}{\sigma_p}} = \lambda_p \tag{7.3}$$

这样,就可以用 λ_p 来表示欧拉公式的适用范围,当 $\lambda \geqslant \lambda_p$ 时欧拉公式适用,当 $\lambda < \lambda_p$ 时欧拉公式不适用。这时压杆的临界应力采用经验公式来计算。我国根据试验得出经验公式为抛物线公式,即

Q 235钢 $\qquad \sigma_{lj} = 235 - 0.006\,68\lambda^2$

16Mn 钢 $\qquad \sigma_{lj} = 343 - 0.014\lambda^2$

根据欧拉公式和经验公式,可以画出临界应力和长细比的函数关系曲线,图 7.2 所示绘出的就是 Q235 钢的临界应力和长细比的关系曲线,此图称为临界应力总图。图中 AC 段是按经验公式绘制的抛物线,CB 段是按欧拉公式绘制的

图 7.2　临界应力总图

曲线,二曲线交于 C 点,C 点所对应的长细比为 λ_C。如 Q235 钢 $\lambda_C = 123$,当 $\lambda \geqslant 123$ 时用欧拉公式计算临界应力,当 $\lambda < 123$ 时用经验公式计算临界应力。

【例7.2】　两根 Q 235钢热轧无缝钢管,其外径 $D = 168$ mm,内径 $d = 148$ mm,$E = 206 \times 10^3$ MPa,$\sigma_s = 235$ MPa,两端均为铰接,其长度分别为 8 m 和 4 m,试求各杆临界力。

【解】 计算截面的几何特征值。

$$A = \pi(D^2 - d^2)/4 = \pi[(0.168\,\text{m})^2 - (0.148\,\text{m})^2]/4 = 4.96 \times 10^{-3}\,\text{m}^2$$

$$I = \pi(D^4 - d^4)/64 = \pi[(0.168\,\text{m})^4 - (0.148\,\text{m})^4]/64 = 1.555 \times 10^{-5}\,\text{m}^4$$

$$i = \sqrt{I/A} = \sqrt{1.555 \times 10^{-5}\,\text{m}^4/4.96 \times 10^{-3}\,\text{m}^2} = 0.056\,\text{m}$$

$$\mu_1 = 1;\lambda = 123。$$

第一根长度为 8 m 的压杆：

$$\lambda_1 = \mu l_1/i = 1 \times 8\,\text{m}/0.056\,\text{m} = 143 > \lambda = 123$$

用欧拉公式计算临界力：

$$P_{lj} = \pi^2 EI/(\mu l)^2 = \pi^2 \times 206 \times 10^9\,\text{Pa} \times 1.555 \times 10^{-5}\,\text{m}^4/(1 \times 8\,\text{m})^2 = 494 \times 10^3\,\text{N} = 494\,\text{kN}$$

第二根长度为 4 m 的压杆：

$$\lambda_2 = \mu l_2/i = 1 \times 4\,\text{m}/0.056\,\text{m} = 71 < \lambda = 123$$

用经验公式计算临界应力：

$$\sigma_{lj} = 235 - 0.006\,68\lambda^2 = 235 - 0.006\,68 \times 71^2 = 201\,\text{MPa}$$

故临界力为

$$P_{lj} = \sigma_{lj}A = 201 \times 10^3\,\text{kPa} \times 4.96 \times 10^{-3}\,\text{m}^2 = 997\,\text{kN}$$

7.3 压杆稳定的实用计算

为了保证结构的安全,应使实际作用在压杆上的压力适当地低于压杆的临界力,也就是应该考虑稳定的安全系数 K_w。

前述的强度计算公式中所采用的容许应力是基本容许应力,相应的安全系数是基本安全系数。现在考虑压杆稳定的安全系数 K_w 时,除应考虑基本安全系数 K 外,还应考虑到压杆可能存在初弯曲、材质欠均匀、荷载的初始偏心等不利因素对压杆承载力的影响,这些都用特殊安全系数 K_t 来加以考虑,特殊安全系数的值随杆的长细比不同而异。因此,压杆的稳定安全系数等于基本安全系数与特殊安全系数的乘积,即 $K_w = K \cdot K_t$。于是,压杆稳定的容许应力 $[\sigma_{lj}]$ 为

$$[\sigma_{lj}] = \frac{\sigma_{lj}}{K_w} = \frac{\sigma_{lj}}{KK_t} = \frac{\sigma^0}{K}\frac{\sigma_{lj}}{\sigma^0 K_t} = \frac{\sigma_{lj}}{\sigma^0 K_t}[\sigma]$$

式中,σ^0 为材料强度计算的极限应力。

令

$$\varphi = \frac{\sigma_{lj}}{\sigma^0 K_t}$$

则

$$[\sigma_{lj}] = \varphi[\sigma]$$

系数 φ 称为折减系数,其值随长细比而变化,且是一个小于或等于 1 的数。表 7.2 为常用材料的折减系数值,供计算时查用。

7.3.1 压杆的稳定条件

压杆的稳定条件,就是压杆的实际压应力不得超过材料的容许应力$[\sigma_{1j}]$,即

$$\sigma = N/A \leqslant [\sigma_{1j}] = \varphi[\sigma] \tag{7.4}$$

式中,N——轴向压力;

A——杆件的横截面面积。

式(7.4)常写为

$$N/\varphi A \leqslant [\sigma] \tag{7.5}$$

稳定条件的应用,有如下三种情况。

1. 稳定校核

对已知压杆的实际应力是否超过压杆稳定的容许应力进行验算,称为稳定校核。

【例7.3】 一木柱高 5 m,截面边长 $a = 150$ mm 的正方形,两端铰支,承受轴向荷载 $F = 40$ kN,木材的容许应力$[\sigma] = 10$ MPa,试校核其稳定性。

【解】 ①求惯性半径。

$$I = a^4/12 = (0.15 \text{ m})^4/12 = 4.22 \times 10^{-5} \text{ m}^4$$

$$A = a^2 = (0.15 \text{ m})^2 = 2.25 \times 10^{-2} \text{ m}^2$$

$$i = \sqrt{I/A} = \sqrt{4.22 \times 10^{-5} \text{ m}^4/2.25 \times 10^{-2} \text{ m}^2} = 0.043 \text{ m}$$

② 求长细比及折减系数。

$$\lambda = \mu l/i = 1 \times 5 \text{ m}/0.043 \text{ m} = 116$$

由表 7.2 用线性法查得 $\varphi = 0.2246$

③ 稳定校核。

$$\frac{N}{\varphi A} = \frac{40 \times 10^3 \text{ N}}{0.2246 \times (0.15 \text{ m})^2} = 7.92 \times 10^6 \text{ N/m}^2 = 7.92 \text{ MPa} < [\sigma] = 10 \text{ MPa}$$

所以,该柱的稳定性满足要求。

2. 确定许可荷载

将公式(7.5)变换为$N \leqslant A\varphi[\sigma]$,计算压杆许可荷载。

【例7.4】 同上题,求该木柱的许可荷载。

【解】 由公式得

$$F = A\varphi[\sigma] = (0.15 \text{ m})^2 \times 0.2246 \times 10 \times 10^3 \text{ Pa} = 50.5 \text{ kN}$$

3. 选择截面

将公式(7.5)变换为$A \geqslant N/\varphi[\sigma]$,用来选择压杆的截面尺寸。但是在截面尺寸尚未确定的情况下,长细比 λ 无法确定,因此无法从表 7.2 中查出 φ 值。故可先假定一个折减系数 φ(可假定 $\varphi = 0.5 \sim 0.6$),以便初步确定截面尺寸,再进行稳定校核。如不满足稳定条件,再参考第一次试算的结果重新假设 φ 值,再进行第二次试算,直到满足稳定条件为止。此外,截面有削弱时,还应对净截面做强度校核。

表 7.2 压杆的折减系数 φ

λ	φ 值				
	Q235 钢	16Mn 钢	铸铁	木材	混凝土
0	1.000	1.000	1.000	1.000	1.00
20	0.981	0.973	0.91	0.932	0.96
40	0.927	0.895	0.69	0.822	0.83
60	0.842	0.776	0.44	0.658	0.70
70	0.789	0.705	0.34	0.575	0.63
80	0.731	0.627	0.26	0.460	0.57
90	0.669	0.546	0.20	0.371	0.46
100	0.604	0.462	0.16	0.300	
110	0.536	0.384		0.248	
120	0.466	0.325		0.209	
130	0.401	0.279		0.178	
140	0.349	0.242		0.153	
150	0.306	0.213		0.134	
160	0.272	0.188		0.117	
170	0.243	0.168		0.102	
180	0.218	0.151		0.093	
190	0.197	0.136		0.083	
200	0.180	0.124		0.075	

7.3.2 压杆稳定计算示例

【例 7.5】 一工字钢柱,一端固定,另一端铰支,受轴向压力 $N = 240$ kN 作用,柱长 $l = 3.0$ m,材料的容许应力 $[\sigma] = 170$ MPa,试选择工字钢的型号。

【解】 先假定 $\varphi = 0.5$,得

$$A = \frac{N}{\varphi[\sigma]} = \frac{240 \text{ kN}}{0.5 \times 170 \times 10^3 \text{ kPa}} = 28.2 \times 10^{-4} \text{ m}^2 = 28.2 \text{ cm}^2$$

由型钢表查得 No.18 工字钢 $A = 30.6$ cm^2,最小惯性半径 $i = 2$ cm。此时,柱的长细比为

$$\lambda = \mu l / i = 0.7 \times 300 \text{ cm} / 2 \text{ cm} = 105$$

由表 7.2 查得折减系数 $\varphi = 0.57$。

稳定条件校核,得

$$\frac{N}{\varphi A} = \frac{240\ 000\ \text{N}}{0.57 \times 30.6 \times 10^{-4}\ \text{m}^2} = 138 \times 10^6\ \text{N/m}^2 = 138\ \text{MPa} < [\sigma] = 170\ \text{MPa}$$

满足稳定条件。

思 考 题

7.1 压杆的强度、刚度、稳定性各有何不同?

7.2 如何区分压杆的稳定平衡和不稳定平衡?

7.3 如已知杆件的材料、荷载、长度、截面尺寸及杆件两端的约束情况,试分别写出其强度、刚度及稳定条件的计算公式?

7.4 什么叫做长细比? 其大小由哪些因素确定? 其表示压杆的什么特征?

7.5 对压杆进行稳定计算时,如何判别压杆在哪个平面内首先失稳?

7.6 为什么梁通常采用矩形截面,而压杆则采用方形截面?

7.7 圆形截面的压杆,材料为 Q235 钢,两端铰支,问柱长 l 是直径 d 的多少倍时,才能运用欧拉公式? 如杆长不变,直径 d 增加一倍,临界应力将增加多少? 如直径 d 不变,杆件长度增加一倍,临界应力将减少多少?

习 题

7.1 设一木柱长 $l = 3.0\ \text{m}$,柱上下两端铰接,截面为 $b \times h = 100\ \text{mm} \times 150\ \text{mm}$ 的矩形,材料弹性模量 $E = 10 \times 10^3\ \text{MPa}$。试求该木柱的临界力。

7.2 有两根细长压杆,其长度、两端支承情况、弹性模量 E 都相同;其中一根杆为圆形截面,另一根杆为正方形截面。试问:(1)如两根杆截面面积相同,试比较两根压杆的临界力及临界应力;(2)如两杆的临界力和临界应力相等,试比较圆形截面的直径和正方形截面的边长。

7.3 一 No.25a 工字钢柱,高 4 m,一端固定,另一端铰支,承受轴向压力 $F = 180\ \text{kN}$,材料容许应力 $[\sigma] = 170\ \text{MPa}$,问此柱是否安全?

7.4 图示托架,其斜撑 BC 为正方形木杆,两端铰接。荷载及尺寸如习题 7.4 图所示,木材的容许应力 $[\sigma] = 10\ \text{MPa}$。试选择斜撑截面的边长 a。

习题 7.4 图

第二篇　钢筋混凝土结构

钢筋混凝土结构的基本原理

　　钢筋混凝土是由钢筋和混凝土两种力学性能完全不同的材料所组成。由于混凝土的抗压强度较高,但抗拉强度却很低,而钢筋的抗拉和抗压强度都很高;因此,将这两种材料合理地结合在一起共同工作,使混凝土承受压力而钢筋承受拉力,这样扬长避短,使其成为一种性能良好且用途广泛的结构——钢筋混凝土结构。

8.1 钢筋混凝土材料的主要力学性质

8.1.1 混凝土的力学性质

混凝土的力学性质主要有强度和变形。

1. 混凝土的强度

混凝土是由胶凝材料、细集料、粗集料、水和外加剂按一定比例配合而成,混凝土强度的大小不仅与组成材料的质量和配合比有关,而且与混凝土的养护、龄期、受力情况、试验方法等有着密切关系。在实际工程中,常用的混凝土强度有立方体抗压强度标准值($f_{cu,k}$)、轴心抗压强度标准值(f_{ck})、轴心抗拉强度标准值(f_{tk})等。

（1）立方体抗压强度标准值 $f_{cu,k}$

混凝土强度等级应按立方体抗压强度标准值确定。《混凝土结构设计规范》(GB 50010—2010)规定:立方体抗压强度标准值系指按标准方法制作、养护的边长为 150 mm 的立方体试件,在 28 d 或设计规定龄期以标准试验方法测得的具有 95% 保证率的抗压强度值,用符号 $f_{cu,k}$ 表示。

《混凝土结构设计规范》规定,混凝土强度等级分为 14 个强度等级：C15、C20、C25、C30、C35、C40、C45、C50、C55、C60、C65、C70、C75 和 C80。其中符号 C 表示混凝土,C 后面的数值表示以 N/mm² 为单位的立方体抗压强度。

在实际工程中,素混凝土结构的混凝土强度等级不应低于 C15;钢筋混凝土结构的混凝土强度等级不应低于 C20;采用强度等级 400 MPa 及以上的钢筋时,混凝土强度等级不应低于 C25;预应力混凝土结构的混凝土强度等级不宜低于 C40;承受重复荷载的钢筋混凝土构件,混凝土强度等级不应低于 C30。

（2）轴心抗压强度标准值 f_{ck}

实际工程中的受压构件大多数不是立方体而是棱柱体,即构件长度比其截面尺寸大得多。对于这一类构件,混凝土的抗压强度标准值应采用棱柱体轴心抗压强度标准值,简称轴心抗压强度标准值,用符号 f_{ck} 表示。

测定混凝土的轴心抗压强度标准值,通常采用棱柱体试件,其高宽比 $h/b = 3 \sim 4$。如 h/b 过大,则在试件破坏时会出现附加偏心,从而降低轴心抗压强度;如 h/b 太小,则难以消除试件两端的摩擦阻力对强度的影响。

试验结果表明,混凝土的轴心抗压强度比立方体抗压强度小,混凝土轴心抗压强度标准值和立方体抗压强度之间标准值的关系式为

$$f_{ck} = 0.88\alpha_1\alpha_2 f_{cu,k} \tag{8.1}$$

式中,f_{ck}——混凝土轴心抗压强度标准值;

$f_{cu,k}$——混凝土立方体抗压强度标准值;

α_1——棱柱体抗压强度与立方体抗压强度的比值,按表 8.1 取值;

α_2——混凝土脆性影响系数,按表 8.2 取值。

表 8.1　混凝土折算系数 α_1

混凝土强度等级	≤C50	C55	C60	C65	C70	C75	C80
折算系数 α_1	0.76	0.77	0.78	0.79	0.80	0.81	0.82

表 8.2　混凝土脆性影响系数 α_2

混凝土强度等级	≤C40	C45	C50	C55	C60	C65	C70	C75	C80
脆性影响系数 α_2	1.00	0.984	0.968	0.951	0.935	0.919	0.903	0.887	0.87

（3）轴心抗拉强度标准值 f_{tk}

抗拉强度是混凝土的基本力学性能指标之一。混凝土试件在轴向拉伸情况下的极限强度称为轴心抗拉强度,用符号 f_{tk} 表示。它在结构设计中是确定混凝土抗裂度的重要指标。

混凝土的抗拉强度很低,一般只有抗压强度的 1/17～1/8,在钢筋混凝土构件的强度计算中通常不考虑受拉混凝土的作用。

混凝土的各项标准强度和设计强度,分别见表 8.3 和表 8.4。

表 8.3　混凝土强度标准值　　　　　　　　　　　　　　　　　　　　　　　N/mm²

符号	混凝土强度等级													
	C15	C20	C25	C30	C35	C40	C45	C50	C55	C60	C65	C70	C75	C80
f_{ck}	10.0	13.4	16.7	20.1	23.4	26.8	29.6	32.4	35.5	38.5	41.5	44.5	47.4	50.2
f_{tk}	1.27	1.54	1.78	2.01	2.20	2.39	2.51	2.64	2.74	2.85	2.93	2.99	3.05	3.11

表 8.4　混凝土强度设计值　　　　　　　　　　　　　　　　　　　　　　　N/mm²

符号	混凝土强度等级													
	C15	C20	C25	C30	C35	C40	C45	C50	C55	C60	C65	C70	C75	C80
f_c	7.2	9.6	11.9	14.3	16.7	19.1	21.1	23.1	25.3	27.5	29.7	31.8	33.8	35.9
f_t	0.91	1.10	1.27	1.43	1.57	1.71	1.80	1.89	1.96	2.04	2.09	2.14	2.18	2.22

注:f_c——混凝土轴心抗压强度设计值,N/mm² ;f_t——混凝土轴心抗拉强度设计值,N/mm²。

2. 混凝土的变形

混凝土的变形有两类:一类是混凝土的受力变形,包括一次短期荷载下的变形、长期荷载和重复荷载作用下的变形;另一类是混凝土的体积变形,如收缩、膨胀产生的变形。

（1）混凝土在一次短期荷载下的变形

混凝土在一次短期荷载下的 $\sigma - \varepsilon$ 曲线,是研究钢筋混凝土结构构件的截面应力,建立强度计算和变形计算理论所必不可少的依据。混凝土受压时的 $\sigma - \varepsilon$ 曲线一般是用均匀加载的棱柱体试件来测定的,如图 8.1 所示。

它具有以下几个特点:

图 8.1 棱柱体一次加载的 $\sigma - \varepsilon$ 曲线

① 当应力较小即 $\sigma_c \leqslant (0.2 \sim 0.3)f_c$ 时,试件可近似地作为弹性体,混凝土的应力与应变成正比;卸载后,应变恢复到零。

② 当荷载继续增大时,即 $\sigma_c = (0.3 \sim 0.8)f_c$ 时,曲线呈上升曲线,且应变的增加较应力增长快,材料表现出塑性性质。在压应力作用下,既产生弹性变形 ε_e,又产生塑性变形 ε_p,混凝土的总应变 $\varepsilon = \varepsilon_e + \varepsilon_p$。此时混凝土是一种弹塑性体。

当应力达到曲线上的 C 点时,混凝土达到最大的承载能力。此时,相应的应力 σ_c 就是混凝土的轴心抗压强度 f_c,其相应的应变值为 $\varepsilon_0 = 0.002$。

③ 应力继续增大,即 $\sigma_c > 0.8f_c$ 时,混凝土试件上的微裂缝形成贯通的裂缝,而当应力接近于 f_c 时,试件的承载能力开始下降,但不立即破坏,而是随着缓慢的卸载,应力逐渐减小,应变则持续增加,此时曲线有"下降段",直至 D 点破坏。此时,相应的压应变为最大压应变 ε_{cmax},其值约为 $0.002 \sim 0.006$。混凝土的极限拉应变 ε_{tmax} 约为 $0.000\ 1 \sim 0.000\ 15$,此值比极限压应变小很多。所以,混凝土构件的受拉区很容易开裂,且一般都是带裂缝工作。《混凝土结构设计规范》规定非均匀受压时,混凝土的极限压应变取值为 $0.003\ 3$。

混凝土的极限压应变由弹性应变和塑性应变组成,并以塑性变形为主。塑性变形部分越长,表示其变形能力越大,延性越好。一般低强度等级混凝土受压时的延性要比高强度等级的混凝土好些。在结构设计中,混凝土材料应满足一定的延性要求,以防止结构构件发生脆性破坏。

④ 混凝土的弹性模量 E_c

混凝土棱柱体受压时的 $\sigma - \varepsilon$ 曲线原点的切线斜率,称为原点弹性模量,用符号 E_c 表示。由图 8.1 可知

$$E_c = \tan\alpha_0 = \sigma_c / \varepsilon_e$$

由于 $\sigma - \varepsilon$ 曲线中的直线段很短,要找出 α_0 很不容易。因此,《混凝土结构设计规范》规定混凝土的弹性模量 E_c 是在试件重复加、卸载的应力 - 应变曲线上求得的,即取 $\sigma_c = 0.5f_c$ 重复加、卸载 $5 \sim 10$ 次后得到的 $\sigma - \varepsilon$ 直线的斜率作为混凝土的弹性模量 E_c。不同强度等级混凝土的弹性模量 E_c 不同,可查表 8.5,也可用下式计算

$$E_c = 10^5 / (2.2 + 34.7 / f_{cu,k}) \tag{8.2}$$

混凝土的剪切变形模量 G_c 可按相应弹性模量值的40%采用。

混凝土泊松比 ν_c 可按0.2采用。

表8.5 混凝土弹性模量 10^4 N/mm^2

混凝土 强度等级	C15	C20	C25	C30	C35	C40	C45	C50	C55	C60	C65	C70	C75	C80
E_c	2.20	2.55	2.80	3.00	3.15	3.25	3.35	3.45	3.55	3.60	3.65	3.70	3.75	3.80

注:① 有可靠试验数据时,弹性模量可根据实测数据确定。

② 当混凝土中掺有大量矿物掺合料时,弹性模量可按规定龄期根据实测数据确定。

（2）混凝土的徐变

混凝土在长期不变荷载作用下,其应变也会随着时间的增加而增长,这种现象称为混凝土的徐变。产生徐变的原因是由于混凝土受力后,尚未转化为结晶的水泥凝胶体会产生塑性变形,同时混凝土内部的微裂缝在荷载长期作用下也会不断地发展和增大,从而导致混凝土发生随时间增加而增长的变形。

图8.2所示为徐变随时间而变化的函数曲线,其中 ε_{el} 为加载时的瞬时变形,ε_{ct} 为徐变变形。由图可知,加载初期,徐变增长很快,以后逐渐缓慢,约两年后基本稳定。徐变变形 ε_{ct} 值一般约为瞬时变形 ε_{el} 的 $1\sim4$ 倍。

图8.2 混凝土的徐变曲线

影响徐变的因素很多。试验表明,在水胶比不变的条件下,水泥用量越多,徐变越大;在水泥用量相同的条件下,水胶比越大,徐变越大;混凝土养护条件越好,徐变越小;加荷前混凝土龄期越长,徐变越小;在混凝土中增加骨料含量、提高骨料的质量,可以减少徐变;构件截面上压应力越大,徐变越大。

徐变对结构的影响有不利的方面,也有有利的方面。不利的方面表现在:徐变会使结构（构件）的（挠度）变形增大,引起预应力损失,在长期高应力作用下,甚至会导致破坏。有利的方面表现在:使结构构件产生内（应）力重分布,降低结构的受力（如支座不均匀沉降）,减小大体积混凝土内的温度应力,受拉徐变可延缓收缩裂缝的出现。

（3）混凝土的收缩与膨胀

混凝土在空气中结硬时，体积会缩小；在水中结硬时，体积会膨胀，但收缩量比膨胀量大得多。因此，这里只研究混凝土的收缩。

混凝土的收缩变形也是随时间增加而增长的，开始增长很快，三个月后逐渐变慢，要持续很长时间才趋于稳定。普通混凝土的收缩值一般取 3×10^{-4}。

收缩对钢筋混凝土的危害很大。对于一般构件来说，收缩会引起初应力，使构件产生早期裂缝。如钢筋混凝土受弯构件，当混凝土收缩时，由于钢筋阻止其收缩，而导致钢筋受压，混凝土受拉；当拉应力超过混凝土的抗拉强度时，混凝土将产生裂缝。此外，混凝土的收缩对预应力结构还会导致预应力损失。

影响混凝土收缩的因素如下。

水泥的品种：水泥强度等级越高制成的混凝土收缩越大。

水泥的用量：水泥越多，收缩越大；水胶比越大，收缩也越大。

骨料的性质：骨料的弹性模量大，收缩小。

养护条件：在结硬过程中周围温度、湿度越大，收缩越小。

混凝土的制作方法：混凝土越密实，收缩越小。

使用环境：使用环境温度、湿度大时，收缩小。

构件的体积与表面积的比值：比值大时，收缩小。

减少混凝土收缩的措施有：减少水泥用量，尽可能采用低强度等级混凝土，降低水胶比。施工时加强捣固，加强养护；除此以外，在结构上采用预留伸缩缝，在构件内部配置一定数量的分布钢筋和构造钢筋。

（4）混凝土疲劳强度

通常我们把混凝土棱柱体试块加荷使其压应力达到某个数值 σ，然后卸载至零，并把这一循环多次重复下去，就称为多次重复加荷。如果每次加荷时的最大应力都低于混凝土的极限抗压强度，但超过了某个限值，则经过若干循环后，混凝土将会破坏。通常把能使试件承受 200 万次或其以上循环荷载而发生破坏的压应力称为混凝土的疲劳抗压强度。

《混凝土结构设计规范》规定，混凝土轴心抗压疲劳强度设计值 f_c^f、轴心抗拉疲劳强度设计值 f_t^f 应按表 8.4 中的强度设计值乘以疲劳强度修正系数 γ_ρ 确定。混凝土受压或受拉疲劳强度修正系数 γ_ρ 应根据疲劳应力比值分别按表 8.6、表 8.7 采用；当混凝土承受拉–压疲劳应力作用时，疲劳强度修正系数 γ_ρ 取 0.6。

疲劳应力比值 ρ_c^f 应按下列公式计算：

$$\rho_c^f = \frac{\sigma_{c,\min}^f}{\sigma_{c,\max}^f} \tag{8.3}$$

式中，$\sigma_{c,\min}^f$、$\sigma_{c,\max}^f$——构件疲劳验算时，截面同一纤维上混凝土的最小应力、最大应力。

表 8.6 　混凝土受压疲劳强度修正系数 γ_ρ

ρ_e^f	$0 \leqslant \rho_e^f < 0.1$	$0.1 \leqslant \rho_e^f < 0.2$	$0.2 \leqslant \rho_e^f < 0.3$	$0.3 \leqslant \rho_e^f < 0.4$	$0.4 \leqslant \rho_e^f < 0.5$	$\rho_e^f \geqslant 0.5$
γ_ρ	0.68	0.74	0.80	0.86	0.93	1.00

表 8.7 　混凝土受拉疲劳强度修正系数 γ_ρ

ρ_e^f	$0 < \rho_e^f < 0.1$	$0.1 \leqslant \rho_e^f < 0.2$	$0.2 \leqslant \rho_e^f < 0.3$	$0.3 \leqslant \rho_e^f < 0.4$	$0.4 \leqslant \rho_e^f < 0.5$
γ_ρ	0.63	0.66	0.69	0.72	0.74
ρ_e^f	$0.5 \leqslant \rho_e^f < 0.6$	$0.6 \leqslant \rho_e^f < 0.7$	$0.7 \leqslant \rho_e^f < 0.8$	$\rho_e^f \geqslant 0.8$	—
γ_ρ	0.76	0.80	0.90	1.00	—

注:直接承受疲劳荷载的混凝土构件,当采用蒸汽养护时,养护温度不宜高于 60 ℃。

（5）混凝土疲劳变形模量

混凝土疲劳变形模量 E_c^f 应按表 8.8 采用。

表 8.8 　混凝土的疲劳变形模量 　　　　　　　　　　　　10^4 N/mm²

强度等级	C30	C35	C40	C45	C50	C55	C60	C65	C70	C75	C80
E_c^f	1.30	1.40	1.50	1.55	1.60	1.65	1.70	1.75	1.80	1.85	1.90

（6）混凝土热工性能

当温度在 0～100 ℃范围内时,混凝土的热工参数可按下列规定取值:

线膨胀系数 α_c:1×10^{-5}/℃

导热系数 λ:10.6 kJ/(m·h·℃)

比热容 c:0.96 kJ/(kg·℃)

8.1.2 　钢筋的力学性质

1. 钢筋的种类和级别

混凝土结构采用的钢筋分为普通钢筋和预应力钢筋。

（1）普通钢筋

《混凝土结构设计规范》规定,混凝土结构用的普通钢筋是热轧钢筋。热轧钢筋是低碳钢、低合金钢在高温状态下轧制而成的软钢,其单向拉伸下的力学试验,有明显的屈服点和屈服台阶,有较大的伸长率,断裂时有颈缩现象。

根据屈服强度标准值的高低,普通钢筋分为 4 个强度等级:300 MPa、335 MPa、400 MPa、500MPa。分为 8 个牌号,其牌号和对应符号为 HPB300----Φ,HRB335----Φ,HRBF335-----Φ,HRB400-----Φ,HRBF400----Φ,RRB400----Φ,HRB500----Φ,RRB500---Φ。牌号中 HPB 系列是热轧光圆钢筋;HRB 系列是普通热轧带肋钢筋;HRBF 系列是采用控温轧制生产的细晶粒带肋钢筋;RRB 系列是余热处理钢筋,由轧制钢筋经高温淬水,余热处理后提高强度。其延性、可焊性、机械性能及施工适应性降低,一般可用于对变形性能及加工性能要求不高的构件中。牌号中的数值表示的是钢筋的屈服强度标准值。如 HPB300 表示屈服强度标准值为 300 MPa 的热轧光圆钢筋。

（2）预应力钢筋

我国目前用于预应力混凝土结构中的预应力钢筋，主要分为 3 种：预应力钢丝、钢绞线、预应力螺纹钢。

① 预应力钢丝。

常用的预应力钢丝公称直径有 5 mm、7 mm 和 9 mm 等规格，主要采用消除应力光面钢丝和螺旋肋钢丝。根据其强度级别可分为：中强度预应力钢丝，其极限强度标准值为 800 ~ 1 270 MPa；高强度预应力钢丝的值为 1 470 ~ 1 860 MPa 等。

② 钢绞线。

钢绞线是由冷拉光圆钢丝，按一定数量捻制而成的，再经过消除应力的稳定化处理，以盘卷状供应。常用三根钢丝捻制的钢绞线表示为 1 × 3、公称直径为 8.6 ~ 12.9 mm，常用 7 根钢丝捻制的标准型钢绞线表示为 1 × 7，公称直径为 9.5 ~ 21.6 mm。

预应力筋通常由多根钢绞线组成。例如：12 - 7 9.5、9 - 7 9.5 等型号规格的预应力钢绞线。现以 12 - 7 9.5 为例，9.5 表示公称直径为 9.5 mm 的钢丝，7 9.5 表示 7 条公称直径为 9.5 mm 的钢丝组成一根钢绞线，而 12 表示 12 根这种钢绞线组成一束钢筋，总的含义为：一束由 12 根 7 丝（每丝直径为 9.5 mm）钢绞线组成的钢筋。

钢绞线的主要特点是强度高和抗松弛性能好，展开时较挺直。钢绞线要求内部不应有折断、横裂和相互交叉的钢丝，表面不得有油污等物质，以免降低钢绞线与混凝土之间的粘结力。

③ 预应力螺纹钢筋。

预应力螺纹钢筋是采用热轧、轧后余热处理或热处理等工艺制作而成带有不连续无纵肋的外螺纹的直条钢筋，该钢筋在任意截面处可用带有匹配形状的内螺纹连接器或锚具进行连接或锚固。该钢筋直径为 18 ~ 50 mm，具有高强度、高韧性等特点。要求钢筋端部平齐，不影响连接件通过，表面不得有横向裂缝、结疤，但允许有不影响钢筋力学性能和连接的其他缺陷。

2. 钢筋与混凝土的共同工作

钢筋与混凝土是两种力学性质完全不同的材料，两者组合在一起能共同工作的原因，主要是：

① 混凝土硬化后，在钢筋与混凝土之间产生良好的粘力，将二者可靠地粘结在一起，从而保证构件受力时，钢筋与混凝土共同变形而不产生相对滑动。

② 在一定的温度范围内，钢筋与混凝土两种材料的温度线膨胀系数大致相等。钢筋的线膨胀系数为 1.2×10^{-5}，混凝土为 $(1.0 ~ 1.4) \times 10^{-5}$。所以，当温度发生变化时，不致产生较大的温度应力而破坏二者间的整体性。

③ 钢筋被包裹在混凝土之中，混凝土能很好地保护钢筋免于锈蚀，从而增加结构的耐久性，使结构始终处于整体工作状态。

3. 混凝土结构钢筋的选用

（1）混凝土结构对钢筋性能的要求

《混凝土结构设计规范》根据"四节一环保（节能、节地、节水、节材和环境保护）"的要求,提倡应用高强、高性能钢筋。其中高性能包括延性好、可焊性好、机械连接性能好、施工适应性强以及与混凝土的粘结力强等性能。

① 钢筋的强度。

钢筋的强度是指钢筋的屈服强度和极限强度。混凝土构件的设计计算主要采用钢筋的屈服强度(对无明显流幅的钢筋,取用的是条件屈服点)。采用高强度的钢筋可以节约钢材,取得较好的经济效果。

② 钢筋的延性。

要求钢筋有一定的延性是为了确保钢筋在断裂前有足够的变形,以确保能给出混凝土构件在破坏前的预告信号,同时要保证钢筋冷弯的要求和钢筋的塑性性能。钢筋的伸长率和冷弯性能是施工单位验收钢筋是否合格的主要指标。

③ 钢筋的可焊性。

可焊性是评定钢筋焊接后的接头性能的指标。可焊性好,要求钢筋在一定的工艺下焊接后不产生裂纹及过大的变形。

④ 机械连接性能。

机械连接是钢筋连接的主要方式之一,目前我国工地上的机械接头大多采用直螺纹套筒连接,这就要求钢筋具有较好的机械连接性能,以便能方便地在工地上把钢筋端头轧制螺纹。

(2)混凝土结构钢筋的选用

混凝土结构的钢筋应按下列规定选用:

① 纵向受力普通钢筋宜采用 HRB400、HRB500、HRBF400、HRBF500 钢筋,也可采用 HPB300、HRB335、HRBF335、RRB400 钢筋。

② 梁、柱纵向受力普通钢筋应采用 HRB400、HRB500、HRBF400、HRBF500 钢筋。

③ 箍筋宜采用 HRB400、HRBF400、HPB300、HRB500、HRBF500 钢筋,也可采用 HRB335、HRBF335 钢筋。

④ 预应力钢筋宜采用预应力钢丝、钢绞线和预应力螺纹钢筋。

钢筋的强度标准值应具有不小于 95% 的保证率。常见的普通钢筋强度标准值、设计值分别见表 8.9 和表 8.11,预应力钢筋强度标准值见表 8.10 和表 8.12。

表 8.9 普通钢筋强度标准值   N/mm²

牌号	符号	级别	公称直径 d/mm	屈服强度标准值 f_{yk}	极限强度标准值 f_{stk}
HPB300	Φ	Ⅰ级	6 ~ 22	300	420
HRB335 HRBF335	Φ Φ^F	Ⅱ级	6 ~ 50	335	455
HRB400 HRBF400 RRB400	Φ Φ^F Φ^R	Ⅲ级	6 ~ 50	400	540
HRB500 HRBF500	Φ Φ^F	Ⅳ级	6 ~ 50	500	630

表 8.10 预应力钢筋强度标准值　　　　　　　　　　　　　　　　N/mm²

种类		符号	公称直径 d/mm	屈服强度标准值 f_{Pyk}	极限强度标准值 f_{Ptk}
中强度预应力钢丝	光面	Φ^{PM}	5、7、9	620	800
				780	970
	螺旋肋	Φ^{HM}		980	1 270
预应力螺纹钢筋	螺纹	Φ^{T}	18、25、32、40、50	785	980
				930	1 080
				1 080	1 230
消除应力钢丝	光面	Φ^{P}	5	—	1 570
				—	1 860
	螺旋肋	Φ^{P}	7	—	1 570
			9	—	1 470
				—	1 570
钢绞线	1×3 (三股)	Φ^{S}	8.6、10.8、12.9	—	1 570
				—	1 860
				—	1 960
	1×7 (七股)		9.5、12.7、15.2、17.8	—	1 720
				—	1 860
				—	1 960
			21.6	—	1 860

注:极限强度标准值为 1 960 N/mm² 的钢绞线做后张预应力配筋时,应有可靠的工程经验。

当构件中配有不同种类的钢筋时,每种钢筋应采用各自的强度设计值。横向钢筋的抗拉强度设计值 f_{yv} 应按表 8.11 中 f_y 的数值采用;当用做受剪、受扭、受冲切承载力计算时,其数值大于 360 N/mm² 时应取 360 N/mm²。

表 8.11 普通钢筋强度设计值　　　　　　　　　　　　　　　　N/mm²

牌号	抗拉强度设计值 f_y	抗压强度设计值 f_y'
HPB300	270	270
HRB335、HRBF335	300	300
HRB400、HRBF400、RRB400	360	360
HRB500、HRBF500	435	410

表 8.12　预应力钢筋强度设计值　　　　　　　　　　　　　　　　　N/mm²

种　类	极限强度标准值 f_{ptk}	抗拉强度设计值 f_{py}	抗压强度设计值 f'_{py}
中强度预应力钢丝	800	510	410
	970	650	
	1 270	810	
消除应力钢丝	1 470	1 040	410
	1 570	1 110	
	1 860	1 320	
钢绞线	1 570	1 110	390
	1 720	1 220	
	1 860	1 320	
	1 960	1 390	
预应力螺纹钢筋	980	650	410
	1 080	770	
	1 230	900	

注:当预应力筋的强度标准值不符合表 8.12 的规定时,其强度设计值应进行相应的比例换算。

普通钢筋和预应力筋在最大力下的总伸长率 δ_{gt} 不应小于表 8.13 中规定的数值。

表 8.13　普通钢筋及预应力筋在最大力作用下的总伸长率限值

钢筋品种	普通钢筋			预应力筋
	HPB300	HRB335、HRBF335、HRB400、HRBF400、HRB500、HRBF500	RRB400	
δ_{gt}（%）	10.0	7.5	5.0	3.5

普通钢筋和预应力筋的弹性模量应按表 8.14 采用。

表 8.14　钢筋弹性模量　　　　　　　　　　　　　　　　　10^5 N/mm²

项　次	牌号或种类	弹性模量 E_s
1	HPB300 钢筋	2.10
2	HRB335、HRB400、HRB500 钢筋	2.00
	HRBF335、HRBF400、HRBF500 钢筋	
	RRB400 钢筋	
	预应力螺纹钢筋	
3	消除应力钢丝、中强度预应力钢丝	2.05
4	钢绞线	1.95

注:必要时钢绞线可采用实测的弹性模量。

普通钢筋和预应力筋的疲劳应力幅限值参见《混凝土结构设计规范》的相关规定。

构件中的钢筋可采用并筋的配置形式。直径 28 mm 及以下的钢筋并筋数量不应超过 3 根；直径 32 mm 的钢筋并筋数量宜为 2 根；直径 36 mm 及以上的钢筋不应采用并筋。并筋应按单根等效钢筋进行计算，等效钢筋的等效直径应按截面面积相等的原则换算确定。

当进行钢筋代换时，除应符合设计要求的构件承载力、最大力作用下的总伸长率、裂缝宽度验算以及抗震规定以外，尚应满足最小配筋率、钢筋间距、保护层厚度、钢筋锚固长度、接头面积百分率及搭接长度等构造要求。

当构件中采用预制的钢筋焊接网片或钢筋骨架配筋时，应符合国家现行有关标准的规定。

各种公称直径的普通钢筋、预应力筋的公称截面面积及理论重量应按附录 A 采用。

8.2 荷载分类及荷载代表值

8.2.1 荷载分类

结构上的荷载按其作用时间的长短和性质可分为以下三类。

1. 永久荷载

永久荷载亦称恒荷载，是指在结构使用期间，其值不随时间变化，或者其变化与平均值相比可忽略不计的荷载。如结构自重、土压力、预应力等。

2. 可变荷载

可变荷载也称为活荷载，是指在结构使用期间，其值随时间变化，且其变化值与平均值相比不可忽略的荷载。例如楼面活荷载、屋面活荷载、吊车荷载、积灰荷载、风荷载、雪荷载等。

3. 偶然荷载

在结构使用期间不一定出现，而一旦出现，其值很大且持续时间很短的荷载称为偶然荷载。例如地震、爆炸、撞击力等。

8.2.2 荷载代表值

结构设计时，对于不同的荷载和不同的设计情况，应赋予荷载不同的量值，该量值即荷载代表值。《建筑结构荷载规范》(GB 50009—2012)给出了四种荷载的代表值：标准值、组合值、频遇值、准永久值。

1. 荷载标准值

荷载标准值就是结构在设计基准期内具有一定概率的最大荷载值，它是荷载的基本代表值。设计基准期为确定可变荷载代表值而选定的时间参数，一般取为 50 年。在使用期内，最大荷载值是随机变量，可以采用荷载最大值的概率分布的某一分位值来确定(一般取

95% 保值率),如办公楼的楼面活荷载标准值取 2 kN/m²。但是有些荷载或因统计资料不充分,可以不采用分位值的方法,而通过经验来确定。

对于永久荷载如结构自重及粉刷、装修、固定设备的重量,一般可按结构构件的设计尺寸和材料或结构构件单位体积(或面积)的自重标准值确定。例如取钢筋混凝土单位体积自重标准值为 25 kN/m³,则截面尺寸为 200 mm × 600 mm 的钢筋混凝土矩形截面梁的自重标准值为 0.2 m × 0.6 m × 25 kN/m³ = 3 kN/m。

对于自重变异性较大的材料,在设计中应根据其对结构有利或不利的情况,分别取其自重的下限值或上限值。

对于可变荷载标准值应按《建筑结构荷载规范》(GB 50009—2012)的规定确定。

2. 可变荷载组合值

两种或两种以上可变荷载同时作用于结构上时,除主导荷载(产生最大效应的荷载)仍可以其标准值为代表值外,其他伴随荷载均应以小于标准值的荷载值为代表值,即可变荷载组合值。可变荷载组合值可表示为 $\psi_c Q_k$。其中 ψ_c 为可变荷载组合值系数,Q_k 为可变荷载标准值。

3. 可变荷载频遇值

对可变荷载,在设计基准期内被超越的总时间仅为设计基准期一小部分的荷载值,或在设计基准期内其超越频率为某一给定频率的作用值称为可变荷载频遇值。可变荷载频遇值可表示为 $\psi_f Q_k$。其中,ψ_f 为可变荷载频遇值系数,Q_k 为可变荷载标准值。

4. 可变荷载准永久值

对于可变荷载而言,它的标准值中的一部分是经常作用在结构上的,与永久荷载相似。把在设计基准期内被超越的总时间为设计基准期一半的作用值称为可变荷载准永久值。可变荷载准永久值可表示为 $\psi_q Q_k$,其中,Q_k 为可变荷载标准值,ψ_q 为可变荷载准永久值系数。

8.3 极限状态设计方法

8.3.1 极限状态

极限状态是指结构或结构的一部分超过某一特定状态就不能满足设计规定的某一功能要求,此特定状态就称为该功能的极限状态。

1. 承载能力极限状态

结构或结构构件达到最大承载力、出现疲劳破坏、发生不适于继续承载的变形或因结构局部破坏而引发的连续倒塌,即可认为超过了承载能力极限状态。

① 整个结构或结构的一部分作为刚体失去平衡(如倾覆、滑移等)。

② 结构构件或连接因超过材料强度而破坏(包括疲劳破坏),或因过度的塑性变形而不适于继续承载。

③ 结构转变为机动体系。

④ 结构或结构构件丧失稳定(如压曲等)。

承载能力极限状态主要考虑结构的安全性,而结构的安全又关系到人的生命和财产的安危;因此,应严格控制结构或结构构件不允许其超过承载能力极限状态。

2. 正常使用极限状态

结构或结构构件达到正常使用的某项规定限值或耐久性能的某种规定状态。当结构或结构构件出现下列状态之一时,即可认为超过正常使用极限状态:

① 影响正常使用或外观产生过大的变形。

② 影响正常使用或耐久性的局部破坏(裂缝)。

③ 影响正常使用的振动。

④ 影响正常使用的其他特定状态。

正常使用极限状态主要考虑结构的适用性和耐久性,结构或结构构件超过这种极限状态时,就有可能产生过大的变形和裂缝,引起使用者心理上的不安。

在实际工程中,根据使用条件需控制变形的结构构件,应进行变形验算;对不容许混凝土开裂的构件,应进行抗裂度验算;对于限制裂缝宽度的构件,应进行裂缝宽度验算。

8.3.2 承载能力极限状态计算

① 在极限状态设计方法中,结构构件的承载能力计算应采用下列表达式:

$$\gamma_0 S_d \leqslant R_d \qquad (8.4)$$
$$R_d = R(f_c, f_s, a_k, \cdots) \qquad (8.5)$$

式中,γ_0——重要性系数,见表 8.15;

$\quad\quad S_d$——承载能力极限状态的荷载效应组合设计值;

$\quad\quad R_d$——结构构件的承载能力设计值;

$\quad R(\cdot)$——结构构件的承载力函数;

$\quad f_c, f_s$——混凝土、钢筋的强度设计值;

$\quad\quad a_k$——几何参数的标准值;当几何参数的变异对结构性能明显有不利的影响时,可另增加一个附加值。

表 8.15　构件设计使用年限及重要性系数 γ_0

设计使用年限或安全等级	示　例	γ_0
安全等级为三级	临时性建筑物	≥0.9
安全等级为二级	普通房屋或构筑物	≥1.0
安全等级为一级	纪念性建筑和特别重要的建筑物	≥1.1

② 由可变荷载效应控制的组合:

$$S_d = \sum_{j=1}^{m} \gamma_{Gj} S_{Gjk} + \gamma_{Q_1} \gamma_{L_1} S_{Q_1 k} + \sum_{i=2}^{n} \gamma_{Qi} \gamma_{Li} \psi_{ei} S_{Qik} \qquad (8.6)$$

式中，γ_{G_j}——永久荷载的分项系数，应按表 8.16 采用；

    γ_{Qi}——第 i 个可变荷载的分项系数，其中 γ_{Q1} 为主导可变荷载 Q_1 的分项系数，应按表 8.16 采用；

    γ_{Li}——第 i 个可变荷载的考虑设计使用年限的调整系数，其中 γ_{L1} 为主导可变荷载 Q_1 考虑设计使用年限的调整系数，对于楼面和屋面活荷载，其调整系数按表 8.17 采用；

    S_{G_jk}——按第 j 个永久荷载标准值 G_{jk} 计算的荷载效应值；

    S_{Qik}——按第 i 个可变荷载标准值 Q_{ik} 计算的荷载效应值，其中 S_{Q1k} 为所有可变荷载效应中起控制作用者；

    ψ_{ci}——第 i 个可变荷载 Q_i 的组合值系数，应分别按各建筑结构设计规范的规定采用；

    n——参与组合的可变荷载数。

③ 由永久荷载效应控制的组合：

$$S_d = \sum_{j=1}^{m} \gamma_{Gj} S_{Gjk} + \sum_{i=1}^{n} \gamma_{Qi} \gamma_{Li} \psi_{ci} S_{Qik} \tag{8.7}$$

基本组合中的设计值仅适用于荷载与荷载效应为线性的情况。当 S_{Q1k} 无法进行明确判断时，依次以各可变荷载效应为 S_{Q1k}，选其中最为不利的荷载效应组合。

表 8.16 基本组合的荷载分项系数

项 目	内 容
永久荷载的分项系数	(1) 当荷载效应对结构不利时：对由可变荷载效应控制的组合，取 1.2；对由永久荷载效应控制的组合，取 1.35。 (2) 当荷载效应对结构有利时：一般情况下取 1.0；对结构的倾覆、滑移或漂浮验算，取 0.9
可变荷载的分项系数	(1) 一般情况下取 1.4； (2) 对标准值大于 4 kN/m² 的工业房屋楼面结构的活荷载取 1.3

表 8.17 楼面和屋面活荷载考虑设计使用年限的调整系数 γ_L

结构设计使用年限（年）	5	50	100
γ_L	0.9	1.0	1.1

注：①当设计使用年限不为表中数值时，调整系数 γ_L 可按线性内插法确定。

    ②对于荷载标准值可控制的活荷载，设计使用年限调整系数 γ_L 取 1.0。

8.3.3 正常使用极限状态计算

在正常使用极限状态计算中，应根据不同的设计要求，采用荷载的标准组合、频遇组合或准永久组合，按下列设计表达式进行设计：

$$S_d \leqslant C \tag{8.8}$$

式中，S_d——正常使用极限状态的荷载效应组合设计值；

C——结构构件达到正常使用要求的规定限值,例如变形、裂缝、振幅、加速度、应力等的限值,应按各有关建筑结构设计规范的规定采用。

正常使用情况下荷载效应和结构抗力的变异性,已经在确定荷载标准值和结构抗力标准值时做出了一定程度的处理,并具有一定的安全储备。考虑到正常使用极限状态设计属于校核验算性质,所要求的安全储备可以略低一些,所以采用荷载效应及结构抗力标准值进行计算。

对于标准组合,荷载效应组合的设计值 S_d 按式(8.9)计算(仅适用于荷载与荷载效应为线性的情况):

$$S_d = \sum_{j=1}^{m} S_{Gjk} + S_{Q1k} + \sum_{i=2}^{n} \psi_{ci} S_{Qik} \tag{8.9}$$

对于频遇组合,荷载效应组合的设计值可按式(8.10)计算:

$$S_d = \sum_{j=1}^{m} S_{Gjk} + \psi_{f1} S_{Q1k} + \sum_{i=2}^{n} \psi_{qi} S_{Qik} \tag{8.10}$$

式中,ψ_{f1}——可变荷载 Q_1 的频遇值系数;

ψ_{qi}——可变荷载 Q_i 的准永久值系数。

对于准永久组合,荷载效应组合的设计值可按下式计算:

$$S_d = \sum_{j=1}^{m} S_{Gjk} + \sum_{i=1}^{n} \psi_{qi} S_{Qik} \tag{8.11}$$

【例8.1】 某办公楼钢筋混凝土矩形截面简支梁,安全等级为二级,设计使用年限为50年,截面尺寸 $b \times h = 200 \text{ mm} \times 400 \text{ mm}$,计算跨度 $l_0 = 5 \text{ m}$,净跨度 $l_n = 4.86 \text{ m}$。承受均布线荷载:活荷载标准值7 kN/m,恒荷载标准值10 kN/m(不包括自重)。试计算按承载能力极限状态设计时的跨中弯矩设计值和支座边缘截面剪力设计值。($\psi_c = 0.7$,$\gamma_0 = 1.0$)

【解】 钢筋混凝土的自重标准值为 25 kN/m^3,故梁自重标准值为 $25 \text{ kN/m}^3 \times 0.2 \text{ m} \times 0.4 \text{ m} = 2 \text{ kN/m}$。总恒荷载标准值 $g_k = 10 \text{ kN/m} + 2 \text{ kN/m} = 12 \text{ kN/m}$。恒荷载产生的跨中弯矩标准值和支座边缘截面剪力标准值分别为

$$M_{gk} = \frac{1}{8} g_k l_0^2 = \frac{1}{8} \times 12 \text{ kN/m} \times (5 \text{ m})^2 = 37.5 \text{ kN} \cdot \text{m}$$

$$V_{gk} = \frac{1}{2} g_k l_n = \frac{1}{2} \times 12 \text{ kN/m} \times 4.86 \text{ m} = 29.16 \text{ kN}$$

活荷载产生的跨中弯矩标准值和支座边缘截面剪力标准值分别为

$$M_{qk} = \frac{1}{8} q_k l_0^2 = \frac{1}{8} \times 7 \text{ kN/m} \times (5 \text{ m})^2 = 21.875 \text{ kN} \cdot \text{m}$$

$$V_{qk} = \frac{1}{2} q_k l_n = \frac{1}{2} \times 7 \text{ kN/m} \times 4.86 \text{ m} = 17.01 \text{ kN}$$

本例只有一个活荷载,即第一可变荷载。故计算由活荷载弯矩控制的跨中弯矩设计值时,$\gamma_G = 1.2$,$\gamma_Q = 1.4$。由式(8.6)得由活荷载弯矩控制的跨中弯矩设计值和支座边缘截面剪力设计值分别为

$$M = \gamma_0(\gamma_G M_{gk} + \gamma_Q M_{qk}) = 1 \times (1.2 \times 37.5 \text{ kN} \cdot \text{m} + 1.4 \times 21.875 \text{ kN} \cdot \text{m}) = 75.625 \text{ kN} \cdot \text{m}$$

$$V = \gamma_0 \left(\gamma_G V_{gk} + \gamma_Q V_{qk} \right) = 1 \times \left(1.2 \times 29.16 \ \text{kN} + 1.4 \times 17.01 \ \text{kN} \right) = 58.806 \ \text{kN}$$

计算由恒荷载弯矩控制的跨中弯矩设计值时，$\gamma_G = 1.35$，$\gamma_Q = 1.4$，$\psi_c = 0.7$。由式（8.7）得由恒荷载弯矩控制的跨中弯矩设计值和支座边缘截面剪力标准值分别为

$$M = \gamma_0 \left(\gamma_G M_{gk} + \psi_c \gamma_Q M_{qk} \right)$$
$$= 1 \times \left(1.35 \times 37.5 \ \text{kN} \cdot \text{m} + 0.7 \times 1.4 \times 21.875 \ \text{kN} \cdot \text{m} \right) = 72.06 \ \text{kN} \cdot \text{m}$$

$$V = \gamma_0 \left(\gamma_G V_{gk} + \psi_c \gamma_Q V_{qk} \right) = 1 \times \left(1.35 \times 29.16 \ \text{kN} + 0.7 \times 1.4 \times 17.01 \ \text{kN} \right) = 56.04 \ \text{kN}$$

取较大值得跨中弯矩设计值 $M = 75.625 \ \text{kN} \cdot \text{m}$，支座边缘截面剪力设计值 $V = 58.806 \ \text{kN}$。

8.3.4 耐久性设计

1. 耐久性设计的内容

混凝土结构应根据设计使用年限和环境类别进行耐久性设计,耐久性设计包括下列内容:

① 确定结构所处的环境类别。
② 提出对混凝土材料的耐久性基本要求。
③ 确定构件中钢筋的混凝土保护层厚度。
④ 不同环境条件下的耐久性技术措施。
⑤ 提出结构使用阶段的检测与维护要求。

提示

对临时性的混凝土建筑物,可不考虑混凝土的耐久性要求。

2. 混凝土结构的环境类别

混凝土结构暴露的环境类别应按表 8.18 中的要求进行划分。

表 8.18 混凝土结构的环境类别

环境类别	环境条件
一	室内干燥环境; 无侵蚀性静水浸没环境
二 a	室内潮湿环境; 非严寒和非寒冷地区的露天环境; 非严寒和非寒冷地区与无侵蚀性的水或土壤直接接触的环境; 严寒和非寒冷地区的冰冻线以下与无侵蚀性的水或土壤直接接触的环境
二 b	干湿交替环境; 水位频繁变动环境; 严寒和寒冷地区的露天环境; 严寒和寒冷地区冰冻线以上与无侵蚀性的水或土壤直接接触的环境

环境类别	环境条件
三 a	严寒和寒冷地区的冬季水位变动区环境； 受除冰盐影响环境； 海风环境
三 b	盐渍土环境： 受除冰盐作用环境； 海岸环境
四	海水环境
五	受人为或自然的侵蚀性物质影响的环境

注：① 室内潮湿环境是指构件表面经常处于结露或湿润状态的环境。

② 严寒和寒冷地区的划分应符合国家现行标准《民用建筑热工设计规范》(GB 50176) 的有关规定。

③ 海岸环境和海风环境宜根据当地情况，考虑主导风向及结构所处迎风、背风部位等因素的影响，由调查研究和工程经验确定。

④ 受除冰盐影响环境是指受到除冰盐盐雾影响的环境；受除冰盐作用环境是指被除冰盐溶液溅射的环境以及使用除冰盐地区的洗车房、停车楼等建筑。

⑤ 暴露的环境是指混凝土结构表面所处的环境。

3. 混凝土结构对混凝土材料的要求

设计使用年限为 50 年的混凝土结构，其混凝土材料宜符合表 8.19 中的规定。

表 8.19　结构混凝土材料的耐久性基本要求

环境类别	最大水胶比	最低强度等级	最大氯离子含量/%	最大碱含量/(kg/m³)
一	0.60	C20	0.30	不限制
二 a	0.55	C25	0.20	3.0
二 b	0.50(0.55)	C30(C25)	0.15	
三 a	0.45(0.50)	C35(C30)	0.15	
三 b	0.40	C40	0.10	

注：① 氯离子含量系指其占胶凝材料总量的百分比。

② 预应力构件混凝土中的最大氯离子含量为 0.06%；最低混凝土强度等级应按表中的规定提高两个等级。

③ 素混凝土构件的水胶比及最低强度等级的要求可适当放松。

④ 有可靠工程经验时，二类环境中的最低混凝土强度等级可降低一个等级。

⑤ 处于严寒和寒冷地区二 b、三 a 类环境中的混凝土应使用引气剂，并可采用括号中的有关参数。

⑥ 当使用非碱活性骨料时，对混凝土中的碱含量可不作限制。

4. 耐久性技术措施

混凝土结构及构件应采取的耐久性技术措施主要有：

① 预应力混凝土结构中的预应力筋应根据具体情况采取表面防护、孔道灌浆、加大混凝土保护层厚度等措施,外露的锚固端应采取封锚和混凝土表面处理等有效措施。

② 有抗渗要求的混凝土结构,混凝土的抗渗等级应符合有关标准的要求。

③ 严寒及寒冷地区的潮湿环境中,结构混凝土应满足抗冻要求,混凝土抗冻等级应符合有关标准的要求。

④ 处于二、三类环境中的悬臂构件宜采用悬臂梁－板的结构形式,或在其上表面增设防护层。

⑤ 处于二、三类环境中的结构构件,其表面的预埋件、吊钩、连接件等金属部件应采取可靠的防锈措施,对于后张预应力混凝土外露金属锚具,其防护要求见《混凝土结构设计规范》相关要求。

⑥ 处在三类环境中的混凝土结构构件,可采用阻锈剂、环氧树脂涂层钢筋或其他具有耐腐蚀性能的钢筋,采取阴极保护措施或采用可更换的构件等措施。

思 考 题

8.1　什么是混凝土立方体抗压强度? 混凝土的强度等级是怎样划分的? 实际工程中又是如何选用混凝土的强度等级?

8.2　什么是混凝土的收缩和徐变? 它们对工程结构有何危害? 如何减少混凝土的收缩和徐变?

8.3　简述钢筋的分类?

8.4　钢筋与混凝土是两类力学性质完全不相同的材料,为什么它们能共同工作?

8.5　什么是结构承载能力的极限状态? 什么是结构正常使用的极限状态?

钢筋混凝土受弯构件

　　受弯构件是指以弯曲变形为主的构件,它是钢筋混凝土结构中用得最多的一种基本构件,如房屋建筑中的梁、板,工业厂房中的吊车梁等都是典型的受弯构件。在荷载作用下受弯构件截面将产生弯矩和剪力。在弯矩作用下,构件可能沿正截面破坏,如图 9.1a 所示;在弯矩和剪力共同作用下,构件可能沿斜截面破坏,如图 9.1b 所示。

图 9.1　受弯构件破坏情况
（a）正截面破坏;（b）斜截面破坏

9.1　梁、板的一般构造要求

混凝土结构设计的内容包括:结构方案设计,包括结构选型、构件布置及传力途径;作用及作用效应分析;结构的极限状态设计;结构及构件的构造、连接措施;耐久性及施工的要求;满足特殊要求结构的专门性能设计 6 个方面。完整的结构设计,既要有可靠的计算依据,又要有合理的构造措施,二者相辅相成,缺一不可。

梁的截面形式,常见的有矩形、T 形及 I 形等(图 9.2)。板与梁的主要区别在于宽高比不同,板的宽度远大于高度。

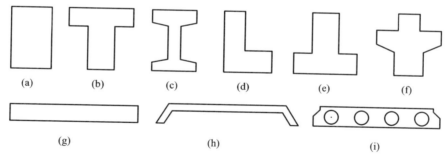

图 9.2　梁、板截面形式
（a）矩形梁;（b）T 形梁;（c）I 形梁;（d）L 形梁;（e）倒 T 形梁;（f）花篮形梁;
（g）矩形板;（h）⌐ 形板;（i）空心形板

9.1.1　板的基本规定

1. 混凝土板的计算原则
（1）两对边支承的板应按单向板计算
（2）四边支承的板应按下列规定计算
① 当长边与短边长度之比不大于 2.0 时,应按双向板计算。

② 当长边与短边长度之比大于 2.0,但小于 3.0 时,宜按双向板计算。

③ 当长边与短边长度之比不小于 3.0 时,宜按沿短边方向受力的单向板计算,并应沿长边方向布置构造钢筋。

2. 现浇混凝土板的尺寸规定

（1）板的跨厚比

钢筋混凝土单向板不大于 30,双向板不大于 40;无梁支承的有柱帽板不大于 35,无梁支承的无柱帽板不大于 30。预应力板可适当增加;当板的荷载、跨度较大时宜适当减小。

（2）板的厚度

板的厚度与板的跨度及所受荷载有关,板的厚度应满足承载能力、刚度和裂缝的要求,同时也不应小于表 9.1 中的规定。板厚以 10 mm 为模数。

表 9.1　现浇钢筋混凝土板的最小厚度　　　　　　　　　　　　mm

板的类别	单向板				双向板	密肋楼板		悬臂板（根部）		无梁楼板	现浇空心楼盖
	屋面板	民用建筑楼板	工业建筑楼板	行车道下的楼板		面板	肋高	悬臂长度不大于 500	悬臂长度 1 200		
最小厚度	60	60	70	80	80	50	250	60	100	150	200

（3）板中受力钢筋的间距

当板厚不大于 150 mm 时受力钢筋的间距不宜大于 200 mm;当板厚大于 150 mm 时受力钢筋的间距不宜大于板厚的 1.5 倍,且不宜大于 250 mm;

（4）钢筋的布置

采用分离式配筋的多跨板,板底钢筋宜全部伸入支座;支座负弯矩钢筋向跨内延伸的长度应根据负弯矩图确定,并满足钢筋锚固的要求。

简支板或连续板下部纵向受力钢筋伸入支座的锚固长度不应小于钢筋直径的 5 倍,且宜伸过支座中心线。当连续板内温度、收缩应力较大时,伸入支座的长度宜适当增加。

（5）现浇混凝土空心楼板的体积空心率不宜大于 50%

采用箱型内孔时,顶板厚度不应小于肋间净距的 1/15,且不应小于 50 mm。当底板配置受力钢筋时,其厚度不应小于 50 mm。内孔间肋宽与内孔高度比不宜小于 1/4,且肋宽不应小于 60 mm,对预应力板不应小于 80 mm。

采用管型内孔时,孔顶、孔底板厚均不应小于 40 mm,肋宽与内孔径之比不宜小于 1/5,且肋宽不应小于 50 mm,对预应力板不应小于 60 mm。

3. 板的构造配筋

板中一般配置有两种钢筋——受拉钢筋和分布钢筋,如图 9.3 所示。受拉钢筋沿板跨方向配置于受拉区,承受由弯矩作用而产生的拉力,受拉钢筋的直径大小由计算确定。分布钢筋与受拉钢筋垂直,一般设置在受拉钢筋的内侧,分布钢筋的直径大小由构造决定,其作用一是将荷载均匀地传给受拉钢筋;二是抵抗因混凝土收缩及温度变化在垂直于受拉钢筋方向的拉力;三是固定受拉钢筋的位置。

图 9.3　梁板式配筋

（1）按简支边或非受力边设计的现浇混凝土板,当与混凝土梁、墙整体浇筑或嵌固在砌体墙内时,应设置板面构造钢筋,并符合以下要求。

① 钢筋直径不宜小于 8 mm,间距不宜大于 200 mm,且单位宽度内的配筋面积不宜小于跨中相应方向板底钢筋截面面积的 1/3。与混凝土梁、混凝土墙整体浇筑单向板的非受力方向,钢筋截面面积不宜小于受力方向跨中板底钢筋截面面积的 1/3。

② 钢筋从混凝土梁边、柱边、墙边伸入板内的长度不宜小于 $l_0/4$,如图 9.4 所示。砌体墙支座处钢筋伸入板边的长度不宜小于 $l_0/7$,其中计算跨度 l_0 对单向板按受力方向考虑,对双向板按短边方向考虑。

图 9.4　现浇板中与梁垂直的构造钢筋

1—主梁;2—次梁;3—板的受力钢筋;4—上部构造钢筋

③ 在楼板角部,宜沿两个方向正交、斜向平行或放射状布置附加钢筋。

④ 钢筋应在梁内、墙内或柱内可靠锚固。

（2）当按单向板设计时,应在垂直于受力的方向布置分布钢筋,单位宽度上的配筋不宜小于单位宽度上受力钢筋的 15%，且配筋率不宜小于 0.15%；分布钢筋直径不宜小于 6 mm，间距不宜大于 250 mm；当集中荷载较大时，分布钢筋的配筋面积应增加，且间距不宜大于 200 mm。

当有实际经验或可靠措施时，预制单向板的分布钢筋可不受本条规定的限制。

（3）在温度、收缩应力较大的现浇板区域，应在板的表面双向配置防裂构造钢筋。配筋率均不宜小于 0.10%，间距不宜大于 200 mm。防裂构造钢筋可利用原有钢筋贯通布置，也可另行设置钢筋并与原有钢筋按受拉钢筋的要求搭接或在周边构件中锚固。

楼板平面的瓶颈部位宜适当增加板厚和配筋，沿板的洞边、凹角部位宜加配防裂构造钢筋，并采用可靠的锚固措施。

（4）混凝土厚板及卧置于地基上的基础筏板，当板的厚度大于 2 m 时，除应沿板的上、下表面布置纵、横方向的钢筋外，尚宜在板厚度不超过 1 m 范围内设置与板面平行的构造钢筋网片，网片钢筋直径不宜小于 12 mm，纵横方向的间距不宜大于 300 mm。

（5）当混凝土板的厚度不小于 150 mm 时，对板无支承边的端部，宜设置 U 形构造钢筋并与板顶、板底的钢筋搭接，搭接长度不宜小于 U 形构造钢筋直径的 15 倍且不宜小于 200 mm；也可采用板面、板底钢筋分别向下、上弯折搭接的形式。

有关混凝土板柱结构的构造规定见《混凝土结构设计规范》。

9.1.2　梁的构造

1. 梁的截面形式及尺寸

（1）梁的截面形式

如图 9.2 所示。

（2）梁的截面尺寸

梁的截面高度与跨度及荷载大小有关。其截面尺寸的确定应满足强度、刚度、裂缝和施工方便等四方面的要求。一般先从刚度条件出发，由表 9.2 初步选定梁的截面最小高度，截面的宽度可由常用的高宽比来确定。即

矩形截面梁：$h/b = 2.0 \sim 3.5$

T 形截面梁：$h/b = 2.5 \sim 4.0$

表 9.2　不需做挠度计算梁的截面最小高度

项 次	构 件 种 类		简 支	两端连续	悬 臂
1	整体肋形梁	次 梁	$l_0/15$	$l_0/20$	$l_0/8$
		主 梁	$l_0/12$	$l_0/15$	$l_0/6$
2	独 立 梁		$l_0/12$	$l_0/15$	$l_0/6$

注：表中 l_0 为梁的计算跨度，当梁的跨度大于 9 m 时表中数值应乘以 1.2。

为了施工方便，梁的截面尺寸应统一规定模数。当梁高 $h > 250$ mm 时，取 50 mm 为模数，当梁高 $h > 800$ mm 时，取 100 mm 为模数；当梁宽 $b > 250$ mm 时，则取 50 mm 为模数。

2. 梁的配筋

钢筋混凝土梁内一般配置四种钢筋,即纵向受力钢筋、弯起钢筋、箍筋和架立钢筋。

（1）梁内各种钢筋的作用

纵向受力钢筋配置在梁的受拉区,承受由弯矩作用而产生的拉力;有时在构件的受压区配置纵向受压钢筋,纵向受压钢筋协助混凝土共同承受压力。

弯起钢筋是由纵向受力钢筋弯起而成的,弯起部分用来承受剪力,弯起后的水平段也可承受支座处的负弯矩。

箍筋承受斜截面的剪力,还用来固定纵向受力钢筋的位置。

架立钢筋设在梁的受压区,用以固定箍筋的位置以构成钢筋骨架,并承受梁内因收缩和温度变化所产生的拉力。

（2）钢筋的选用

① 纵向受力钢筋。

当梁高 $h \geqslant 300$ mm 时,其直径不应小于 10 mm;当梁高 $h < 300$ mm 时,其直径不应小于 8 mm。梁上部纵向钢筋水平方向的净间距(钢筋外边缘之间的最小距离)不应小于 30 mm 和 $1.5d$（d 为钢筋的最大直径）;下部纵向钢筋水平方向的净间距不应小于 25 mm 和 d。梁的下部纵向钢筋配置多于两层时,两层以上钢筋水平方向的中距增大一倍。各层钢筋之间的净间距不应小于 25 mm 和 d。

为便于混凝土的浇筑以保证施工质量,梁中纵向受力钢筋的间距应满足图 9.5 所示的要求。

图 9.5　钢筋间距

（a）双层布置；（b）单层布置

伸入梁支座范围内的纵向受力钢筋的根数不少于 2 根。

对于在室内正常环境中钢筋混凝土梁的保护层的最小厚度为 25 mm。具体规定见附表 A.07。

② 弯起钢筋。

弯起钢筋的弯起角度由设计确定,常用的弯起角度有 30°、45°、60° 三种。若没有标注弯起角度时,可根据梁板高度来确定。当梁高 $h \leqslant 800$ mm 时为 45°,当梁高 $h > 800$ mm 时为 60°。

③ 箍筋。

箍筋数量由计算确定。如按计算不需设置箍筋,当梁高 $h > 300$ mm 时,应沿梁全长设置构造箍筋;当梁高 $h = 150 \sim 300$ mm 时,可仅在梁端部各 1/4 跨度范围内设置构造箍筋,但当在构件中部 1/2 跨度范围内有集中荷载作用时,则应沿梁全长设置箍筋;当梁高 $h < 150$ mm 时,可不设置箍筋。

梁中箍筋的最大间距宜符合表 9.3 中的规定,当 $V > 0.7 f_t b h_0$ 时,箍筋的配筋率 ρ_{sv} [$\rho_{sv} = A_{sv}/(bs)$] 不小于 $0.24 f_t/f_{yv}$。

表 9.3 梁中箍筋和弯起钢筋的最大间距

梁高 h	$V > 0.7 f_t b h_0$	$V \leq 0.7 f_t b h_0$
$150 < h \leq 300$	150	200
$300 < h \leq 500$	200	300
$500 < h \leq 800$	250	350
$h > 800$	300	400

当梁中配有按计算需要的纵向受压钢筋时,箍筋应做成封闭式,如图 9.6d 所示;箍筋间距不应大于 $15d$(d 为纵向受压钢筋中的最小直径),并不应大于 400 mm;当一层内的纵向受压钢筋多于 5 根且直径大于 18 mm 时,箍筋间距不应大于 $10d$;当梁的宽度大于 400 mm 且一层内的纵向受压钢筋多于 3 根时,或当梁的宽度不大于 400 mm 但一层内的纵向受压钢筋多于 4 根时,应设置复合箍筋。

箍筋的最小直径:当截面高度 $h > 800$ mm 时,箍筋直径 $d \geq 8$ mm;当截面高度 $h \leq 800$ mm 时,箍筋直径 $d \geq 6$ mm;梁中配有计算需要的纵向受压钢筋时,箍筋直径不应小于纵向受压钢筋最大直径的 0.25 倍。

箍筋的肢数按下列规定采用:

当梁宽 $b \leq 150$ mm 时,采用单肢箍,如图 9.6a 所示。

当梁宽 150 mm $< b < 350$ mm 时,采用双肢箍,如图 9.6b 所示。

当梁宽 $b \geq 350$ mm 时,或在一层内纵向受拉钢筋多于 5 根,或纵向受压钢筋多于 3 根,则采用四肢箍,如图 9.6c 所示。

④ 架立钢筋。

架立钢筋的直径与梁的跨度有关。当梁的跨度小于 4 m 时,不宜小于 8 mm;当梁的跨度为 $4 \sim 6$ m 时,不宜小于 10 mm;当梁的跨度大于 6 m 时,不宜小于 12 mm。

⑤ 梁侧构造钢筋。

当梁的腹板高度 $h_w \geq 450$ mm 时,在梁的两个侧面应沿高度配置纵向构造钢筋,每侧纵向构造钢筋(不包括梁上、下部受力钢筋及架立钢筋)的截面面积不应小于腹板截面面积

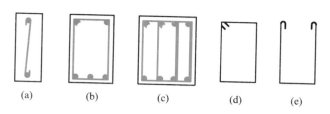

图 9.6　箍筋的肢数和形式

(a)单肢箍；(b)双肢箍；(c)四肢箍；(d)双肢箍简图；(e)开口箍

bh_w 的 0.1% ,且其间距不宜大于 200 mm。此处,腹板高度 h_w 按本教材 9.4 节的规定取用。

对钢筋混凝土薄腹梁或需做疲劳验算的钢筋混凝土梁,应在下部二分之一梁高的腹板内沿两侧配置直径为 8 ~ 14 mm、间距为 100 ~ 150 mm 的纵向构造钢筋,并应按下密上疏的方式布置。在上部二分之一梁高的腹板内,纵向构造钢筋的配置规定见《混凝土结构设计规范》。

9.1.3　混凝土保护层

最外侧纵向受力钢筋的外表面到截面边缘的垂直距离。作用有三:减少混凝土开裂后纵向钢筋的锈蚀、高温时使钢筋的温度上升减缓、使纵筋与混凝土有较好的粘结。

(1)构件中普通钢筋及预应力筋的混凝土保护层厚度应满足下列要求。

① 构件中受力钢筋的保护层厚不应小于钢筋的公称直径 d。

② 设计使用年限为 50 年的混凝土结构,最外层钢筋的保护层厚度应符合附表 A.07 的规定。设计使用年限为 100 年的混凝土结构,最外层钢筋的保护层厚度不应小于附表 A.07 中数值的 1.4 倍。

(2)当有充分依据并采取下列措施时,可适当减小混凝土保护层厚度。

① 构件表面有可靠的防护层。

② 采用工业化生产的预制构件。

③ 在混凝土中掺加阻锈剂或采用阴极保护处理等防锈措施。

④ 当对地下室墙体采取可靠的建筑防水做法或防护措施时,与土层接触一侧钢筋的保护层厚度可适当减少,但不应小于 25 mm。

(3)当梁、柱、墙中纵向受力钢筋的保护层厚度大于 50 mm 时,宜对保护层采取有效的构造措施。当在保护层内配置防裂、防剥落的钢筋网片时,网片钢筋的保护层厚度不应小于 25 mm。

9.2　受弯构件正截面的破坏过程

由于钢筋混凝土材料的弹塑性特点,故按建筑力学的公式对其进行强度计算,不完全符合钢筋混凝土受弯构件破坏的实际情况。为了解钢筋混凝土受弯构件的破坏过程,应研究其截面应力与应变的变化规律,从而建立其强度计算公式。

9.2.1 受弯构件正截面各阶段的应力状态

在研究钢筋混凝土梁正截面应力状态时,取简支梁上有两个对称的集中荷载之间的一段"纯弯曲"梁段进行试验,如图 9.7 所示。

图 9.7 梁的实验

试验时,荷载从零开始分级增加,每加一级荷载后,观察梁的外形变化,用仪器测量梁的挠度、混凝土及钢筋的应变,观察记录裂缝的发展规律,一直到梁破坏为止。

由试验资料可知,适筋梁从加载到破坏的全过程可分为三个阶段。

第 I 阶段(混凝土开裂前的未裂阶段):开始增加荷载时,弯矩很小,测得梁截面上各层应变也很小,变形规律符合平截面假定。由于荷载小,应力也小,梁的工作情况与匀质弹性梁相似,拉力由钢筋和混凝土共同承受,钢筋应力很小,受拉区和受压区混凝土均处于弹性工作阶段,应力分布为三角形。

荷载增加,弯矩逐渐增大,应变也随之增大。由于混凝土抗拉强度很低,所以受拉区混凝土首先表现出塑性,受拉区混凝土应力呈曲线分布。

当弯矩增大到开裂弯矩 M_{cr}^0 时,受拉边缘层的应变将达到混凝土受拉极限应变 ε_{tu}^0,梁处于即将开裂的极限状态,即第 I 阶段末,用 I_a 表示,如图 9.8 所示。此时受拉钢筋的应变与周围同一水平混凝土的拉应变基本相同,受拉钢筋的应力 $\sigma_s = E_s \varepsilon_{tu}^0 = 20 \sim 30 \text{N/mm}^2$。受拉混凝土边缘应力达到混凝土的抗拉强度 f_t,受压区混凝土的应变相应很小,基本上仍处在弹性工作阶段,受拉应力图仍接近于直线变化。

第 I_a 阶段末的应力图将作为构件抗裂度计算的依据。

第 II 阶段(带裂缝工作阶段):荷载继续增加,受拉区混凝土应力超过混凝土的抗拉强

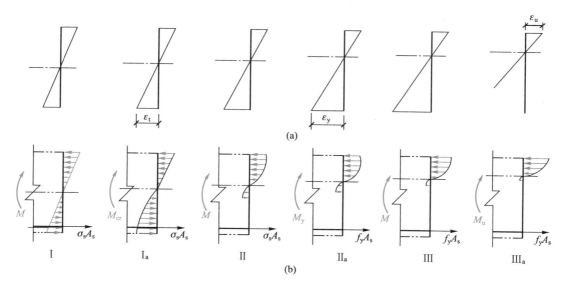

图 9.8　钢筋混凝土梁的三个应力阶段

(a)应变图；(b)应力图

度而出现裂缝,有裂缝部分的混凝土退出工作,其所承受的拉力转移给钢筋承受,故钢筋应力突然增大。随着荷载增大,钢筋和混凝土的应变也随之增大,裂缝的宽度增加并向受压区延伸,中性轴也随之上移,混凝土受压区高度减小,导致受压区面积减小,受压区混凝土开始呈现出塑性性质,应力分布图由原来的直线转化为曲线。当荷载继续增大到使钢筋的应力达到屈服强度时,称为第 Ⅱ 阶段末,用 Ⅱ_a 表示,如图 9.8 所示。此时,梁所能承受的弯矩为 M_y^0。

正常工作的梁,一般都处于第 Ⅱ 阶段,故将第 Ⅱ 阶段作为梁的正常使用阶段变形和裂缝宽度计算的依据。

第 Ⅲ 阶段(破坏阶段):钢筋屈服后,梁就进入第 Ⅲ 阶段,此时,荷载进一步增加,钢筋的应力在屈服平台上下波动,其变化幅度不大,而变形急剧增大。混凝土的裂缝宽度继续增大,且继续向受压区延伸,中性轴继续上移,受压区高度持续减少,受压区混凝土边缘纤维应变迅速增加,塑性特征表现更为明显,压应力呈显著曲线分布,如图 9.8 所示。当荷载增至梁所能承受的极限承载能力 M_u^0 时,混凝土的压应变达到极限压应变值 ε_{cu}^0;截面已开始破坏,称为第 Ⅲ 阶段末,用 Ⅲ_a 表示。最后,受压区混凝土被压碎,梁丧失其承载力而宣告破坏。

第 Ⅲ_a 阶段末的应力状态是受弯构件正截面强度计算的依据。

9.2.2　受弯构件配筋率对正截面破坏性质的影响

试验表明,受弯构件正截面破坏性质与其纵向受拉钢筋的配筋率有关。所谓配筋率是指纵向受力钢筋截面面积 A_s 与截面有效截面面积 bh_0 之比的百分率,即

$$\rho = A_s / b h_0 \times 100\% \tag{9.1}$$

式中，A_s——纵向受拉钢筋截面面积；

b——梁的截面宽度；

h_0——梁截面的有效高度，其值为受拉钢筋重心到混凝土受压边缘的距离，如图 9.9 所示。

截面设计时，由于箍筋直径、钢筋直径和层数等未知，应先对 h_0 进行预估，当环境类别为一类时，梁和板的 h_0 值一般按以下取用。

梁：当一排钢筋时　　　　$h_0 = h - 40 \text{ mm}$

当二排钢筋时　　　　$h_0 = h - 65 \text{ mm}$

板：$h_0 = h - 20 \text{ mm}$

图 9.9　梁、板截面的有效高度
(a)梁；(b)板

当配筋率大小不同时，受弯构件正截面可能产生下列三种不同的破坏形式。

（1）适筋梁

适筋梁的配筋率 ρ 范围为

$$\rho_{\min} \frac{h}{h_0} \leqslant \rho \leqslant \rho_b$$

这里 $\rho_{\min}$、ρ_b 分别为最小配筋率、界限配筋率。其破坏过程如前所述，即适筋梁正截面受弯经历三个受力阶段，其特点是先纵向受拉钢筋屈服，随后受压区边缘混凝土被压碎，在第 Ⅲ 阶段，钢筋屈服后要经历较大的塑形变形，其宏观变形为裂缝急剧开展和梁的挠度激增，给人以明显的破坏预兆，这种破坏前变形较大，有明显预兆的破坏称为延性破坏。适筋梁的钢筋和混凝土的强度均能充分发挥作用，且破坏前有明显的预兆，具有较好的延性，故在正截面强度计算时，应控制钢筋的用量，将梁设计成适筋梁。

（2）超筋梁

这种梁的纵向受拉钢筋配置过多，其配筋率 ρ 范围为 $\rho > \rho_b$，其特点是受压区边缘混凝土先被压碎，此时受拉钢筋不屈服，其表现为裂缝开展宽度不宽，延伸不高，挠度不大，破坏时没有明显的预兆。这种破坏前变形很小，没有明显预兆的突然破坏称为脆性破坏。超筋梁钢筋的强度未能充分利用，不经济且破坏前没有明显的预兆，故设计中一般不允许采用超筋梁。

（3）少筋梁

梁内纵向受拉钢筋配置过少,其配筋率 ρ 范围为 $\rho \leqslant \rho_{min} \dfrac{h}{h_0}$。

加载初期,拉力由钢筋和混凝土共同承受。当受拉区出现第一条裂缝后,混凝土退出工作,拉力全部由钢筋承受。由于纵向受拉钢筋数量太少,使裂缝处纵向受拉钢筋应力很快达到钢筋的屈服强度,甚至被拉断,而受压区混凝土还未被压碎。破坏时,裂缝往往只有一条,但开展宽度很大,延伸较高。总之其破坏特点是受拉区混凝土一裂就坏,破坏无明显预兆,突然发生属于脆性破坏。从承载力角度来看,少筋梁的截面尺寸过大,其承载力取决于混凝土的抗拉强度,不经济;破坏属脆性破坏,不安全。在土木工程中一般不允许采用少筋梁,如图 9.10 所示。

图 9.10　梁的三种破坏形态
（a）适筋梁；（b）超筋梁；（c）少筋梁

9.3　单筋矩形截面受弯构件正截面承载力计算

只在矩形截面的受拉区配置纵向受力钢筋的受弯构件,称为单筋矩形截面受弯构件。

9.3.1　基本假设

受弯构件正截面承载力计算,是以适筋梁 III_a 阶段的应力、应变状态作为依据,为了便于计算,《混凝土结构设计规范》(GB 50010—2010)中作了如下基本假设。

① 截面应变保持平面。

② 不考虑混凝土的抗拉强度。

③ 混凝土受压的应力与应变关系曲线按下列规定取用:

当 $\varepsilon_c \leqslant \varepsilon_0$ 时,有 $\sigma_c = f_c \left[1 - \left(1 - \dfrac{\varepsilon_c}{\varepsilon_0} \right)^n \right]$

当 $\varepsilon_0 < \varepsilon_c \leqslant \varepsilon_{cu}$ 时,有

$$\sigma_c = f_c$$

$$n = 2 - \frac{1}{60}(f_{cu,k} - 50)$$

$$\varepsilon_0 = 0.002 + 0.5(f_{cu,k} - 50) \times 10^{-5}$$

$$\varepsilon_{cu} = 0.003\ 3 + (f_{cu,k} - 50) \times 10^{-5}$$

式中,σ_c——混凝土压应变为 ε_c 时的混凝土压应力;

f_c——混凝土轴心抗压强度设计值;

ε_0——混凝土压应力刚达到 f_c 时的混凝土压应变,当计算的 ε_0 值小于 0.002 时,取为 0.002;

ε_{cu}——正截面的混凝土极限压应变,当计算的 ε_{cu} 值大于 0.003 3 时,取为 0.003 3;

$f_{cu,k}$——混凝土立方体抗压强度标准值;

n——系数,当计算的 n 值大于 2.0 时,取为 2.0。

④ 纵向钢筋的应力取值等于钢筋应变与其弹性模量的乘积,但其绝对值不应大于其相应的强度设计值。纵向受拉钢筋的极限拉应变取为 0.01。

根据上述假设,受弯构件正截面受压区混凝土的应力图形可简化为等效的矩形应力图。如图 9.11c 和图 9.11d 所示,两个图形的等效条件为:①受压区混凝土的压应力合力 C 大小相等。②受压区压应力的合力 C 的作用点位置不变。

矩形应力图的受压区高度 x 可取等于按截面应变保持平面的假定所确定的中和轴高度乘以系数 β_1。当混凝土强度等级不超过 C50 时,β_1 取为 0.8,当混凝土强度等级为 C80 时,β_1 取为 0.74,其间按线性内插法确定。

矩形应力图的应力值取为混凝土轴心抗压强度设计值 f_c 乘以系数 α_1。当混凝土强度等级不超过 C50 时,α_1 取为 1.0,当混凝土强度等级为 C80 时,α_1 取为 0.94,其间按线性内插法确定(图 9.12)。

图 9.11 单筋矩形梁的应力和应变分布图(适筋梁)

(a)梁的横截面;(b)应变分布图;(c)实际应力分布图;(d)理论应力分布图

图 9.12 单筋矩形截面正截面计算应力图

9.3.2 基本计算公式及适用条件

1. 基本计算公式

按照承载力极限状态计算目的,就是要求作用在结构上的荷载对结构产生的效应 S 不超过结构在达到承载能力极限状态时的抗力 R,即 $\gamma_0 S \leqslant R$。

对受弯构件正截面承载力的计算式表示为

$$M \leqslant M_u \tag{9.2}$$

式中,M——作用在截面上的弯矩设计值;

M_u——截面破坏时的极限弯矩。

根据计算应力图形的平衡条件,可得承载力基本公式为

$$\sum x = 0, \qquad A_s f_y = \alpha_1 f_c bx \tag{9.3}$$

$$\sum M = 0, \qquad M \leqslant M_u = \alpha_1 f_c bx(h_0 - x/2) \tag{9.4}$$

$$\text{或} \qquad M \leqslant M_u = A_s f_y(h_0 - x/2) \tag{9.5}$$

式中,f_c——混凝土轴心抗压强度设计值;

A_s——纵向受拉钢筋的截面面积;

f_y——钢筋抗拉强度设计值;

b——截面宽度;

h_0——截面的有效高度;

x——截面受压区高度。

2. 基本公式的适用条件

上述三个基本公式是在适筋状态下得到的,《混凝土结构设计规范》规定基本公式必须满足下列适用条件。

(1)为防止出现超筋破坏,必须满足

$$\text{或} \qquad \left.\begin{array}{c} \xi \leqslant \xi_b \\ x \leqslant x_b = \xi_b h_0 \end{array}\right\} \tag{9.6}$$

式中,ξ——截面相对受压区高度,$\xi = x/h_0$;

ξ_b——界限相对受压区高度,$\xi_b = x_b/h_0$;

x_b——界限破坏时的受压区实际高度,$x_b = \beta x_{cb}$。

界限相对受压区高度 ξ_b 是适筋状态和超筋状态相对受压区高度的界限值,也就是截面上受拉钢筋达到屈服强度,同时受压区混凝土边缘达到极限应变 ε_{cu} 时的相对受压区高度,此时的破坏状态称为界限破坏,相应的配筋率称为适筋梁的最大配筋率 ρ_b,根据平截面假定可求出 ξ_b,见表 9.4。

表 9.4　界限相对受压区高度 ξ_b

钢筋强度等级（MPa）	钢筋受拉强度设计值（MPa）	ξ_b
300	270	0.576
335	300	0.550
400	360	0.518
500	435	0.482

（2）为了防止少筋破坏，还应满足适用条件：

$$A_s \geqslant \rho_{min} bh \tag{9.7}$$

式中，ρ_{min}——受弯构件最小配筋率，见表 9.5。

最小配筋率 ρ_{min} 是适筋梁和少筋梁界限状态时的配筋率，其确定原则是钢筋混凝土受弯构件正截面受弯承载力与同截面素混凝土受弯构件计算所得的受弯承载力相等，此时钢筋混凝土梁的配筋率即为最小配筋率。

表 9.5　纵向受力钢筋的最小配筋百分率 ρ_{min} 　　　　　%

受力类型			最小配筋百分率
受压构件	全部纵向钢筋	强度等级 500 MPa	0.50
		强度等级 400 MPa	0.55
		强度等级 300 MPa、335 MPa	0.60
	一侧纵向钢筋		0.20
受弯构件、偏心受拉、轴心受拉构件一侧的受拉钢筋			0.20 和 $45f_t/f_y$ 中的较大者

注：① 受压构件全部纵向钢筋最小配筋百分率，当采用 C60 以上强度等级的混凝土时，应按表中规定增加 0.10。
　　② 板类受弯构件（不包括悬臂板）的受拉钢筋，当采用强度等级 400 MPa、500 MPa 的钢筋时，其最小配筋百分率应允许采用 0.15 和 $45f_t/f_y$ 中的较大值。
　　③ 偏心受拉构件中的受压钢筋，应按受压构件一侧纵向钢筋考虑。
　　④ 受压构件的全部纵向钢筋和一侧纵向钢筋的配筋率以及轴心受拉构件和小偏心受拉构件一侧受拉钢筋的配筋率均应按构件的全截面面积计算。
　　⑤ 受弯构件、大偏心受拉构件一侧受拉钢筋的配筋率应按全截面面积扣除受压翼缘面积 $(b_f' - b)$ h_f' 后的截面面积计算。
　　⑥ 当钢筋沿构件截面周边布置时，"一侧纵向钢筋"系指沿受力方向两个对边中一边布置的纵向钢筋。

满足以上两个适用条件，可保证所设计的梁为适筋梁。在适筋梁范围内，选用不同的截面尺寸和混凝土强度等级，钢筋的配筋率就不同。因此，合理选用截面尺寸应使总的造价最低。在 ρ_{min} 和 ρ_b 之间存在一个比较经济的配筋率。根据设计经验，板的经济配筋率为 0.3% ~ 0.8%，单筋矩形梁的经济配筋率为 0.6% ~ 1.5%。设计中应尽量使配筋率处于经济配筋率范围之内。

9.3.3 基本公式的应用

1. 截面设计

截面设计的内容包括:选择材料强度设计值,确定截面尺寸,荷载清理,求出内力,计算钢筋用量。

（1）用基本公式求 A_s 的步骤

① 确定材料强度设计值。

② 选取截面尺寸及截面有效高度 h_0。

③ 计算弯矩设计值 M。

④ 计算受压区高度 x 及钢筋截面面积 A_s,此时可取 $M = M_u$ 计算。

由式(9.4)得
$$x = h_0 - \sqrt{h_0^2 - 2\gamma_0 M/\alpha_1 f_c b} \tag{9.8}$$

若 $x < \varepsilon_b h_0$ 时,由式(9.3)得
$$A_s = \frac{\alpha_1 f_c b x}{f_y} \tag{9.9}$$

若 $x \geqslant \varepsilon_b h_0$ 时,为超筋梁,取 $x_b = \varepsilon_b h_0$,此时
$$A_s = \frac{\alpha_1 f_c b x_b}{f_y} = \frac{\alpha_1 f_c b \varepsilon_b h_0}{f_y} \tag{9.10}$$

⑤ 验算最小配筋率:
$$A_s \geqslant \rho_{min} bh \text{ 或 } \rho \geqslant \rho_{min} \frac{h}{h_0} \tag{9.11}$$

⑥ 选择钢筋。

【例9.1】 如图 9.13 所示的钢筋混凝土简支梁,结构安全等级 Ⅱ 级,承受恒荷载标准值 $g_k = 5$ kN/m,活荷载标准值 $q_k = 9$ kN/m,采用混凝土强度等级 C30 及 HRB400 级钢筋,试确定梁的截面尺寸并配置纵向受拉钢筋。

图 9.13　简支梁受力图

【解】 ① 查表得有关设计计算数据:

$f_c = 14.3$ N/mm²、$f_t = 1.43$ N/mm²、$f_y = 360$ N/mm²,结构重要性系数 $\gamma_0 = 1.0$、$\xi_b = 0.518$、$\rho_{min} = 0.20\%$（取 0.2 与 $45 \times f_t/f_y = 45 \times 1.43/360 = 0.179$ 中的较大值,单位为%）。

荷载由可变荷载效应控制,荷载分项系数:恒载 $\gamma_G = 1.2$、活载 $\gamma_Q = 1.4$。

② 查表 9.3 选定截面尺寸:

$$h = \frac{l_0}{12} = \frac{6\ 000\ \text{mm}}{12} = 500\ \text{mm}; b = \frac{h}{2.5} = \frac{500\ \text{mm}}{2.5} = 200\ \text{mm}$$

③ 内力计算。

由荷载效应设计值 $S = \gamma_0 (\gamma_G S_{Gk} + \gamma_Q \gamma_L S_Q)$ 得

$$M = 1.0 \left(1.2 \times \frac{1}{8} \times 5 \times 6^2 + 1.4 \times \frac{1}{8} \times 9 \times 6^2 \right) \text{kN} \cdot \text{m}$$

$$= 83.7\ \text{kN} \cdot \text{m}$$

④ 设纵向受拉钢筋按一排布置,则 $h_0 = h - a_s = 500\ \text{mm} - 40\ \text{mm} = 460\ \text{mm}$

⑤ 由式(9.8)得

$$x = h_0 - \sqrt{h_0^2 - 2\gamma_0 M / \alpha_1 f_c b} = 460\ \text{mm} -$$

$$\sqrt{(460\ \text{mm})^2 - 2 \times 1.0 \times 83.7 \times 10^6\ \text{N} \cdot \text{mm} / (1.0 \times 14.3\ \text{N/mm}^2 \times 200\ \text{mm})}$$

$$= 68.8\ \text{mm} < \varepsilon_b h_0 = 0.518 \times 460\ \text{mm} = 238.3\ \text{mm}$$

满足适用条件。

$$A_s = \frac{\alpha_1 f_c b x}{f_y} = \frac{1.0 \times 14.3\ \text{N/mm}^2 \times 200\ \text{mm} \times 68.8\ \text{mm}}{360\ \text{N/mm}^2} = 547\ \text{mm}^2$$

$$A_s = 547\ \text{mm}^2 > \rho_{\min} bh = 0.20\% \times 200\ \text{mm} \times 500\ \text{mm} = 200\ \text{mm}^2;$$

满足适用条件。

⑥ 选配 3 ⏀ 16,实际配筋面积 $A_s = 603\ \text{mm}^2$,配筋图如图 9.13 所示。

(2) 采用系数法计算

从例 9.1 看出,用基本公式设计截面,由于数值较大,运算不便。因此可将基本公式编成计算系数进行计算则较为方便。其编制过程及公式说明如下:

将 $\xi = x/h_0$ 代入式(9.4)得

$$M = \alpha_1 f_c b \frac{x}{h_0} h_0 (h_0 - 0.5x) = \alpha_1 f_c b h_0^2 \xi (1 - 0.5\xi) = \alpha_1 \alpha_s f_c b h_0^2 \quad (9.12)$$

式中,$\alpha_s = \xi(1 - 0.5\xi)$,$\alpha_s$ 称为截面抵抗矩系数。

令 $\gamma_s = \frac{z}{h_0}$,即 $\gamma_s = 1 - 0.5\xi$,γ_s 称为内力臂系数。

由式(9.10)得,
$$\alpha_s = \frac{M}{\alpha_1 f_c b h_0^2} \quad (9.13)$$

由式(9.11)得,
$$\xi = 1 - \sqrt{1 - 2\alpha_s} \quad (9.14)$$

若 $\xi \leqslant \xi_b$ 则
$$A_s = \frac{\alpha_1 f_c b \xi h_0}{f_y} \quad (9.15)$$

若 $\xi > \xi_b$,为超筋梁,取 $\xi = \xi_b$,则 $A_s = \frac{\alpha_1 f_c b \xi_b h_0}{f_y} \quad (9.16)$

故用系数法设计截面的步骤如下:

① 由式(9.13)求出 α_s。

② 由式(9.14)求出 ξ,并判别。

③ 由式(9.15)或式(9.16)求出 A_s。

④ 验算适用条件。

⑤ 选择钢筋。

α_s、γ_s 均仅与受压区相对高度 ξ 有关,由其可制成表格供查阅,详见表9.6。

表 9.6　钢筋混凝土矩形和 T 形截面受弯构件强度计算表

ξ	γ_s	α_s	ξ	γ_s	α_s
0.01	0.995	0.010	0.32	0.840	0.269
0.02	0.990	0.020	0.33	0.835	0.273
0.03	0.985	0.030	0.34	0.830	0.282
0.04	0.980	0.039	0.35	0.825	0.289
0.05	0.975	0.048	0.36	0.820	0.295
0.06	0.970	0.058	0.37	0.815	0.301
0.07	0.965	0.068	0.38	0.810	0.309
0.08	0.960	0.077	0.39	0.805	0.314
0.09	0.955	0.085	0.40	0.800	0.320
0.10	0.950	0.095	0.41	0.795	0.326
0.11	0.945	0.104	0.42	0.790	0.332
0.12	0.940	0.113	0.43	0.785	0.337
0.13	0.935	0.121	0.44	0.780	0.343
0.14	0.930	0.130	0.45	0.775	0.349
0.15	0.925	0.139	0.46	0.770	0.354
0.16	0.920	0.147	0.47	0.765	0.359
0.17	0.915	0.155	0.48	0.760	0.365
0.18	0.910	0.164	0.49	0.755	0.370
0.19	0.905	0.172	0.50	0.750	0.375
0.20	0.900	0.180	0.51	0.745	0.380
0.21	0.895	0.188	0.518	0.741	0.384
0.22	0.890	0.196	0.52	0.740	0.385
0.23	0.885	0.203	0.53	0.735	0.390
0.24	0.880	0.211	0.54	0.730	0.394
0.25	0.875	0.219	0.55	0.725	0.400
0.26	0.870	0.226	0.56	0.720	0.403
0.27	0.865	0.234	0.57	0.715	0.408
0.28	0.860	0.241	0.58	0.710	0.412
0.29	0.855	0.248	0.59	0.705	0.416
0.30	0.850	0.255	0.60	0.700	0.420
0.31	0.845	0.262	0.614	0.693	0.426

注:$M = \alpha_s \alpha_1 f_c b h_0^2$,$\xi = \dfrac{x}{h_0} = \dfrac{A_s f_y}{\alpha_1 f_c b h_0}$,$A_s = \dfrac{M}{\gamma_s f_y h_0}$ 或 $A_s = \xi b h_0 \dfrac{\alpha_1 f_c}{f_y}$。

【例 9.2】 用系数法计算例 9.1 中的纵向钢筋数量。

【解】 ① 由式(9.12)求 α_s。

$$\alpha_s = M/\alpha_1 f_c bh_0^2 = 83.7 \times 10^6 \text{ N} \cdot \text{mm}/(1.0 \times 14.3 \text{ N/mm}^2 \times 200 \text{ mm} \times (460 \text{ mm})^2) = 0.138$$

② 由式 9.13 求 ξ。

$$\xi = 1 - \sqrt{1 - 2\alpha_s} = 1 - \sqrt{1 - 2 \times 0.138} = 0.149$$

判别 ξ，$\xi = 0.149 \leqslant 0.518$，不超筋。

③ 将 ξ 代入式(9.15)中，得

$$A_s = \alpha_1 bh_0 f_c/f_y = 1.0 \times 0.149 \times 200 \text{ mm} \times 460 \text{ mm} \times 14.3 \text{ N/mm}^2/360 \text{ N/mm}^2 = 545 \text{ mm}^2$$

④ 验算最小配筋率。

$$A_s = 545 \text{ mm}^2 > \rho_{min} bh = 0.20\% \times 200 \text{ mm} \times 500 \text{ mm} = 200 \text{ mm}^2;$$

满足最小配筋率要求。

⑤ 选筋：选配 3 Φ 16，实际配筋面积 $A_s = 603 \text{ mm}^2$。

从例 9.1 和例 9.2 看出，用系数法求钢筋截面比较简单，并且两种方法的计算结果是一致的。因此实际应用时多采用系数法设计计算。

提示

截面设计时，若求得 $\xi > \xi_b$，则应增大截面尺寸或提高混凝土强度等级，若求得 $A_s < \rho_{min} bh$，则应按 $A_s = \rho_{min} bh$ 配筋。

2. 承载力复核

已知：梁截面尺寸 $b \times h$、材料设计强度值 f_c、f_y，钢筋截面面积 A_s，求截面所能承受的最大弯矩 M_u；或已知设计弯矩 M，复核截面是否安全。

复核承载力步骤为：

① 求梁的有效截面高度 h_0。

② 根据实有配筋求出截面的相对受压区高度 ξ。

③ 验算适用条件：$A_s > \rho_{min} bh$。

④ 若 $\xi \leqslant \xi_b$，计算出相应的 α_s 代入式(9.12)求出 M_u；若 $\xi > \xi_b$，表明配筋过多，成为超筋梁，取 $M = \alpha_1 f_c bh_0^2 \xi_b (1 - 0.5\xi_b)$，将求出的 M_u 与设计弯矩 M 比较，确定正截面承载力是否安全。

【例 9.3】 已知梁截面尺寸 $b \times h = 250 \text{ mm} \times 500 \text{ mm}$，混凝土强度等级 C30，钢筋采用 HRB400 级，受拉钢筋为 4 Φ 18（$A_s = 1017 \text{ mm}^2$），构件安全等级 II 级，弯矩设计值 $M = 106 \text{ kN} \cdot \text{m}$，试验算梁的正截面承载力是否安全。

【解】 ① 查表得：$f_c = 14.3 \text{ N/mm}^2$，$f_y = 360 \text{ N/mm}^2$，结构重要性系数 $\gamma_0 = 1.0$，$\xi_b = 0.518$，$\rho_{min} = 0.20\%$（取 0.2 与 $45 \times f_t/f_y = 45 \times 1.43/360 = 0.179$ 中的较大值，单位为%）。

梁截面有效高度 $h_0 = h - a_s = 500 \text{ mm} - 40 \text{ mm} = 460 \text{ mm}$

② 求相对受压区高度：

$$\xi = \frac{A_s f_y}{\alpha_1 f_c b h_0} = \frac{1\,017\ mm^2 \times 360\ N/mm^2}{1.0 \times 14.3\ N/mm^2 \times 250\ mm \times 460\ mm} = 0.223$$

③ 验算适用条件：

$$\xi = 0.223 < \xi_b = 0.518$$

$$A_s = 1\,017\ mm^2 > \rho_{min} bh = 0.20\% \times 250\ mm \times 500\ mm = 250\ mm^2$$

④ 求 α_s。

$$\alpha_s = \xi(1 - 0.5\xi) = 0.223(1 - 0.5 \times 0.223) = 0.198$$

则 $M_u = \alpha_s \alpha_1 f_c b h_0^2 = 0.198 \times 1.0 \times 14.3\ N/mm^2 \times 250\ mm \times (460\ mm)^2 = 149.8 \times 10^6\ N \cdot mm$

$$= 149.8\ kN \cdot m > M = 106\ kN \cdot m$$

故该梁正截面承载力满足要求。

【例9.4】 某钢筋混凝土雨篷,雨篷剖面如图9.14(a)所示,混凝土采用C30,钢筋采用 HPB300级,雨篷板外端承受集中施工或检修活荷载标准值 $Q_k = 1\ kN/m$,构件安全等级为 Ⅱ级,试确定雨篷的配筋(图中未注尺寸单位为mm)。

（a）   （b）

图9.14 雨篷

（a）剖面图；（b）配筋图

【解】 ①查表得:$f_c = 14.3\ N/mm^2$、$f_y = 270\ N/mm^2$,结构重要性系数 $\gamma_0 = 1.0$、$\xi_b = 0.576$、$\rho_{min} = 0.238\%$(取0.2与 $45 \times f_t/f_y = 45 \times 1.27/270 = 0.238$ 中的较大值,单位为%)。

荷载分项系数:恒载 $\gamma_G = 1.2$,活载 $\gamma_Q = 1.4$。

截面有效高度 $h_0 = h - 20 = 80\ mm - 20\ mm = 60\ mm$。

② 内力计算:取板宽 $b = 1\,000\ mm$ 为计算单元,按平均板厚计算荷载:

	板厚	×材料密度	×板宽 =线荷载
水泥砂浆抹灰:	0.02 m	×20 kN/m³	×1 m = 0.4 kN/m
混凝土板自重:	(0.08 + 0.06)/2 m	×24 kN/m³	×1 m = 1.68 kN/m
石灰砂浆抹板底:	0.02 m	×17 kN/m³	×1 m = 0.34 kN/m

恒荷载标准值： $g_k = (0.4 + 1.68 + 0.34)kN/m = 2.42\ kN/m$

活荷载标准值： $Q_k = 1\ kN/m$

弯矩设计值：

$$M = \gamma_0 \left(\frac{1}{2} \times \gamma_G g_k l_0^2 + \gamma_Q Q_k l_0^2 \right)$$

$$= 1.0 \left(\frac{1}{2} \times 1.2 \times 2.42 \text{ kN/m} \times (0.8 \text{ m})^2 + 1.4 \times 1 \text{kN/m} \times (0.8 \text{ m})^2 \right) = 2.05 \text{ kN} \cdot \text{m}$$

③ 计算 α_s。

$$\alpha_s = M/\alpha_1 f_c bh_0^2 = 2.05 \times 10^6 \text{ N} \cdot \text{mm}/(1.0 \times 14.3 \text{ N/mm}^2 \times 1\,000 \text{ mm} \times (60 \text{ mm})^2) = 0.040$$

④ 由式(9.13)求 ξ。

$$\xi = 1 - \sqrt{1 - 2\alpha_s} = 1 - \sqrt{1 - 2 \times 0.040} = 0.041$$

⑤ 将 ξ 代入式(9.15)中,

$$A_s = \alpha_1 \xi bh_0 f_c/f_y = 1.0 \times 0.041 \times 1\,000 \text{ mm} \times 60 \text{ mm} \times 14.3 \text{ N/mm}^2/270 \text{ N/mm}^2 = 130 \text{ mm}^2$$

⑥ 验算适用条件:

$$\xi = 0.041 < \xi_b = 0.576$$

$$A_s = 167 \text{ mm}^2 < \rho_{min} bh = 0.238\% \times 1\,000 \text{ mm} \times 80 \text{ mm} = 190 \text{ mm}^2$$

取 $A_s = \rho_{min} bh = 190 \text{ mm}^2$。

⑦ 选筋:查附表 A.01 选用 Φ8@250,实际配筋面积 $A_s = 201 \text{ mm}^2$。

其配筋图如图 9.14(b)所示。

9.4 受弯构件斜截面承载力计算及构造要求

受弯构件除了可能沿正截面发生破坏以外,在弯矩和剪力的共同作用下,也可能沿斜截面破坏。为了防止梁沿斜截面破坏,应使构件具有足够的截面尺寸,并配置一定数量的箍筋和弯起钢筋(通称梁的腹筋)。箍筋同纵向钢筋和架立钢筋绑扎(或焊接)在一起,形成钢筋骨架,使各种钢筋在施工时,保证正确的位置。下面将讨论斜裂缝产生的原因及梁内箍筋和弯起钢筋的计算和构造问题。

9.4.1 斜截面的破坏形态

在 6.3 节中已经介绍了主应力的概念。受弯构件在弯矩和剪力的共同作用下,横截面有正应力和剪应力,是二向应力状态,其主拉应力 σ_{pt} 和主压应力 σ_{pc} 为

$$\left.\begin{array}{l} \sigma_{pt} = \dfrac{\sigma}{2} + \sqrt{\dfrac{\sigma^2}{4} + \tau^2} \\ \sigma_{pc} = \dfrac{\sigma}{2} - \sqrt{\dfrac{\sigma^2}{4} + \tau^2} \end{array}\right\} \tag{9.17}$$

而主应力的作用方向与梁纵向轴线的夹角 α 为

$$\tan 2\alpha = -\frac{2\tau}{\sigma} \tag{9.18}$$

试验表明,当荷载较小时,主拉应力主要由混凝土承受;随着荷载增大,主拉应力也将增

大,当主拉应力超过混凝土的抗拉强度时,即 $\sigma_{pt} > f_t$,混凝土便沿着垂直于主拉应力的方向出现斜裂缝,最终发生斜截面破坏。因此,需要进行斜截面承载力的计算。

影响斜截面承载力的主要因素有:剪跨比(所谓剪跨比,就是集中荷载至支座距离与梁的有效高度之比,即 $\lambda = a/h_0$)、混凝土的强度等级、箍筋的配筋率、纵筋的配筋率、截面的尺寸和形状等。其中剪跨比对无腹筋梁的斜截面受剪破坏形态有决定性的影响,对斜截面受剪承载力也有着极为重要的影响。

试验结果表明,梁斜截面破坏有下列三种形式。

1. 斜压破坏

当梁的箍筋配置过多过密或梁的剪跨比小($\lambda \leqslant 1$),斜截面破坏极有可能是斜压破坏,破坏面在支座附近。由于受到支座反力和荷载引起的直接压应力的影响,破坏时形成许多斜向的平行裂缝,由于弯矩小、剪力大,最初的裂缝多从梁高的中部出现,破坏形状类似于倾斜短柱,故称为斜压破坏。斜压破坏时,梁腹部的混凝土被压碎,但箍筋往往尚未屈服,箍筋的作用未能充分发挥,属脆性破坏,如图 9.15a 所示。

2. 剪压破坏

当构件内箍筋配置适当且处于中等剪跨比($3 \geqslant \lambda \geqslant 1$)时的破坏形态。在加载过程中,梁的下部将会出现垂直裂缝与斜裂缝。而斜裂缝是从先出现的垂直裂缝延伸开来的,并随着荷载的增加而伸向集中荷载的作用点。斜裂缝不止一条,当荷载增加到一定值时,在几条斜裂缝中形成一条主要的斜裂缝,称为临界斜裂缝。临界斜裂缝出现后,梁还能继续加载,直到与临界斜裂缝相交的箍筋达到屈服强度为止。同时,斜裂缝最上端剪压区的混凝土在剪应力和压应力的共同作用下,达到复合受力时的极限强度,梁的斜截面将因此而失去承载力。剪压破坏没有预先征兆,属于脆性破坏,如图 9.15b 所示。

3. 斜拉破坏

斜拉破坏一般发生在箍筋配置过少或剪跨比较大($\lambda > 3$)时,一旦斜裂缝出现,与斜裂缝相交的箍筋应力立即达到屈服强度,斜裂缝迅速延展到梁的受压区边缘,使构件被拉断成两部分而破坏。斜拉破坏时的荷载一般仅稍高于斜裂缝出现时的荷载,它是一种没有预兆的突然断裂,属于脆性破坏,如图 9.15c 所示。

图 9.15　梁斜截面的三种破坏形式图
(a)斜压破坏;(b)剪压破坏;(c)斜拉破坏

对于梁的三种斜截面受剪破坏形态,在工程设计中都应设法避免。对剪压破坏,因其承载力变化幅度较大,必须通过计算来防止。对斜压破坏,通常用控制截面最小尺寸来防止;

对于斜拉破坏,则用满足箍筋的最小配筋率条件及构造来防止。

9.4.2 斜截面受剪承载力计算公式

1. 基本公式的建立

《混凝土结构设计规范》中斜截面的承载力计算公式是根据剪压破坏形态建立的。发生这种破坏时,剪压区混凝土达到强度极限,并假定与斜裂缝相交的箍筋应力达到屈服强度。图9.16为斜截面抗剪承载力计算图形。

由平衡条件,斜截面抗剪承载力计算公式为

$$\sum F_y = 0, \quad V \leqslant V_{cs} + V_{sb} \qquad (9.19)$$

式中,V——斜截面剪力设计值;

V_{cs}——斜截面上混凝土和箍筋的受剪承载力;

V_{sb}——与斜裂缝相交的弯起钢筋承受的剪力。

所有的力对剪压区混凝土受压合力点取矩,可建立斜截面抗弯承载力计算公式,即

$$\sum M = 0, \quad M \leqslant M_s + M_{sv} + M_{sb} \qquad (9.20)$$

图9.16 斜截面
受力示意图

式中,M——构件斜截面的弯矩设计值;

M_s——与斜截面相交的纵向受拉钢筋的抗弯承载力;

M_{sv}——与斜截面相交的箍筋的抗弯承载力;

M_{sb}——斜截面上弯起钢筋的抗弯承载力。

斜截面受弯承载力计算很难用公式精确表达,可通过构造措施来保证。因此,斜截面承载力计算就归结为受剪承载力的计算。

2. 斜截面抗剪承载力的计算

由式(9.19)可见,斜截面的抗剪承载力由两部分组成,其中V_{cs}是剪压区混凝土与箍筋承受的剪力,V_{sb}是与斜裂缝相交的弯起钢筋所承受的剪力,现分述如下。

(1)混凝土与箍筋的受剪承载力V_{cs}

① 矩形、T形和工字形截面的一般受弯构件,箍筋与混凝土受剪承载力为

$$V_{cs} = 0.7 f_t b h_0 + f_{yv} \frac{A_{sv}}{s} h_0 \qquad (9.21)$$

② 以集中荷载为主的独立梁。

集中荷载作用下(包括作用有多种荷载,其中集中荷载对支座截面或节点边缘所产生的剪力值占总剪力值75%以上的情况)的独立梁,箍筋与混凝土的受剪承载力为

$$V_{cs} = \frac{1.75}{\lambda + 1} f_t b h_0 + f_{yv} \frac{A_{sv}}{s} h_0 \qquad (9.22)$$

式中,V——斜截面剪力设计值;

f_t——混凝土抗拉强度设计值;

f_{yv}——箍筋抗拉强度设计值；

A_{sv}——配置在同一截面内箍筋各肢的全部截面面积；

λ——计算截面的剪跨比，$\lambda = a/h_0$。a 为集中荷载作用点至支座或结点边缘的距离；当 $\lambda < 1.5$ 时，取 $\lambda = 1.5$；当 $\lambda > 3$ 时，取 $\lambda = 3$；集中荷载作用点至支座之间的箍筋，应均匀配置。

（2）弯起钢筋抵抗的剪力 V_{sb}

弯起钢筋抵抗的剪力等于弯起钢筋承受的拉力在垂直于梁轴方向的分力，其值按式（9.23）计算

$$V_{sb} = 0.8 A_{sb} f_y \sin\alpha_s \tag{9.23}$$

式中，A_{sb}——同一弯起平面内弯起钢筋的截面面积；

f_y——弯起钢筋抗拉强度设计值；

α_s——斜截面上弯起钢筋的切线与构件纵向轴线的夹角，一般取 $\alpha_s = 45°$；当梁截面高度超过 800 mm 时，取 $\alpha_s = 60°$；

0.8——弯起钢筋受剪承载力的折减，考虑到靠近剪压区的弯起钢筋在斜截面破坏时，其应力有可能达不到屈服强度。

（3）计算公式

如前所述，在设计中一般总是先配置箍筋，必要时再选配适当的弯筋，因此，受剪承载力计算公式又可分为两种情况。

① 对于仅配箍筋的梁：

$$V \leqslant V_{cs} = 0.7 f_t b h_0 + f_{yv} \frac{A_{sv}}{s} h_0 \tag{9.24a}$$

或

$$V \leqslant V_{cs} = \frac{1.75}{\lambda + 1} f_t b h_0 + f_{yv} \frac{A_{sv}}{s} h_0 \tag{9.24b}$$

② 对于同时配箍筋和弯起钢筋的梁：

$$V \leqslant V_{cs} + V_{sb} = 0.7 f_t b h_0 + f_{yv} \frac{A_{sv}}{s} h_0 + 0.8 A_{sb} f_y \sin\alpha_s \tag{9.25a}$$

或

$$V \leqslant V_{cs} + V_{sb} = \frac{1.75}{\lambda + 1} f_t b h_0 + f_{yv} \frac{A_{sv}}{s} h_0 + 0.8 A_{sb} f_y \sin\alpha_s \tag{9.25b}$$

（4）计算截面

斜截面受剪承载力的计算截面主要有：

① 支座边缘处的截面（图 9.17a、b 中的 1—1 截面）。

② 受拉区弯起钢筋弯起点处的截面（图 9.17a 中的 2—2、3—3 截面）。

③ 箍筋截面面积或间距改变处的截面（图 9.17b 中的 4—4 截面）；

④ 腹板宽度改变处的截面。

上述截面均为斜截面受剪承载力较薄弱的位置，在计算时应取其相应区段内的最大剪力作为剪力设计值。

(a)   (b)

图 9.17   斜截面受剪承载力剪力设计值的计算截面

(a) 弯起钢筋；(b) 箍筋

9.4.3   基本计算公式的适用条件

公式(9.21)~式(9.25)是根据斜截面剪压破坏形式求得的。为了防止斜压和斜拉破坏,上述计算公式还必须满足两个限制条件。

1. 上限值——最小截面尺寸

为了防止因梁截面过小,箍筋配置过多而引起斜压破坏,造成箍筋强度未能充分发挥而浪费钢材。因此,《混凝土结构设计规范》规定:对于矩形、T 形和工字形受弯构件,其截面尺寸应符合下列条件。

当 $h_w/b \leqslant 4$ 时, $$V \leqslant 0.25\beta_c f_c bh_0 \qquad (9.26)$$

当 $h_w/b \geqslant 6$ 时, $$V \leqslant 0.2\beta_c f_c bh_0 \qquad (9.27)$$

当 $4 < h_w/b < 6$ 时,按线性内插法取用。

式中, V——剪力设计值;

h_w——截面的腹板高度,矩形截面取有效高度 h_0,T 形截面取有效高度减去翼缘高度,工字形截面取腹板净高;

b——矩形截面的宽度,T 形截面或工字形截面的腹板宽度;

β_c——混凝土强度影响系数,当混凝土强度不超过 C50 时,取 $\beta_c = 1.0$,当混凝土强度等级为 C80 时,取 $\beta_c = 0.8$,其间按线性内插法确定;

f_c——混凝土轴心抗压强度设计值。

在工程设计中,如不能满足上限值的要求,应加大截面尺寸或提高混凝土强度等级。

2. 下限值——最小配筋率 $\rho_{sv,min}$

当箍筋配置过少时,斜裂缝一经出现,箍筋的拉应力很快达到屈服强度,而发生斜拉破坏。因此,对构件箍筋的配置就要规定一个下限值,即最小配筋率。同一截面中箍筋截面面积 A_{sv} 与截面宽度 b 同箍筋间距 s 乘积之比的百分率,称为配筋率,用符号 ρ_{sv} 表示。即

$$\rho_{sv} = A_{sv}/bs = nA_{sv1}/bs \times 100\% \qquad (9.28)$$

最小配筋率的限制条件为

$$\rho_{sv} = A_{sv}/bs \geqslant \rho_{sv,min} = 0.24 f_t/f_{yv} \qquad (9.29)$$

此外,为了控制斜裂缝的宽度并保证有必要数量的箍筋穿越每一条斜裂缝,箍筋间距除

按计算确定外,箍筋的最大间距应满足表 9.4 的要求。同时,为了便于施工时制作安装,确保钢筋骨架具有一定的刚性,规范也规定了箍筋的最小直径。

9.4.4 斜截面抗剪承载力计算步骤

斜截面抗剪承载力的计算,是在正截面设计完成之后进行的,因此,构件的截面尺寸、材料强度及纵向钢筋的用量均为已知,斜截面抗剪承载力计算可按下列步骤进行。

1. 复核梁的截面尺寸

按公式(9.26)或式(9.27)进行截面尺寸复核。若不满足要求时,则应加大截面尺寸或提高混凝土的强度等级,并重新进行正截面承载力计算。

2. 验算是否需要按计算结果配置腹筋

如计算截面上的剪力满足下列条件时:

矩形、T 形及工字形截面梁

$$V \leqslant 0.7 f_t b h_0 \tag{9.30}$$

承受集中荷载为主的矩形截面独立梁

$$V \leqslant \frac{1.75}{\lambda + 1} f_t b h_0 \tag{9.31}$$

则可按构造要求配置腹筋,即满足箍筋直径 $d \geqslant d_{\min}$,箍筋间距 $s \leqslant s_{\max}$ 即可。

3. 腹筋的计算

(1) 仅配置箍筋的梁

当计算剪力不满足式(9.30)和式(9.31)的要求时,应按计算结果配置腹筋。

对于矩形、T 形及工字形截面梁

$$\frac{A_{sv}}{s} = \frac{n A_{sv1}}{s} \geqslant (V - 0.7 f_t b h_0) / f_{yv} h_0 \tag{9.32}$$

承受集中荷载为主的矩形截面独立梁

$$\frac{A_{sv}}{s} = \frac{n A_{sv1}}{s} \geqslant \left(V - \frac{1.75}{\lambda + 1} f_t b h_0 \right) / f_{yv} h_0 \tag{9.33}$$

求出 A_{sv}/s 后,再选定箍筋的肢数和单肢横截面面积 A_{sv1},并算出 $A_{sv} = n A_{sv1}$,最后求出箍筋的间距 s;或先按构造要求确定箍筋的间距 s,再求出 A_{sv},并由此确定箍筋的直径,并且要验算最小配筋率。

(2) 同时配置有箍筋和弯起钢筋的梁

当剪力很大时,如果仅用箍筋和混凝土抵抗剪力,会使箍筋直径很大或间距很小,造成施工不便,且不经济。为此,可利用弯起钢筋来承受一部分剪力,其横截面面积 A_{sb} 可由式(9.34)确定:

$$A_{sb} = (V - V_{cs}) / 0.8 f_y \sin \alpha_s \tag{9.34}$$

在计算弯起钢筋时,剪力设计值 V 按下列规定采用:

① 计算第一排(对支座而言)弯起钢筋时,取支座边缘处的剪力为设计值。

② 计算后面各排弯起钢筋时,均取前一排弯起钢筋弯起点处的剪力为设计值。

弯起钢筋除满足计算要求外,前一排(对支座而言)弯起钢筋弯起点到后一排弯起钢筋弯终点之间的距离不得大于箍筋最大间距 s_{max}。

【例9.5】 图9.18a所示简支梁,承受均布荷载,设计值为 $q = 45$ kN/m(含梁自重),截面尺寸为 $b \times h = 250$ mm $\times 500$ mm,混凝土强度等级 C30,配有纵筋 6 $\oplus$ 20,箍筋采用 HPB300 级,构件安全等级为 Ⅱ 级,试根据斜截面抗剪承载力计算确定箍筋的数量。

图 9.18 简支梁

(a)受力图;(b)钢筋配置断面图

【解】 ① 求支座边缘处截面的剪力。

梁的跨度: $l = 5\,760$ mm $+ 120$ mm $+ 120$ mm $= 6\,000$ mm

计算剪力时,取梁的净跨 $l_n = 5.76$ m

$$V_A = V_B = \frac{1}{2}ql_n = \frac{1}{2} \times 45 \text{ kN/m} \times 5.76 \text{ m} = 129.6 \text{ kN}$$

② 验算截面尺寸。

两排钢筋

$$h_w = h_0 = h - a_s = 500 \text{ mm} - 65 \text{ mm} = 435 \text{ mm}$$

$$h_w/b = h_0/b = 435 \text{ mm}/250 \text{ mm} = 1.74 < 4$$

$$0.25f_cbh_0 = 0.25 \times 14.3 \text{ N/mm}^2 \times 250 \text{ mm} \times 435 \text{ mm}$$

$$= 388.8 \times 10^3 \text{ N} = 388.8 \text{ kN} > V_A = 129.6 \text{ kN}$$

截面尺寸满足要求。

③ 验算是否需要通过计算配置箍筋。

$0.7f_tbh_0 = 0.7 \times 1.43 \text{ N/mm}^2 \times 250 \text{ mm} \times 435 \text{ mm} = 108.9 \times 10^3 \text{ N} = 108.9 \text{ kN} < V_A = 129.6 \text{ kN}$

所以箍筋应按计算配置。

④ 计算箍筋用量。由式(9.32)得

$$\frac{A_{sv}}{s} \geqslant (V - 0.7f_tbh_0)/f_{yv}h_0$$

$$= (129.6 \times 10^3 \text{ N} - 0.7 \times 1.43 \text{ N/mm}^2 \times 250 \text{ mm} \times 435 \text{ mm})/(270 \text{ N/mm}^2 \times 435 \text{ mm})$$

$$= 0.177 \text{ mm}$$

选用双肢筋 $\phi 6 (A_{sv1} = 28.3 \text{ mm}^2)$，箍筋间距为

$$s \leqslant A_{sv1}/0.169 = 2 \times 28.3 \text{ mm}^2/0.177 \text{ mm} = 320 \text{ mm}$$

构造要求规定：$s_{max} = 200 \text{ mm}$，取 $s = 200 \text{ mm}$。实际配箍筋为双肢 $\phi 6@200$。

⑤ 验算最小配箍率。

$$\rho_{sv} = \frac{A_{sv}}{sb} = \frac{2 \times 28.3 \text{ mm}^2}{250 \text{ mm} \times 200 \text{ mm}} \times 100\% = 0.113\%$$

$$\rho_{sv} < \rho_{svmin} = 0.24 \frac{f_t}{f_{yv}} = 0.24 \times \frac{1.43 \text{ N/mm}^2}{270 \text{ N/mm}^2} \times 100\% = 0.127\%$$

不符合要求，改用双肢 $\phi 8@200 (A_{sv1} = 50.3 \text{ mm}^2)$。

$$\rho_{sv} = \frac{A_{sv}}{sb} = \frac{2 \times 50.3 \text{ mm}^2}{250 \text{ mm} \times 200 \text{ mm}} \times 100\% = 0.201\% > \rho_{svmin} = 0.127\%$$

符合要求。其钢筋配置如图 9.18b 所示。

【例 9.6】 某钢筋混凝土简支梁，支座截面处剪力设计值 $V = 90 \text{ kN}$，截面尺寸为 $b \times h = 200 \text{ mm} \times 450 \text{ mm}$，采用 C25 混凝土，箍筋采用 HPB300 级，已配双肢箍筋 $\phi 6@150$，试验算斜截面承载力是否满足要求。

【解】 假设采用单排钢筋，$h_0 = h - a_s = 450 \text{ mm} - 40 \text{ mm} = 410 \text{ mm}$

① 验算配箍率。

$$\rho_{sv} = \frac{A_{sv}}{sb} = \frac{2 \times 28.3 \text{ mm}^2}{200 \text{ mm} \times 150 \text{ mm}} \times 100\% = 0.189\%$$

$$\rho_{sv} > \rho_{svmin} = 0.24 \frac{f_t}{f_{yv}} = 0.24 \times \frac{1.27 \text{ N/mm}^2}{270 \text{ N/mm}^2} \times 100\% = 0.113\%$$

符合要求。

② 计算斜截面的受剪承载力 V_u，由式(9.24a)得

$$V_u = 0.7 f_t b h_0 + f_{yv} \frac{A_{sv}}{s} h_0$$

$$= 0.7 \times 1.27 \text{ N/mm}^2 \times 200 \text{ mm} \times 410 \text{ mm} + 270 \text{ N/mm}^2 \times \frac{2 \times 28.3 \text{ mm}^2}{150 \text{ mm}} \times 410 \text{ mm}$$

$$= 114.7 \times 10^3 \text{ N} = 114.7 \text{ kN}$$

③ 验算截面尺寸。

$$h_w/b = h_0/b = 410 \text{ mm}/200 \text{ mm} = 2.05 < 4$$

$0.25 f_c b h_0 = 0.25 \times 11.9 \text{ N/mm}^2 \times 200 \text{ mm} \times 410 \text{ mm} = 244.0 \times 10^3 \text{ N} = 244 \text{ kN} > V_u = 114.7 \text{ kN}$
截面尺寸满足要求。

④ 验算截面承载力

$$V = 90 \text{ kN} < V_u = 114.7 \text{ kN}$$

满足要求。

9.5　钢筋混凝土受弯构件的变形和裂缝计算要点

钢筋混凝土构件即使满足了强度要求,还可能因变形过大或裂缝开展过宽,使得构件不能正常使用。因此,《混凝土结构设计规范》规定,根据使用要求,构件在进行强度计算后,还需要进行变形和裂缝宽度验算,即控制构件的变形和裂缝宽度在容许值范围内,其设计表达式分别为

$$f \leqslant [f] \tag{9.35}$$

或

$$\omega \leqslant [\omega_{\text{lim}}] \tag{9.36}$$

式中,f——在荷载短期效应组合下,并考虑荷载长期效应组合影响受弯构件的最大挠度;

　　$[f]$——受弯构件的挠度限值,见附表 A.08;

　　ω——在荷载短期效应组合下,并考虑荷载长期效应组合影响受弯构件的最大裂缝宽度;

　　$[\omega_{\text{lim}}]$——构件裂缝宽度限值,见附表 A.11。

9.5.1　受弯构件变形的计算

由材料力学可知,弹性匀质材料受弯构件跨中挠度的一般表达式为

$$f = S \frac{M l_0^2}{EI}$$

式中,f——梁跨中最大挠度值;

　　S——与荷载形式、支承条件有关的荷载效应系数,如均布荷载简支梁时,$S = 5/48$;

　　M——跨中最大弯矩,如均布荷载简支梁时,$M = q l_0^2 / 8$;

　　l_0——受弯构件的计算跨度;

　　EI——受弯构件的截面抗弯刚度。

钢筋混凝土和预应力混凝土受弯构件在正常使用极限状态下的挠度,可根据构件的刚度用结构力学方法计算。

在等截面构件中,可假定各同号弯矩区段内的刚度相等,并取用该区段内最大弯矩处的刚度。当计算跨度内的支座截面刚度不大于跨中截面刚度的两倍或不小于跨中截面刚度的二分之一时,该跨也可按等刚度构件进行计算,其构件刚度可取跨中最大弯矩截面的刚度。

为了区别于弹性匀质材料受弯构件的抗弯刚度 EI,用字母 B 表示钢筋混凝土受弯构件的抗弯刚度,用 B_s 表示在荷载短期效应组合作用下受弯构件的刚度,即不考虑时间因素的短期截面弯曲刚度,称为短期刚度。

1. 钢筋混凝土梁出现裂缝后,在荷载短期效应组合作用下的短期刚度

在荷载效应的标准组合作用下,受弯构件的短期刚度可按式(9.37)计算:

$$B_s = \frac{E_s A_s h_0^2}{1.15\psi + 0.2 + \dfrac{6\alpha_E \rho}{1 + 3.5\gamma_f'}} \tag{9.37}$$

式中,E_s——受拉钢筋的弹性模量;

$\quad A_s$——受拉钢筋的截面面积;

$\quad h_0$——截面有效高度;

$\quad \rho$——纵向受拉钢筋的配筋率;

$\quad \alpha_E$——钢筋弹性模量与混凝土弹性模量的比值,即 $\alpha_E = E_s/E_c$;

$\quad \gamma_f'$——受压区翼缘面积与腹板有效面积的比值,

$$\gamma_f' = \frac{(b_f' - b)h_f'}{bh_0} \tag{9.38}$$

其中 b_f'、h_f' 分别为受压区翼缘的宽度、高度。当 $h_f' > 0.2h_0$ 时,取 $h_f' = 0.2h_0$;

$\quad \psi$——裂缝间纵向受拉钢筋应变不均匀系数,即

$$\psi = 1.1 - \frac{0.65f_{tk}}{\rho_{te}\sigma_{sq}} \tag{9.39}$$

当 $\psi < 0.2$ 时,取 $\psi = 0.2$;$\psi > 1.0$ 时,取 $\psi = 1.0$;对直接承受重复荷载的构件,取 $\psi = 1.0$;

$\quad f_{tk}$——混凝土轴心抗拉强度标准值;

$\quad \rho_{te}$——按有效受拉混凝土截面面积 A_{te} 计算的纵向受拉钢筋配筋率,对矩形截面可按式(9.40)计算

$$\rho_{te} = A_s/0.5bh \tag{9.40}$$

当算出 $\rho_{te} < 0.01$ 时,取 $\rho_{te} = 0.01$。

$\quad \sigma_{sq}$——按荷载效应的准永久组合计算的构件纵向受拉钢筋的应力,对受弯构件:

$$\sigma_{sq} = M_q/0.87h_0 A_s \tag{9.41}$$

$\quad M_q$——按荷载效应的准永久组合计算的弯矩,取计算区段内的最大弯矩值。

2. 钢筋混凝土梁出现裂缝后(使用阶段),考虑部分荷载长期作用的长期刚度 B

钢筋混凝土受弯构件在长期荷载作用下,由于受压区混凝土在压应力持续作用下产生徐变、混凝土收缩,以及受拉钢筋与混凝土的徐变等,将使构件的变形随时间增长而逐渐增大,同时截面的抗弯刚度也将逐渐降低。

在长期荷载作用下梁的挠度随时间增长而增大。在一般情况下,受弯构件挠度的增长,要经过 3～4 年后才能基本稳定。

《混凝土结构设计规范》规定:长期刚度 B 可按式(9.42)计算:

$$B = \frac{M_k}{M_k + (\theta - 1)M_q} B_s \tag{9.42}$$

式中,θ——考虑荷载长期作用对挠度增大的影响系数。对钢筋混凝土受弯构件,当 $\rho' = 0$ 时,取 $\theta = 2.0$;当 $\rho' = \rho$ 时,取 $\theta = 1.6$;当 ρ' 为中间数值时,θ 按线性内插法取用。对翼缘位于受拉区的倒 T 形截面,θ 应增加 20%。对预应力混凝土受弯构件,取 $\theta = 2.0$;

$\rho\,$、ρ'——分别为纵向受拉和纵向受压钢筋的配筋率。

从式（9.37）中可以看出，影响钢筋混凝土受弯构件刚度的主要因素是截面有效高度 h_0，当构件挠度不满足要求时，可适当增大截面高度 h。

3. 受弯构件的挠度计算

由于受弯构件截面的刚度不仅随荷载的增大而减少，而且在某一荷载作用下，由于受弯构件各截面的弯矩不同，各截面的刚度也不同，即构件的刚度沿梁长分布是不均匀的，为了简化计算，《混凝土结构设计规范》规定，可取同号弯矩区段内弯矩最大截面的刚度，作为该区段的抗弯刚度。显然，这种处理方法所算出的抗弯刚度值最小，通常把这种处理原则称为"最小刚度"原则。

求得受弯构件的截面抗弯刚度以后，挠度值即可按材料力学中的相应公式计算。

经过验算，当不满足式（9.35）要求时，表示受弯构件的刚度不足，应设法予以提高，如增加截面高度 h、提高混凝土强度等级、增加配筋数量、选用合理的截面（如 T 形或工字形）等。而其中以增大截面高度效果最为显著，应优先采用。

【例 9.7】 某矩形截面简支梁，截面尺寸（单位为 mm）如图 9.19 所示，梁的计算跨度 $l_0 = 6$ m，承受均布荷载，永久荷载标准值 $g_k = 13$ kN/m（含梁自重），可变荷载的标准值 $q_k = 7$ kN/m，准永久值系数 $\psi_q = 0.4$，由正截面受弯承载力计算已配置 4 $\underline{\Phi}$ 18 纵向钢筋（$A_s = 1\,017$ mm²），混凝土强度等级为 C25（$E_c = 2.8 \times 10^4$ N/mm²，$f_{tk} = 1.78$ N/mm²），钢筋为 HRB400 级（$E_s = 2 \times 10^5$ N/mm²），梁的容许挠度 $[f] = l_0/200$。试验算该梁的挠度。

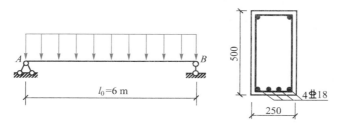

图 9.19 矩形截面简支梁

【解】 ① 计算梁内最大弯矩，按荷载效应标准组合作用下的跨中最大弯矩为

$$M_k = \frac{1}{8}(g_k + q_k)l_0^2 = \frac{1}{8}(13 \text{ kN/m} + 7 \text{ kN/m}) \times (6 \text{ m})^2 = 90 \text{ kN} \cdot \text{m}$$

按荷载效应准永久值组合作用下的跨中最大弯矩为

$$M_q = \frac{1}{8}(g_k + \psi_q q_k)l_0^2 = \frac{1}{8}(13 \text{ kN/m} + 0.4 \times 7 \text{ kN/m}) \times (6 \text{ m})^2 = 71.1 \text{ kN} \cdot \text{m}$$

② 计算系数 ψ。

$$\sigma_{sq} = \frac{M_q}{0.87 h_0 A_s} = \frac{71.1 \times 10^6 \text{ N} \cdot \text{mm}}{0.87 \times 460 \text{ mm} \times 1\,017 \text{ mm}^2} = 174.7 \text{ N/mm}^2$$

$$\rho_{te} = \frac{A_s}{A_{te}} = \frac{1\,017 \text{ mm}^2}{0.5 \times 200 \text{ mm} \times 500 \text{ mm}} = 0.020\,3 \geqslant 0.01$$

取 $\rho_{te} = 0.0203$。

$$\psi = 1.1 - \frac{0.65 f_{tk}}{\rho_{te} \sigma_{sq}} = 1.1 - \frac{0.65 \times 1.78 \ \text{N/mm}^2}{0.0203 \times 174.7 \ \text{N/mm}^2} = 0.774$$

③ 计算短期刚度 B_s。

$$\alpha_E = \frac{E_s}{E_c} = \frac{2 \times 10^5 \ \text{N/mm}^2}{2.8 \times 10^4 \ \text{N/mm}^2} = 7.14$$

$$\rho = \frac{A_s}{b h_0} = \frac{1017 \ \text{mm}^2}{200 \ \text{mm} \times 465 \ \text{mm}} = 0.0111$$

因该梁为矩形截面,所以 $\gamma_f' = 0$。

$$B_s = \frac{E_s A_s h_0^2}{1.15\psi + 0.2 + \dfrac{6\alpha_E \rho}{1 + 0.35\gamma_f'}} = \frac{2 \times 10^5 \ \text{N/mm}^2 \times 1017 \ \text{mm}^2 \times (460 \ \text{mm})^2}{1.15 \times 0.774 + 0.2 + 6 \times 7.14 \times 0.0111}$$

$$= 2.749 \times 10^{13} \ \text{N} \cdot \text{mm}^2$$

④ 计算长期刚度 B。

$$\rho' = 0, \theta = 2$$

$$B = \frac{M_k}{M_k + (\theta - 1) M_q} B_s = \frac{90 \ \text{kN} \cdot \text{m}}{90 \text{kN} \cdot \text{m} + (2-1) \times 71.1 \text{kN} \cdot \text{m}} \times 2.749 \times 10^{13} \text{N} \cdot \text{mm}^2$$

$$= 1.536 \times 10^{13} \ \text{N} \cdot \text{mm}^2$$

⑤ 验算挠度 f。

$$f = \frac{5}{48} \times \frac{M_k l_0^2}{B} = \frac{5}{48} \times \frac{90 \times 10^6 \ \text{N} \cdot \text{mm} \times (6000 \ \text{mm})^2}{1.536 \times 10^{13} \ \text{N} \cdot \text{mm}^2} = 21.97 \ \text{mm}$$

$$f < [f] = \frac{l_0}{200} = \frac{6000 \ \text{mm}}{200} = 30 \ \text{mm}$$

满足要求。

9.5.2　钢筋混凝土受弯构件裂缝宽度验算

钢筋混凝土受弯构件在正常使用阶段是处于开裂状态的,如果裂缝宽度过大,将会影响到构件的正常使用和耐久性,在设计中必须进行验算,当不满足规定要求时,应采用合理措施加以控制。经试验研究发现,裂缝间距和裂缝宽度的分布是不均匀的,但变化是有规律的。大量试验表明,裂缝宽度与混凝土保护层厚度、钢筋直径、纵向受拉钢筋以及钢筋与混凝土之间的粘结力有关。《混凝土结构设计规范》规定最大裂缝宽度 w_{max} 可按式(9.43)计算

$$w_{max} = \alpha_{cr} \psi \frac{\sigma_{sq}}{E_s} \left(1.9 c_s + 0.08 \frac{d_{eq}}{\rho_{te}} \right) \tag{9.43}$$

式中,α_{cr}——构件受力特征系数,对钢筋混凝土构件有:轴心受拉构件,取2.7,偏心受拉构件,取2.4,受弯和偏心受压构件,取1.9;

c_s——最外层纵向受拉钢筋外边缘至受拉区底边的距离（mm），当 $c_s \leqslant 20$ 时，取 $c_s = 20$，当 $c_s \geqslant 65$ 时，取 $c_s = 65$；

d_{eq}——受拉区纵向钢筋的等效直径（mm），$d_{eq} = \dfrac{\sum n_i d_i^2}{\sum n_i v_i d_i}$，$n_i$、$d_i$ 分别为受拉区第 i 种

纵向钢筋的根数和直径，v_i 为第 i 种纵向钢筋相对粘结特性系数，光面钢筋 $v_i = 0.7$，带肋钢筋 $v_i = 1.0$。

其余符号意义同前。

【例 9.8】   按例 9.7 中条件，箍筋直径为 6 mm，验算梁的裂缝宽度，容许裂缝宽度 $[w_{lim}] = 0.3$ mm。

【解】   已知 $\psi = 0.774$，$\sigma_{sq} = 174.7$ N/mm²，$c = 25$ mm，$\rho_{te} = 0.0203$，将上述数据代入式 (9.43) 得

$$
\begin{aligned}
w_{max} &= \alpha_{cr} \psi \frac{\sigma_{sq}}{E_s} \left(1.9 c_s + 0.08 \frac{d_{eq}}{\rho_{te}} \right) \\
&= 1.9 \times 0.774 \times \frac{174.7 \ \text{N/mm}^2}{2 \times 10^5 \ \text{N/mm}^2} \times \left[1.9 \times (25 \ \text{mm} + 6 \ \text{mm}) + 0.08 \times \frac{18 \ \text{mm}}{0.020\ 3} \right] \\
&= 0.167 \ \text{mm} < 0.3 \ \text{mm}
\end{aligned}
$$

满足要求。

9.6   预应力混凝土结构的基本知识

9.6.1   预应力混凝土的概念

普通钢筋混凝土的主要缺点是自重大和容易开裂，因此在一定程度上限制了它的应用范围。普通钢筋混凝土易开裂的原因是混凝土的极限拉应变很低，约为 $(0.1 \sim 0.15) \times 10^{-3}$，此时钢筋的应力仅为 $(20 \sim 30)$ N/mm²；当钢筋应力超过此值时，混凝土即出现裂缝。在使用荷载作用下，钢筋的工作应力约为设计强度的 60% ~ 70%，其相应的拉应变为 $(0.8 \sim 1.0) \times 10^{-3}$，大大超过了混凝土的极限拉应变。若采用高强钢筋，其拉应变将更大，裂缝宽度会超过极限 $(0.2 \sim 0.3 \ \text{mm})$。另一方面，当裂缝达最大容许宽度 $[w_{max}] = 0.2 \sim 0.3$ mm 时，钢筋的应力也只达到 $(150 \sim 250)$ N/mm²。由此可见，在普通钢筋混凝土中采用高强钢筋是不能充分发挥其作用的，也是不经济的。

为了充分发挥高强钢筋的作用，可以在构件承受荷载以前，预先对受拉区混凝土施加压力，使其产生预压应力，如图 9.20 所示。当构件承受荷载而产生的拉应力，首先要抵消混凝土的预压应力，然后随着荷载的增加，受拉区混凝土才产生拉应力；这样可推迟混凝土裂缝的出现和开展，以满足使用要求。这种在构件受荷载以前预先对受拉区混凝土施加压应力的构件，称为预应力混凝土构件。施加预应力时，所需的混凝土立方体抗压强度应经计算确

定,但不宜低于设计混凝土强度等级值的 75%。

预应力混凝土结构与普通混凝土结构对比的主要优缺点如下:

① 在荷载作用下,使构件不出现裂缝或延迟裂缝的出现,可减少构件的裂缝宽度。

② 合理采用高强钢筋和高强度等级混凝土,可节省材料和减轻结构自重,扩大了钢筋混凝土结构的应用范围。

③ 预应力混凝土提高了构件的抗裂度,提高了构件的刚度和耐久性。

④ 预应力混凝土结构的施工比普通钢筋混凝土结构麻烦,需要台座、张拉设备和锚具。

图 9.20　预应力对受弯构件的作用

(a)预应力作用;(b)荷载作用;(c)预应力与荷载共同作用

9.6.2　预加应力的方法

根据张拉钢筋与浇筑混凝土的先后顺序,预加应力有先张法和后张法两种。

1. 先张法

先张法的工艺流程如图 9.21 所示,其主要工序是:在台座或钢模上布置钢筋,锚固钢筋;张拉钢筋,再锚固钢筋;支模、浇筑混凝土,养护混凝土;待混凝土达到强度设计值 75% 以上时,剪断钢筋,钢筋在回缩时将对混凝土施加预压应力。在先张法中,预应力是靠钢筋与混凝土之间的粘结力来传递的。

2. 后张法

后张法的工艺流程如图 9.22 所示,其主要工序是:先浇筑混凝土构件,在构件内预留孔道;待混凝土达到强度设计值的 75% 以上时,在预留孔道内穿钢筋;然后张拉钢筋,同时钢筋对构件施加预压应力,张拉完毕,锚固钢筋;最后从灌浆孔向孔道内压力灌浆。后张法是靠锚具来保持预应力的,锚具将永远附在构件上。

先张法与后张法各有以下特点。

先张法:生产工序少,工艺简单,施工质量易保证,锚具可重复使用,生产成本低。先张

图 9.21　先张法工艺示意图

(a)安装钢筋;(b)张拉钢筋;(c)锚固钢筋、浇注混凝土、养护;(d)截断钢筋、混凝土预压

图 9.22　后张法工艺示意图

(a)构件制作、预留孔道;(b)穿预应力钢筋;(c)张拉钢筋、锚固钢筋;(d)孔道灌浆、截断钢筋

法适于工厂化生产中小型的预应力构件。

后张法:不需要台座,一般在现场施工,施工质量不易保证,操作麻烦。因锚具将永久附着在构件上,耗钢量增大,所以成本较高。后张法适用于运输不方便的大型预应力混凝土构件。

9.6.3　预应力混凝土的材料

1. 预应力钢筋

预应力混凝土结构所用的钢材主要有钢丝、热处理钢筋、钢绞线等,预应力钢筋的发展趋势是高强度、大直径、低松弛和耐腐蚀。第 8 章对此有详细的介绍。

2. 混凝土

与普通混凝土结构相比,预应力混凝土结构要求采用强度更高的混凝土。因此,《混凝土结构设计规范》规定:预应力混凝土结构的混凝土强度等级不宜低于 C40;且不应低

于 C30。

3. 孔道灌浆材料

后张法在粘结预应力混凝土结构中,目前普遍采用波纹管留孔。孔道灌浆材料为纯水泥浆,有时也加入细砂,宜采用不低于 42.5 级的普通水泥或矿渣水泥。

9.6.4 张拉控制应力

张拉控制应力值,是指张拉钢筋时,必须达到的应力值,用符号 σ_{con} 表示,其值等于总张拉力除以钢筋截面面积。

《混凝土结构设计规范》(GB 50010—2010)规定:预应力钢筋的张拉控制应力值 σ_{con} 不宜超过表 9.7 中规定的张拉控制应力限值,且不应小于 $0.4f_{ptk}$。

当符合下列情况之一时,表 9.7 中的张拉控制应力限值可提高 $0.05 f_{ptk}$:

① 要求提高构件在施工阶段的抗裂性能而在使用阶段受压区内设置的预应力钢筋。

② 要求部分抵消由于应力松弛、摩擦、钢筋分批张拉以及预应力钢筋与张拉台座之间的温差等因素产生的预应力损失。

表 9.7　张拉控制应力限值

钢筋种类	张拉方法	
	先张法	后张法
消除预应力钢丝、钢绞线	$0.75f_{ptk}$	$0.75f_{ptk}$
热处理钢筋	$0.70f_{ptk}$	$0.65f_{ptk}$

9.6.5 预应力损失及其组合

1. 预应力损失

钢筋的张拉控制应力,从张拉开始到构件使用,由于张拉工艺和材料的特性等原因,将不断地降低,这部分降低值称为预应力损失。引起预应力损失的原因很多,下面将分项讨论引起预应力损失的原因、损失值的计算以及减少各项预应力损失的措施。

(1)预应力直线钢筋由于锚具变形和预应力钢筋内缩引起的预应力损失值 σ_{l1}

在预应力钢筋达到张拉控制应力 σ_{con} 后,便把预应力钢筋锚固在台座或构件上。由于锚具、垫板与构件之间的缝隙被压紧、锚具间的相对位移和局部塑形变形,以及预应力钢筋在锚具中产生内缩,而产生的预应力损失,其值按下式计算:

$$\sigma_{l1} = \frac{\alpha}{l} E_s \qquad (9.44)$$

式中,l——张拉端至锚固端的距离,mm;

α——张拉端锚具变形和钢筋内缩值,mm,按表 9.8 取用;

E_s——预应力钢筋的弹性模量，N/mm^2。

采取下列措施，可减少此项损失：

① 选择变形小或预应力钢筋滑动小的锚具，减少垫板的块数。

② 采用先张法时，宜选择长台座。

表 9.8　锚具变形和钢筋内缩值 α　　　　　　　　　　mm

锚 具 类 别		α
支承式锚具(钢丝束镦头锚具等)	螺帽缝隙	1
	每块后加垫板的缝隙	1
夹片式锚具	有顶压时	5
	无顶压时	6 ~ 8

注：①表中的锚具变形和钢筋内缩值也可根据实测数据确定。

　　②其他类型的锚具变形和钢筋内缩值应根据实测数据确定。

块体拼成的结构，其预应力损失尚应计及块体间填缝的预压变形。当采用混凝土或砂浆为填缝材料时，每条填缝的预压变形值可取为 1 mm。

（2）预应力钢筋与孔道壁之间摩擦引起的预应力损失值 σ_{l2}

后张法张拉钢筋时，由于孔道施工偏差、孔壁粗糙、钢筋不直、钢筋表面粗糙等原因，使钢筋在张拉时与孔道壁接触而产生摩擦阻力，使预应力钢筋的应力，随张拉端距离的增加而减小，如图 9.23 所示，摩擦损失 σ_{l2} 按式（9.45）计算：

$$\sigma_{l2} = \sigma_{con}\left(1 - \frac{1}{e^{kx + \mu\theta}}\right) \tag{9.45}$$

当 $\kappa x + \mu\theta \leq 0.3$ 时，σ_{l2} 可按近似公式（9.46）计算：

$$\sigma_{l2} = \sigma_{con}(\kappa x + \mu\theta) \tag{9.46}$$

式中，x——张拉端至计算截面的孔道长度（m），可近似取该段孔道在纵轴上的投影长度；

　　κ——考虑孔道每米长度局部偏差的摩擦系数，按表 9.9 取用；

　　μ——预应力钢筋与孔道壁之间的摩擦系数，按表 9.9 取用；

　　θ——张拉端至计算截面曲线孔道部分切线的夹角（rad），如图 9.23 所示。

表 9.9　摩擦系数 κ 及 μ 值

孔道成型方式	κ	μ	
		钢丝线、钢丝束	预应力螺纹钢筋
预埋金属波纹管	0.001 5	0.25	0.50
预埋塑料波纹管	0.001 5	0.15	—
预埋钢管	0.001 0	0.30	—
抽芯成型	0.001 4	0.55	0.60

注：表中系数也可根据实测数据确定。

图 9.23 预应力摩擦损失计算
1—张拉端；2—计算截面

采取以下措施可减少摩擦损失：

① 对较长构件可采用两端张拉，则计算孔道长度可减少一半，但将引起 σ_{l1} 的增加。

② 采用"超张拉"工艺，其工艺程序为 $0 \to 1.1\sigma_{con} \xrightarrow{\text{停 2min}} 0.85\sigma_{con} \xrightarrow{\text{停 2min}} \sigma_{con}$

（3）混凝土加热养护时，预应力筋与台座间温差引起的预应力损失 σ_{l3}

对于蒸汽养护的先张法构件，当新浇筑的混凝土尚未结硬时，由于钢筋温度高于台座的温度，钢筋将产生伸长变形，预应力筋的应力就会下降而造成预应力损失。

如钢筋与台座间的温差为 $\Delta t\,℃$，钢筋的线膨胀系数为 $\alpha = 1 \times 10^{-5}/℃$，则温差引起预应力钢筋的应变为 $\varepsilon_s = \alpha\Delta t$，于是预应力损失为

$$\sigma_{l3} = E_s\varepsilon_s = 2 \times 10^5 \times 1 \times 10^{-5} \times \Delta t$$

即
$$\sigma_{l3} = 2\Delta t \tag{9.47}$$

采取下列措施可减少温差损失：

① 在构件蒸养时采用"两次升温养护"。先在常温下养护至混凝土达到一定强度，再逐渐升温，此时可认为钢筋和混凝土已结为整体，能一起伸缩而无应力损失。

② 在钢模上张拉，钢筋锚固在钢模上，升温时两者温度相同，可以不考虑此项损失。

（4）预应力筋应力松弛引起的预应力损失 σ_{l4}

钢筋在高应力作用下，在保持长度不变的条件下，钢筋的应力随时间增长而降低的现象，称为钢筋应力松弛损失。另一方面，在钢筋应力保持不变的条件下，其应变会随时间的增长而逐渐增大，这种现象称为钢筋的徐变。预应力筋的松弛和徐变均将引起预应力筋中的应力损失，这种损失统称为预应力筋应力松弛损失 σ_{l4}。

应力松弛损失在开始阶段发展较快，第一小时松弛损失大约完成 50%，24 小时约完成 80%，以后发展缓慢，松弛的大小与钢筋种类和张拉控制应力有关。

《混凝土结构设计规范》规定：预应力钢筋的应力松弛损失，按表 9.10 中的公式计算。

减少钢筋应力松弛损失的措施是超张拉，其张拉程序为

$$0 \longrightarrow (1.05 \sim 1.1)\sigma_{con} \xrightarrow{\text{持荷 2～5 分钟，卸荷}} \sigma_{con}$$

（5）混凝土收缩、徐变引起受拉区和受压区纵向预应力筋的损失值 σ_{l5}、σ'_{l5}

表 9.10　预应力损失值 　　　　　　　　　　　　　　　　　　　　　　N/mm²

引起损失的因素		符号	先张法构件	后张法构件
直线预应力筋张拉端锚具变形和预应力筋内缩		σ_{l1}	$\sigma_{l1} = \dfrac{\alpha}{l}E_s$	
预应力筋的摩擦	与孔道壁之间的摩擦	σ_{l2}	—	按式(9.45)、式(9.46)计算
	在转向装置处的摩擦		按实际情况确定	
	张拉端锚口摩擦		按实测值或厂家提供的数据确定	
混凝土加热养护时,预应力筋与承受拉力设备之间的温差		σ_{l3}	$2\Delta t$	—
预应力筋的应力松弛		σ_{l4}	预应力钢丝、钢绞线 普通松弛: $0.4\left(\dfrac{\sigma_{con}}{f_{ptk}}-0.5\right)\sigma_{con}$ 低松弛: 当 $\sigma_{con} \leqslant 0.7f_{ptk}$ 时, $0.125\left(\dfrac{\sigma_{con}}{f_{ptk}}-0.5\right)\sigma_{con}$ 当 $0.7f_{ptk} < \sigma_{con} \leqslant 0.8f_{ptk}$ 时, $0.2\left(\dfrac{\sigma_{con}}{f_{ptk}}-0.575\right)\sigma_{con}$ 中强度预应力钢丝:$0.08\sigma_{con}$ 预应力螺纹钢筋:$0.03\sigma_{con}$ 热处理钢筋 一次张拉 $0.05\sigma_{con}$ 超张拉 $0.035\sigma_{con}$	
混凝土的收缩和徐变		σ_{l5}	按式(9.49)~式(9.52)计算	
用螺旋式预应力筋做配筋的环形构件,当直径 $d \leqslant 3$ m 时,由于混凝土的局部挤压		σ_{l6}	—	30

注:①表中 Δt 为混凝土加热养护时,预应力筋与承受拉力的设备之间的温差(℃)。

　　②当 $\sigma_{con}/f_{ptk} \leqslant 0.5$ 时,预应力筋的应力松弛损失值可取为零。

混凝土在空气中结硬时体积收缩,在预应力作用下,混凝土将沿压力方向产生徐变。收缩与徐变使构件缩短、预应力筋也随之回缩,而造成预应力损失。

《混凝土结构设计规范》规定:混凝土受拉区和受压区预应力筋的预应力损失 σ_{l5} 和 σ'_{l5} 在一般情况下按下列公式计算:

先张法构件

$$\sigma_{l5} = \frac{60 + 340 \dfrac{\sigma_{pc}}{f'_{cu}}}{1 + 15\rho} \tag{9.48}$$

$$\sigma'_{l5} = \frac{60 + 340 \dfrac{\sigma'_{pc}}{f'_{cu}}}{1 + 15\rho'} \tag{9.49}$$

后张法构件

$$\sigma_{l5} = \frac{55 + 300 \dfrac{\sigma_{pc}}{f'_{cu}}}{1 + 15\rho} \tag{9.50}$$

$$\sigma'_{l5} = \frac{55 + 300 \dfrac{\sigma'_{pc}}{f'_{cu}}}{1 + 15\rho'} \tag{9.51}$$

式中,σ_{pc}、σ'_{pc}——受拉区、受压区预应力筋在各自合力点处混凝土法向压应力;

f'_{cu}——施加预应力时的混凝土立方体抗压强度;

ρ、ρ'——受拉区、受压区预应力筋和普通钢筋的配筋率。

先张法构件

$$\rho = \frac{A_\rho + A_s}{A_0} \qquad \rho' = \frac{A'_\rho + A'_s}{A_0}$$

后张法构件

$$\rho = \frac{A_p + A_s}{A_n} \qquad \rho' = \frac{A'_p + A'_s}{A_n}$$

此处,A_0 为混凝土换算截面面积;A_n 为混凝土净截面面积。

对于对称配置预应力钢筋和非预应力钢筋的构件,配筋率 ρ、ρ' 应按钢筋总截面面积的一半计算。

当结构处于年平均相对湿度低于 40% 的环境下,σ_{l5} 及 σ'_{l5} 值应增加 30%。

由混凝土收缩和徐变所引起的预应力损失,是上述各项损失中最大的一项,在直线预应力配筋构件中约占总损失的 50%,而在曲线预应力配筋构件中也要占总损失的 30% 左右。因此,在设计和施工中采取措施降低此项损失是很重要的,具体措施有:

① 采用高标号水泥,减少水泥用量,减少水胶比,采用干硬性混凝土。

② 采用级配良好的骨料,加强振捣,提高混凝土的密实度。

③ 加强养护工作,最好采用蒸汽养护,以防止水分过多散失,使水泥水化作用充分。

（6）环形构件采用螺旋预应力筋时局部挤压引起的预应力损失 σ_{l6}

电杆、水池、油罐、压力管道等环形构件,可配置环状或螺旋式预应力筋,采用后张法直接在混凝土中进行张拉。如图 9.24 所示的预应力管,由于预应力筋对混凝土的局部挤压,使构件直径减小,引起预应力损失 σ_{l6}。

图 9.24　环形配筋预应力构件

预应力损失 σ_{l6} 与环形构件的直径 d 成反比。《混凝土结构设计规范》规定:直径 $d > 3$ m 时, $\sigma_{l6} = 0$;直径 $d \leqslant 3$ m 时, $\sigma_{l6} = 30$ N/mm^2。

减少 σ_{l6} 的措施有:搞好骨料级配、加强振捣,加强养护以提高混凝土的密实性。

除上述六项预应力损失外,后张法构件的预应力筋采用分批张拉时,应考虑后批张拉预应力筋所产生的混凝土弹性压缩(或伸长)对先批张拉预应力筋的影响,将先批张拉预应力筋的张拉控制应力值 σ_{con} 增加(或减小) $\alpha_E\sigma_{pci}$。此处, σ_{pci} 为后批张拉钢筋在先批张拉预应力筋重心处产生的混凝土法向应力。

现将各项应力损失值汇总于表 9.10 中,以便查用。

2. 各阶段预应力损失的组合

上述六项预应力损失,有的发生在先张法构件中,有的发生在后张法构件中,有的两种构件都有;即使在同一构件中,这些预应力损失出现的时间和持续的时间也各不相同,为了分析和计算方便,《混凝土结构设计规范》将这些损失按先张法和后张法分开,发生在混凝土预压前的损失称为第一批预应力损失,用 $\sigma_{lⅠ}$ 表示;发生在混凝土预压后的损失称为第二批预应力损失,用 $\sigma_{lⅡ}$ 表示,见表 9.11。

表 9.11　各阶段预应力损失值的组合

预应力损失值的组合	先张法构件	后张法构件
混凝土预压前(第一批)的损失	$\sigma_{l1} + \sigma_{l2} + \sigma_{l3} + \sigma_{l4}$	$\sigma_{l1} + \sigma_{l2}$
混凝土预压后(第二批)的损失	σ_{l5}	$\sigma_{l4} + \sigma_{l5} + \sigma_{l6}$

注:先张法构件由于预应力筋应力松弛引起的损失值 σ_{l4},在第一批和第二批损失中所占的比例,如需区分,可根据实际情况确定。

《混凝土结构设计规范》规定:当按上述各项规定计算求得各项预应力损失的总损失值 σ_l 小于下列数值时,应按下列数值取用:

先张法构件　　100 N/mm²

后张法构件　　80 N/mm²

思 考 题

9.1　试叙述适筋梁、超筋梁和少筋梁的破坏特征。在设计中如何防止发生超筋梁和少筋梁的破坏?

9.2　在适筋梁的正截面设计中,如何将受压区的实际曲线应力分布图简化为等效矩形应力分布图?

9.3　什么是单筋矩形截面梁?其正截面承载力计算方法有哪两种?简述其步骤。

9.4　钢筋混凝土受弯构件斜截面有哪几种破坏形式?各有何特点?斜截面抗剪承载力是以哪种破坏形式作为计算依据的?如何防止斜压和斜拉破坏?

9.5　钢筋混凝土梁、板的截面应满足哪些要求?

9.6　梁中一般配有哪几种钢筋?各有何作用?

9.7　对梁板中受力钢筋的间距有何要求?

9.8　板中分布钢筋的作用是什么?

9.9　板中分布钢筋的数量和间距应满足哪些要求?

9.10　为何要限制混凝土保护层厚度?一般构件的混凝土保护层厚度为多少?

9.11　箍筋应满足哪些构造要求?

习 题

9.1　钢筋混凝土简支梁,承受楼板传来的设计荷载 40 kN/m(未考虑梁的自重),截面尺寸为 $b \times h = 200\ mm \times 650\ mm$,计算跨度 $l = 6m$,混凝土强度等级 C30,钢筋 HRB400 级,构件安全等级 Ⅱ 级,试用公式法和系数法计算梁的纵向受拉钢筋 A_s,并配置钢筋。

9.2　一单筋矩形截面梁,截面尺寸为 $b \times h = 200\ mm \times 550\ mm$,混凝土强度等级 C30,钢筋 HRB400 级,构件安全等级 Ⅱ 级,试问:

(1)当 $x = x_b$ 时,纵向受拉钢筋截面积为多少?

(2)当 $x = x_b$ 时,截面能承受多大的设计弯矩?

9.3　如图所示雨篷板(尺寸单位为 mm),在板的根部每米宽度内承受的设计弯矩 $M = 2.1\ kN \cdot m$,混凝土强度等级 C25,钢筋 HPB300 级,构件安全等级 Ⅱ 级,试用公式法验算其承载力是否满足要求。

9.4　一矩形截面梁,截面尺寸为 $b \times h = 200\ mm \times 600\ mm$,混凝土强度等级 C35,梁受拉区配有 4 ⊕ 20 + 2 ⊕ 22 纵向受拉钢筋如图所示,构件安全等级Ⅱ级。试用系数法计算此梁所能承受的最大设计弯矩。

9.5　已知梁的截面尺寸为 $b \times h = 200\ mm \times 500\ mm$,混凝土强度等级 C20,钢筋 HRB400 级,构件安全等级 Ⅱ 级,梁承受设计弯矩 $M = 98\ kN \cdot m$,试计算梁所需的纵向受力钢筋,并画出配筋施工图。

9.6　矩形截面简支梁,截面尺寸为 $b \times h = 250\ mm \times 600\ mm$,梁净跨 $l_n = 6\ 120\ mm$,承受均布设计荷载 $q = 45\ kN/m$(包括梁自重),混凝土强度等级 C30,梁受拉区配有 4 ⊕ 22 纵向受拉钢筋,箍筋采用 HPB300 级钢筋,试确定箍筋数量。

习题 9.3 图

习题 9.4 图

10 钢筋混凝土受压构件

10.1　受压构件的分类

　　钢筋混凝土受压构件是钢筋混凝土结构的主要受力构件之一。在房屋结构中，最常见的钢筋混凝土受压构件是柱子(图 10.1a、b)；此外，还有一些其他形式的受压构件，如桁架中的受压构件(图 10.1c)等。

　　钢筋混凝土受压构件根据轴向力作用线与构件截面形心轴线之间相互位置关系的不同，可分为轴心受压构件和偏心受压构件两大类。当轴向力作用线与构件截面形心轴线重合时，该受压构件称为轴心受压构件，如图 10.2a 所示；当轴向力作用线偏离构件截面形心

图 10.1 受压构件实例

(a)框架柱；(b)牛腿柱；(c)桁架压杆

轴线时,该受压构件称为偏心受压构件,如图 10.2b 所示。

在实际工程中,经常遇到构件截面上同时存在着轴向力 N 和弯矩 M 的受压构件,例如图 10.1b 中的单层工业厂房柱。对这类受压构件,可以应用力的平移定理将其等效转化为具有偏心距 $e_0 = M/N$、轴向力 N 的偏心受压构件,如图 10.3 所示。

图 10.2 受压构件图

(a)轴心；(b)偏心

图 10.3 压弯构件

(a)轴力 + 弯矩；(b)力的平移；(c)偏心

实际上,理想的钢筋混凝土轴心受压构件是没有的。由于钢筋混凝土构件中混凝土的非均质性、配筋的不对称性以及施工中安装偏差等因素的影响,受压构件截面上的轴向力总是或多或少地具有一定的偏心距,只是由这类因素引起的偏心距很小,计算中可以忽略不计,而将其简化为轴心受压构件来计算。

10.2 受压构件的构造

10.2.1 材料

在钢筋混凝土受压构件中,混凝土的强度对构件的承载力影响较大,为了充分利用混凝土的抗压性能、减小受压构件的截面尺寸、节约钢筋,在受压构件中宜采用强度等级较高的混凝土,工程中一般采用 C30 ~ C50。纵向钢筋一般采用 HRB400、HRB500 级钢筋,箍筋一般采用 HPB300 级钢筋。

10.2.2 截面形式和尺寸

为便于使用模板、方便施工,轴心受压构件一般采用正方形或矩形截面;在有特殊要求时,可采用圆形或多边形截面。对于偏心受压构件,一般采用矩形截面;但对于截面尺寸较大的预制装配式柱,为了减轻自重、节约混凝土,常采用工字形截面柱。

偏心受压构件截面尺寸的大小,主要取决于构件截面上内力的大小及构件的长短。如柱子过于细长,其承载力受稳定性控制,材料强度将得不到充分发挥。因此,柱子尺寸不宜太小,一般不小于 250 mm × 250 mm,常取 $l_0/b \leqslant 30$,$l_0/h \leqslant 25$(l_0 为柱子计算长度,b 为柱截面宽度,h 为柱截面高度)。对于工字形截面,翼缘厚度不小于 120 mm,腹板宽度不小于 100 mm。

柱截面尺寸还应符合模数要求,边长在 800 mm 以上时,以 100 mm 为模数;在 800 mm 以下时,以 50 mm 为模数。

10.2.3 钢筋

钢筋混凝土受压构件中配有纵向钢筋和箍筋(或焊接环)。纵向钢筋沿构件纵向设置。箍筋置于纵向钢筋的外侧,一般沿构件纵轴方向等距离放置,并与纵向钢筋绑扎或焊接在一起,形成钢筋骨架,如图 10.4 所示。

图 10.4 柱的钢筋骨架

在受压构件中配置纵向钢筋能有效地提高构件的延性,减少构件在长期荷载作用下的变形,防止构件发生脆性破坏;并能承受一定的轴向力,以减小构件的截面尺寸。箍筋能与纵向钢筋组成骨架,防止纵向钢筋向外鼓出,保证了混凝土与钢筋共同受力;并对混凝土有一定约束作用,从而改善了混凝土的受力性能,提高了构件的延性。

1. 纵向钢筋

纵向钢筋直径不宜小于 12 mm,通常在 12 ~ 40 mm 范围内选用,宜采用较粗钢筋。纵向钢筋的根数至少应保证在每个阳角处设置一根;圆柱中纵向钢筋根数不宜少于 8 根,且不应少于 6 根。最小配筋率见第 9 章表 9.6 中的规定。

轴心受压构件的纵向钢筋应沿构件截面四周均匀放置,如图 10.5a、b 所示。而偏心受压构件的纵向受力钢筋则应放置在弯矩作用方向的两边。柱中纵向钢筋的最小净距不小于 50 mm。对于水平浇筑的预制柱,其纵向钢筋的最小净距可按第 9 章中梁的有关规定执行。纵向钢筋的净距不宜大于 300 mm。当偏心受压构件截面高度 $h \geqslant 600$ mm 时,应在构件侧面设置直径不小于 10 mm 的纵向构造钢筋,并相应地设置复合箍筋或拉筋,如图 10.5c、d、e、f、g 所示。

图 10.5　受压构件的截面配筋形式

(a)(b) 轴心受压构件;(c)(d)(e)(f)(g) 偏心受压构件

柱的混凝土保护层厚度一般取 20 mm,具体规定见附表 A.07。

2. 箍筋

柱中配置箍筋,不仅可以提高柱的受剪承载力,还可以防止纵向钢筋弯曲,同时还能够固定纵向钢筋并与其形成钢筋骨架,因此,柱中箍筋应做成封闭式。

箍筋一般采用 HPB300 级钢筋,直径不小于 $d/4$,且不小于 6 mm;其中 d 为纵向钢筋的最大直径。

箍筋的间距不应大于 400 mm 及构件截面的短边尺寸;且不应大于 $15d$,搭接接头区段内,当搭接钢筋为受拉时,其箍筋间距不应大于 $5d$,且不应大于 100 mm;当搭接钢筋为受压

时,其箍筋间距不应大于 $10d$,且不应大于 200 mm;

当柱中全部纵向受力钢筋的配筋率超过 3% 时,箍筋的直径不小于 8 mm,且应焊成封闭环式,其间距不应大于 $10d$(d 为纵向钢筋的最小直径),且不大于 200 mm;箍筋末端应做成 135°弯钩且弯钩末端平直段长度不应小于箍筋直径的 10 倍。

当柱子各边纵向钢筋多于三根时,应设置复合箍筋(图 10.5c、d、e、f、g);但当柱子短边不大于 400 mm,且纵向钢筋不多于四根时,可不设置复合箍筋(图 10.5b)。

几种常见的柱截面配筋如图 10.5 所示。

对于截面形状复杂的构件,不能采用具有内折角的箍筋,以免箍筋受拉后,致使折角处的混凝土破损,如图 10.6 所示。

图 10.6　丁字形柱配筋形式

10.3　轴心受压构件承载力计算

根据箍筋形式的不同,钢筋混凝土轴心受压构件有两种型式:第一种是常用的配有纵向钢筋及箍筋的受压构件,如图 10.7a 所示;第二种是应用较少的配有纵向钢筋及螺旋箍筋(或焊接环)的受压构件,如图 10.7b 所示。本章主要介绍第一种轴心受压构件的计算。

(a)　　　　　　　　　　　　　　　(b)

图 10.7　轴心受压构件的型式

（a）普通箍筋柱；（b）螺旋箍筋柱

10.3.1 破坏特征

对于钢筋混凝土轴心受压的短柱,大量试验结果表明:在轴向荷载作用下,构件整个截面的应变基本上是均匀分布的。当荷载作用下产生的轴心力较小时,构件压缩应变的增加基本上与轴向力的增长成正比,构件处于弹性工作阶段。随着轴向力的增大,压缩变形的增长速度明显加快,构件进入弹塑性工作阶段,构件中开始出现纵向微细裂缝。当轴向力增加至构件临近破坏时,构件四周出现明显的纵向裂缝,箍筋间的纵向钢筋发生压屈而向外鼓出,混凝土被压碎,致使整个构件破坏,如图 10.8 所示。此时,混凝土达到轴心抗压强度,构件极限压应变为 0.002 左右,相应的纵向钢筋应力 $\sigma_s = 0.002E_s = 0.002 \times 2.0 \times 10^5 \text{ N/mm}^2 = 400 \text{ N/mm}^2$。由此可见,对于 HRB335、HRB400、RRB400 级热轧带肋钢筋,此值已大于其抗压强度设计值,故计算时可按其对应的 f_y' 取值,对于 500 MPa 级钢筋,取 $f_y' = 435 \text{ N/mm}^2$。

对于钢筋混凝土轴心受压的细长杆件,试验表明,由于各种偶然因素造成的初始偏心的影响,构件在破坏前往往发生纵向弯曲。随着纵向弯曲变形的增加,构件侧向挠度增大,破坏时,构件一侧产生纵向裂缝,混凝土被压碎;另一侧因受拉而出现水平裂缝,如图 10.9 所示。因此,细长构件的受压承载力较同等条件下的短柱为低。

图 10.8 短柱的破坏图

图 10.9 长柱的失稳破坏

10.3.2 基本计算公式

1. 轴心受压短柱的计算

通过以上分析可知,钢筋混凝土轴心受压短柱达到承载力极限状态时,构件截面上混凝土的应力为轴心抗压强度设计值 f_c;钢筋应力为其抗压强度设计值 f_y',如图 10.10 所示。

构件的承载力由混凝土承受的压力和钢筋承受的压力两部分组成,即

$$N_u^s = f_c A + f_y' A_s' \tag{10.1}$$

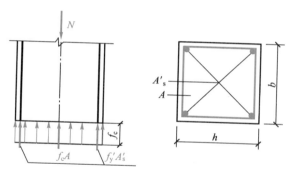

图 10.10　轴心受压短柱截面计算图

式中，N_u^s——钢筋混凝土轴心受压短柱的承载力；

f_c——混凝土的轴心抗压强度设计值，按表 8.4 确定；

A——构件截面面积，当纵向钢筋配筋率大于 3% 时，A 应改用 A_n，$A_n = A - A_s'$；

A_s'——全部纵向受压钢筋的截面面积；

f_y'——纵向受压钢筋抗压强度设计值，按表 8.8 确定。

2. 轴心受压长柱的计算

试验中发现，对于长柱，由于各种偶然因素（制作、安装偏差以及混凝土的非匀质性等原因）造成的附加偏心距对构件承载力的影响是不可忽略的。构件受荷后，由于存在附加偏心距，构件截面上将会产生附加弯矩，使构件发生纵向弯曲，即产生侧向挠度，而侧向挠度又导致附加弯矩进一步增大。这样相互影响的结果，最终使轴心受压长柱在轴心压力及弯矩的共同作用下发生破坏。破坏时能够承受的轴向压力比相同截面（截面尺寸、材料强度等级及配筋均相同的截面）的短柱更小。试验表明，构件越细长，其承载力比相同截面的短柱降低越多。试验研究分析表明，钢筋混凝土轴心受压长柱的承载力与钢筋混凝土轴心受压短柱的承载力的比值 φ（稳定系数）为

$$\varphi = \frac{N_u^l}{N_u^s} \tag{10.2}$$

式中，N_u^l 表示长柱的轴心受压承载力。

试验表明，稳定系数 φ 的大小，主要与构件的长细比有关。对于矩形截面，当长细比 $l_0/b \leqslant 8$ 时，纵向弯曲对构件承载力的影响可忽略不计，即取稳定系数 $\varphi = 1.0$。所以通常把长细比 $l_0/b \leqslant 8$ 的柱称为短柱。对 $l_0/b > 8$ 的长柱，《混凝土结构设计规范》根据试验结果给出的稳定系数可按表 10.1 采用。

表 10.1　钢筋混凝土轴心受压构件的稳定系数 φ

l_0/b	$\leqslant 8$	10	12	14	16	18	20	22	24	26	28
l_0/d	$\leqslant 7$	8.5	10.5	12	14	15.5	17	19	21	22.5	24
l_0/i	$\leqslant 28$	35	42	48	55	62	69	76	83	90	97
φ	1.0	0.98	0.95	0.92	0.87	0.81	0.75	0.70	0.65	0.60	0.56

l_0/b	30	32	34	36	38	40	42	44	46	48	50
l_0/d	26	28	29.5	31	33	34.5	36.5	38	40	41.5	43
l_0/i	104	111	118	125	132	139	146	153	160	167	174
φ	0.52	0.48	0.44	0.40	0.36	0.32	0.29	0.26	0.23	0.21	0.19

注:表中 l_0 为构件计算长度;b 为矩形截面的短边尺寸;d 为圆形截面的直径;i 为截面最小回转半径。

3. 基本计算公式

通过上述分析,考虑纵向弯曲对承载力的影响后,钢筋混凝土轴心受压构件承载力的设计表达式可统一表示为

$$N_u = 0.9\varphi(f_c A + f_y' A_s') \tag{10.3}$$

式中,0.9——为了保持与偏心受压构件正截面承载力具有相近的可靠度而引入的调整系数;

$\qquad N_u$——轴向压力设计值;

$\qquad \varphi$——钢筋混凝土轴心受压构件的稳定系数,按表 10.1 取用。

其余符号意义同前。

查表 10.1 时,柱的计算长度 l_0 与柱两端的支承情况有关。一般多层房屋中梁柱为刚性的钢筋混凝土框架结构,各层柱的计算长度 l_0 可按表 10.2 采用。

表 10.2　框架结构各层柱的计算长度 l_0

楼盖类型	柱的类别	计算长度 l_0
现浇楼盖	底层柱	$1.0H$
	其余各层柱	$1.25H$
预制楼盖	底层柱	$1.25H$
	其余各层柱	$1.5H$

注:H 为柱的高度。对底层柱,H 取为基础顶面到一层楼盖顶面之间的距离;对其余各层柱,H 取为上、下两层楼盖顶面之间的距离。

4. 计算方法与步骤

(1) 截面设计

已知轴向力设计值 N,计算长度 l_0,材料强度等级,要求确定构件截面尺寸及配筋。

解法一:经验法。根据设计经验直接选定截面尺寸 $b \times h$,再由式(10.3)求 A_s'。

解法二:试算法。初步假设稳定系数 $\varphi = 1.0$,配筋率 $\rho = A_s'/A = 1.0\%$,以此代入式(10.3),初步估算出 A,计算 b,h 并取整数,再按选定后的 b,h 值重新计算 φ 值,然后由式(10.3)求 A_s'。

无论采用哪种计算方法,最后都要验算配筋率 ρ',《混凝土结构设计规范》规定:$0.6\% \leqslant \rho' \leqslant 5\%$,经济配筋率在 $0.6\% \sim 3.0\%$ 之间。当相差过大时,应适当调整截面尺寸。

（2）截面承载力复核

已知构件截面尺寸 $b \times h$，纵向受力钢筋面积 A'_s，钢筋的抗压强度设计值 f'_y，混凝土的轴心抗压强度设计值 f_c，构件计算长度 l_0。求构件的受压承载力 N_u 或验算构件在轴向力设计值 N 的作用下承载力是否满足要求。

这种情况可直接由 l_0/b 查表 10.1 求得 φ，代入式（10.3）求出 N_u。

【例 10.1】 某多层钢筋混凝土框架房屋，底层中柱承受的轴心压力设计值 $N = 780$ kN，底层层高为 3.3 m，基础顶面标高为 -0.3 m，采用 C30 混凝土，HRB400 级钢筋。试设计该柱截面。

【解】 已知：$N = 780$ kN，$l_0 = 1.0H = 1.0 \times (3.3 \text{ m} + 0.3 \text{ m}) = 3.6$ m，$f_c = 14.3 \text{ N/mm}^2$，$f'_y = 360 \text{ N/mm}^2$。

① 确定截面尺寸。

设 $\varphi = 1.0$，$\rho = 0.01$，则 $A'_s = \rho A = 0.01A$，由式（10.3）得

$$A = \frac{N}{0.9\varphi(f_c + \rho f'_y)} = \frac{780 \times 10^3 \text{ N}}{0.9 \times 1.0 [14.3 \text{ N/mm}^2 + 0.01 \times 300 \text{ N/mm}^2]} = 48\,417 \text{ mm}^2$$

采用正方形截面，$b = h = \sqrt{A} = \sqrt{50\,096} = 220$ mm

取 $b = h = 250$ mm。

② 确定稳定系数 φ。

$l_0/b = 3\,600/250 = 14.4$，查表 10.1 得 $\varphi = 0.91$。

③ 求纵向钢筋截面面积。

由式（10.3）计算得：

$$A'_s = \frac{\frac{N}{0.9\varphi} - f_c A}{f'_y} = \frac{\frac{780 \times 10^3 \text{ N}}{0.9 \times 0.91} - 14.3 \text{ N/mm}^2 \times 250 \text{ mm} \times 250 \text{ mm}}{360} = 163 \text{ mm}^2$$

$$A'_s = 163 \text{ mm}^2 \leqslant \rho_{min} bh = 0.6\% \times 250 \text{ mm} \times 250 \text{ mm} = 375 \text{ mm}^2,$$

《混凝土结构设计规范》规定柱中纵向受力钢筋的直径不小于 12 mm，故选用 4 $\oplus$ 12（$A'_s = 452 \text{ mm}^2$），根据构造要求，箍筋选用 $\phi 6 @ 200$。

【例 10.2】 某钢筋混凝土轴心受压柱，截面尺寸 $b \times h = 300 \text{ mm} \times 300 \text{ mm}$，纵向钢筋采用 4 $\oplus$ 20（$A'_s = 1\,256 \text{ mm}^2$），混凝土强度等级为 C35，柱的计算长度 $l_0 = 3.0$ m，求该柱的受压承载力（$f_c = 16.7 \text{ N/mm}^2$，$f'_y = 360 \text{ N/mm}^2$）。

【解】 ①验算配筋率。

$$\rho' = A_s/A = 1\,256 \text{ mm}^2 / (300 \text{ mm} \times 300 \text{ mm}) = 1.4\%$$

$$\rho_{max} = 5.0\% > \rho' = 1.4\% > \rho_{min} = 0.6\%$$

② 确定稳定系数 φ：由 $l_0/b = 3\,000 \text{ mm}/300 \text{ mm} = 10$，查表 10.1 得 $\varphi = 0.98$。

③ 求柱的抗压承载力 N_u：由公式（10.3）得

$$N_u = 0.9\varphi(f_c A + f'_y A'_s)$$
$$= 0.9 \times 0.98(16.7 \text{ N/mm}^2 \times 300 \text{ mm} \times 300 \text{ mm} + 360 \text{ N/mm}^2 \times 1\,256 \text{ mm}^2)$$
$$= 1\,724\,451 \text{ N}$$
$$= 1\,724.451 \text{ kN}$$

思 考 题

10.1 在受压构件中配置纵向受力钢筋和箍筋的意义是什么？为什么宜采用较高强度的混凝土，而不宜采用高强度钢筋？

10.2 钢筋混凝土受压构件对截面形式、尺寸，纵向钢筋和箍筋有哪些构造要求？

10.3 在受压构件中为何要规定最小配筋率？

习 题

10.1 已知轴心受压柱的截面尺寸为 350 mm×350 mm，计算长度 $l_0 = 5.6$ m，混凝土强度等级 C25，纵向受力钢筋采用 HRB400 级钢筋，柱底截面轴向力设计值 $N = 1\,250$ kN，试确定该柱截面的配筋。

10.2 钢筋混凝土框架柱，截面尺寸为 400 mm×400 mm，计算高度 $l_0 = 5.2$ m，混凝土采用 C30，截面已配有 4 Φ 20 的纵向受力钢筋，试确定该柱所能承受的轴向力设计值 N。

10.3 正方形截面轴心受压柱，承受轴向力设计值 $N = 1\,810$ kN，柱计算长度 $l_0 = 5.8$ m，混凝土强度等级为 C30，钢筋为 HRB500 级钢筋，试设计该柱截面。

10.4 某多层现浇钢筋混凝土框架房屋的底层中柱，截面尺寸 $b \times h = 500$ mm×500 mm，纵向钢筋采用 4 Φ 20 + 4 Φ 25，混凝土强度等级为 C25，底层房屋层高 3.9 m，基础顶面标高 −0.3 m，柱底截面承受的轴向压力设计值 $N = 3\,160$ kN，试验算此柱是否安全？

11

钢筋混凝土楼盖

【知识目标】

　　能熟练陈述装配式钢筋混凝土楼盖的构造要求；
　　能正确陈述现浇钢筋混凝土楼盖的结构型式及构造要求；
　　能基本陈述单向板的受力及结构特点；
　　能正确陈述梁板式配筋的要求。

【技能目标】

　　能正确选择装配式钢筋混凝土楼盖的型式及平面布置；
　　根据现浇整体式单向板肋梁楼盖的受力特点、传力途径，能
正确分析并计算其配筋；
　　能正确计算梁板式配筋。

【教学准备】

　　仿真实训基地或半成品建筑楼、自制结构模型或小实验、教
学视频、结构施工图纸、结构破坏的各种图片、例题。

【教法建议】

　　讲练法、讨论法、分组学习法、分析论证法、现场教学法、观摩
教学法。

　　楼盖是房屋结构中的重要组成部分，而钢筋混凝土楼盖则是最常用的楼盖形式之一。
　　在低层钢筋混凝土框架结构房屋中，楼盖的用钢量约占房屋总用钢量的 30% ~ 50%；
在混合结构房屋中，楼盖的造价一般占房屋总造价的 20% ~ 30%，钢材大部分也用在楼盖
结构中；因此，楼盖结构设计是否合理，在很大程度上影响了整个建筑物的经济效果。
　　钢筋混凝土楼盖，按施工方法的不同，可分为现浇、预制装配和装配整体式等三种形式。
现浇楼盖具有整体性好、刚度大、抗震性能好、防水性好、结构布置灵活等优点。缺点是需要
大量的模板，现场的作业量大，工期也较长。但由于现浇楼盖在自身平面内的刚度大，能将

水平力传递和分配给竖向结构体系。因此广泛地应用于多高层建筑中。预制装配式楼盖主要用在多层砌体房屋中,在抗震设防区,有限制使用装配式楼盖的趋势。装配整体式楼盖是预制装配式楼盖的一种改进。通常采用在板面做 50 mm 厚的配筋现浇层以提高楼盖的刚度整体性,改善抗震性能。

11.1 装配式钢筋混凝土楼盖

11.1.1 结构选型

装配式钢筋混凝土楼盖的型式主要有铺板式楼盖、密肋式楼盖及无梁式楼盖三种,其中以铺板式楼盖的应用最为广泛。

钢筋混凝土铺板式楼盖是由单跨预制板两端支承在楼面梁或墙上而构成。目前常用的预制铺板有实心板、空心板、槽形板等,其中尤以预应力空心板应用最多。常见预制铺板的特点及适用范围详见表 11.1。

在装配式楼盖中,有时需要设置楼面梁,用以支承楼板。楼面梁的截面形式有矩形、T形、倒 T 形、花篮形等,如图 11.1 所示。根据截面尺寸的大小及施工机械的起吊能力不同,楼面梁可预制,也可现浇。一般混合结构房屋中的楼面梁多为简支梁或带悬臂的外伸梁,有时也采用连续梁。

表 11.1 预制铺板的形式、特点和适用范围

构件名称	形式	特点及适用范围
实心板		表面平整、制作简单、材料用量多。 常用跨度 $l = 1.2 \sim 2.4$ m,板厚 $h \geq l/30$,常用板厚 $h = 50 \sim 100$ mm,常用板宽 $B = 500 \sim 1\,000$ mm。 适用于地沟盖板、走廊楼板和楼梯平台等
双 T 板		受力性能好、刚度大、制作简便、布置灵活、能适应较大跨度的楼面需要、开洞灵活。 适用于单层与多层厂房的屋面与楼面及多、高层民用房屋的屋面、楼面。 常用板跨 $l = 6 \sim 12$ m,槽宽 $B = 1\,500 \sim 2\,100$ mm,高度 $h = 300 \sim 500$ mm

注:本节所讲结构目前在建筑工程中使用较少,但在一些非抗震区还有使用,作为入门知识,本书仍作了介绍,各个地区的院校可根据情况选学。

构件名称	形式	特点及适用范围
空心板		上下表面平整、模板用量少、较实心板材用量省、自重轻、刚度大、隔音效果好,但板面不能任意开洞。 普通钢筋混凝土板:$l = 1.8 \sim 3.3$ m $B = 600$、900、$1\,200$ mm $h = 102$ mm 预应力混凝土板:$l = 3.3 \sim 4.8$ m $h = 180$ mm $l = 2.4 \sim 4.2$ m $h = 120$ mm $l = 4.2 \sim 6.0$ m $h = 180$ mm $l = 6.0 \sim 7.5$ m $h = 240$ mm 适用于各种房屋的装配式楼面,但不宜用于厕所等开洞较多的房间
槽板		自重轻、材料省、受力合理、开洞方便,但天花板不平整,隔音效果差。 常用跨度 $l = 1.5 \sim 5.6$ m,常用板宽 $B = 600$、900、$1\,200$ mm 肋高 $h = 120$、180、240 mm 板面厚度 $\delta = 25 \sim 30$ mm 肋宽 $b = 50 \sim 80$ mm 适用于无较重设备的工业房屋屋面、楼面及天花板要求不高的民用房屋屋面、楼面
倒槽板		与正槽板相比可获得平花板,但受力没有正槽板合理。适用于无需保温、防水的屋面,如厂房内部房屋的屋盖,或与正槽板一起组成双层屋面(中间铺保温材料)

图 11.1 楼面梁的截面形式

(a)矩形;(b)T 形;(c)倒 T 形;(d)花篮形

11.1.2　结构平面布置

结构平面布置就是按照技术先进、经济合理的原则,确定楼盖结构构件的平面位置及平面尺寸。结构平面布置是楼盖设计中一个非常重要的环节。

铺板式楼盖的结构布置与建筑平面和墙体(或柱网)的布置密切相关。根据铺板方向的不同,有沿房屋纵向布置、横向布置和纵横向布置三种方案,如图 11.2 所示。在工程设计中,结构设计人员根据工程的具体情况,综合分析影响平面布置的诸多因素,最后确定楼盖结构的布置方案,并以施工图的形式表现出来,这就是楼盖结构平面布置图。它是建筑施工和预算的重要依据之一。

楼盖结构平面布置图的识读,应重点了解结构构件的平面位置、标志尺寸、构件形式、规格以及构件间的相互关系等。

图 11.2　楼板的平面布置形式

(a)(b)楼板沿纵向布置;(c)楼板沿横向布置;(d)楼板沿纵横向布置

11.1.3　装配式楼盖的联接构造

如前所述,装配式楼盖是由单个楼盖构件装配而成的,为了保证楼盖及房屋其他承重构件的共同工作性能,增加房屋的整体空间刚度,这就要求构件之间应有可靠的联接,同时还要求构件之间的联接传力可靠,构造合理,施工方便。为此,装配式楼盖的联接应注意以下几点。

1. 铺板的标志尺寸与构造尺寸

构件的标志尺寸是根据建筑模数确定的构件名义尺寸，它主要用来确定预制构件的规格、标注构件的位置。如果构件按标志尺寸制作，考虑到制作时可能发生的正公差，安装铺板时有可能铺设不下，因此，构件的设计尺寸应比标志尺寸小些，该尺寸叫做构件的构造尺寸。通常标志尺寸减去构件之间的缝隙即为构造尺寸。预制铺板的构造尺寸一般比标志尺寸小 10 ~20 mm。例如规格为 3.3 m×0.9 m 的预制板，规格尺寸即为铺板的标志尺寸，它的构造尺寸为 3.28 m×0.89 m。

2. 板缝处理

在预制铺板楼盖中，一般不容许出现三边支承板，但是墙体的净距往往不是板宽的整数倍；因此，在布置铺板时，可能留下较大的缝隙。这时，除了采用不同宽度的预制板搭配布置外，根据所剩空隙的大小，还可采用下列措施加以处理：

① 选用调缝板。这种板是专门为调节板缝而设计的特型板，通常它和相应的预制板都编入标准图集中供选用（调缝板的标准宽度一般为 300 mm）。

② 增大板缝。一般预制板之间的板缝宽度为 10 mm，必要时可将板缝加大至 20 mm，超过 20 mm 的板缝内应配钢筋。（用于排板后 <60 mm 的空隙）

③ 采用挑砖。由平行于板边的墙挑砖，挑出的砖与板的上下表面平齐，挑出的尺寸不得大于半砖（120 mm）。但这种做法的坚固性和耐久性都较差，采用不多。

④ 交替采用不同宽度的板。例如在采用 600 mm 宽的板时，换用一块宽度为 900 mm 的板，总宽度增加 300 mm，相当于半块 600 mm 的板宽，可用以填充 ≥300 mm 的空隙。

⑤ 现浇板带。当排板下来所剩空隙较大或楼盖板缝内需设置管道时，可采用现浇钢筋混凝土板填缝，钢筋配置在空隙之内，混凝土的强度等级应不低于预制板混凝土的强度等级。采用这种做法时，一般要用 8 号铁丝悬吊模板，施工较为复杂。

调整板缝时，应视具体情况优先采用前四种措施中的一种，或数种措施合用。只有在前四种措施仍不能满足要求时，才采用现浇板带的做法。

3. 铺板式楼盖的联接

（1）板与板的联接

一般情况下，板与板的联接可采用灌缝的办法，即用强度等级不低于 M15 的水泥砂浆或 C15 的细石混凝土灌注密实。当楼面有振动荷载或对楼盖整体性要求较高时，还应在板缝中设置拉结筋。

（2）板与支承墙、梁的联接

板与支承构件之间用强度等级不低于 M5、厚度为 10 ~20 mm 的水泥砂浆，坐浆联接。板在墙上的支承长度 ≥100 mm，在预制梁上的支承长度 ≥80 mm。板的端缝亦应灌浆填实，当采用空心板时，空心板两端的孔洞须用混凝土块或砖填实。

当楼面板跨度较大或对楼盖整体性有较高要求时，还应在板的支座上部板缝中设置拉结筋以加强楼盖的整体性。

① 板与非承重墙的联接。板与非承重墙之间的缝隙，一般应采用强度等级不低于 C15

的细石混凝土灌注密实。当楼面板跨度较大或对楼盖整体性要求较高时,应在平行于纵墙边缘与墙体之间配置适当数量的拉结筋。

② 梁与墙的联接。预制钢筋混凝土梁搁置在墙体上时,应在梁下支承面上坐以强度等级不低于 M5、厚度为 10 ～20 mm 的水泥砂浆。预制梁在墙上的支承长度 ≥170 mm;当梁高 <400 mm 时,应≥110 mm。当梁下支承处墙体的局部受压承载力不足或梁的跨度较大时,应在梁支承处设置钢筋混凝土梁垫(具体要求见第 12 章中的有关规定)。

11.2　现浇钢筋混凝土楼盖的结构型式

梁板构件整体浇筑在一起而形成的楼盖称为现浇钢筋混凝土楼盖。现浇楼盖中的构件大部分是多跨连续的超静定结构。

按楼面板支承受力条件的不同,现浇钢筋混凝土楼盖有以下三种形式。

11.2.1　单向板肋梁楼盖

单向板肋梁楼盖一般由板、次梁和主梁组成,如图 11.3 所示。当房屋的进深不大时,也可直接将次梁支承于砌体上而不需设置主梁。

图 11.3　现浇单向板肋梁楼盖

肋梁楼盖中,主梁与次梁一般相互垂直交叉,板一般四边都有支承,板上的荷载通过双向受弯传到支座上,但当板的长边 l_2 比短边 l_1 长得多时(按弹性理论,$l_2/l_1 > 2$ 时;按塑性理论,$l_2/l_1 > 3$ 时),板上的荷载主要沿短边方向传递到支承构件上,而沿长边方向传递的荷载则很少,可以略去不计。对于这样的板,受力钢筋将沿短边方向布置,在垂直于短边方向按构造要求设置构造钢筋,所以称为单向板,也叫梁式板。

单向板肋梁楼盖的荷载传递路径为:板→次梁→主梁→柱(或墙)→基础→地基。次梁的间距即为板的跨度;主梁的间距又为次梁的跨度。

在单向板肋梁楼盖中主梁跨度一般为 5~8 m, 次梁跨度一般为 4~6 m, 板常用跨度为 1.7~2.7 m, 板厚不小于 60 mm, 且不小于板跨的 $l/40$。

单向板肋梁楼盖受力合理, 构造简单, 施工方便, 也较经济, 应用广泛。由于板、次梁和主梁为整体浇筑, 所以一般是多跨连续的超静定结构, 这是整体式单向板肋梁楼盖的主要特点。

11.2.2 双向板肋梁楼盖

当 $l_2/l_1 \leqslant 2$ 时, 板在两个方向同时发生弯曲变形, 且不能忽略任一方向的弯曲变形, 板双向受弯, 板上的荷载沿两个方向传到梁上, 这种板叫双向板。其传力途径为板上荷载传至次梁(墙)和主梁(墙), 次梁和主梁上荷载传至墙、柱, 最后传至基础和地基。

双向板肋梁楼盖的跨度可达 12 m 或更大, 适用于较大跨度的公共建筑和工业建筑, 相同跨度时双向板厚度比单向板薄。

当在双向板肋梁楼盖的范围内不设柱则组成井字梁楼盖, 如网格呈正方形, 可将各方向的梁截面尺寸设计为相同。一般梁高 h 可取 $(1/18~1/16)l$, 梁宽 b 可取 $(1/4~1/3)h$, l 为房间平面的短边长度。

井字梁楼盖的梁网格可以正交正放, 也可正交斜放, 如图 11.4 和图 11.5 所示。

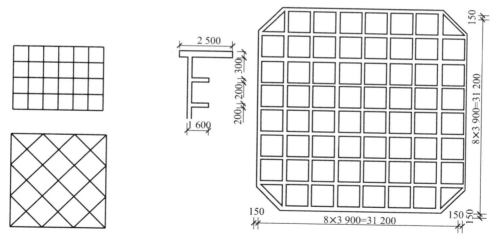

图 11.4　井字梁楼盖梁网格布置图　　　　图 11.5　南京金陵饭店接待大厅

与单向板肋梁楼盖相比, 井字梁楼盖梁较小, 天棚较美观, 但造价略贵, 且结构计算及构造都较复杂, 施工不够方便, 一般多用于建筑物的门厅部分或公共建筑中的楼盖等。

11.2.3 无梁楼盖

无梁楼盖在楼盖中不设置梁, 而将楼面板直接支承于柱的上端。为了改善板的受力条件,加强柱对板的支承作用,一般在柱上端设置柱帽,如图 11.6 所示。

无梁楼盖的主要优点是,在同样净高的条件下,其层高较一般型式楼盖为低,从而降低了房屋的总高度,且天棚平整,采光通风好,在柱距较小、楼层荷载大时比较经济。但结构计算及配筋复杂。

图 11.6　无梁楼盖

11.3　单向板肋梁楼盖

11.3.1　单向板肋梁楼盖的设计要点

单向板肋梁楼盖的设计步骤一般可归纳为:结构平面布置→确定静力计算简图→构件内力计算→截面配筋计算→绘制施工图。

1. 结构平面布置

柱网和梁格的合理布置对楼盖的适用、经济以及设计和施工都有重要的意义。梁、板截面尺寸要尽量统一,以简化设计,方便施工。因此,结构平面布置是肋梁楼盖设计的主要步骤。布置时,一般应注意以下几方面:

① 柱网尺寸的确定首先应满足使用要求,同时应考虑到梁、板构件受力的合理性。对于单向板肋梁楼盖,柱网尺寸决定了主梁与次梁的跨度,次梁的间距又决定了板的跨度。

② 梁的布置方向应考虑生产工艺、使用要求及支承结构的合理性,一般以主梁沿房屋的横向布置居多,这样可以提高房屋的侧向刚度,增加房屋抵抗水平荷载的能力,对采光也有利。

③ 梁格的布置应尽量规整和统一,减少梁、板跨度的变化,从而获得最佳的建筑效果和经济效果。

图 11.7 所示为几种单向板肋梁楼盖的结构平面布置示例。

图 11.7　单向板肋梁楼盖结构平面布置

(a)(c)板横向布置；(b)(d)(e)板纵向布置

2. 计算简图

计算简图就是把实际的工程结构构件简化为既能反映构件实际受力情况又便于计算的图形,它是构件内力计算时用来代替实际构件的力学模型。计算简图应表示出构件的支座情况、跨数、各跨的跨度以及作用在构件上的荷载形式、大小和位置关系。

对于现浇钢筋混凝土单向板肋梁楼盖,梁和板的支座都可近似看做铰支座,而将主梁、次梁及板均视为多跨连续受弯构件。构件跨数少于五跨时,应按实际跨数计算构件内力;当跨数超过五跨时,可按五跨连续构件计算其内力。连续梁和板的计算跨度 l_0,中间各跨取支承中心线之间的距离,边跨由于端支座的情况而有所差别。如果边跨搁置在支承构件上,对于梁来说,边跨计算长度在 $\left(1.025l_n + \dfrac{b}{2}\right)$ 与 $\left(l_n + \dfrac{a+b}{2}\right)$ 两者中取小值;对于板,边跨计算长度在 $\left(1.025l_n + \dfrac{b}{2}\right)$ 与 $\left(l_n + \dfrac{h+b}{2}\right)$ 两者中取小值。其中 a 为边跨支承长度,b 为第一内支座的支承宽度,h 为板厚。

作用于楼盖上的荷载有永久荷载和可变荷载,计算时,通常取 1 m 宽的板带作为板的计算单元,次梁承受左右两边板传来的均布线荷载及自重,主梁承受次梁传来的集中荷载和自重。主梁自重为均布荷载,为便于计算,一般将其折算为几个集中荷载,分别加在次梁传来的集中荷载中。

单向板肋梁楼盖中,梁和板的荷载范围及计算简图如图 11.8 所示。

3. 内力计算方法

钢筋混凝土连续梁、板的内力计算方法有两种:按弹性理论和按塑性理论。通常情况下,主梁的内力按弹性理论的方法计算;次梁和板按塑性理论的方法计算。

（1）按弹性理论的方法计算

按弹性理论计算钢筋混凝土多跨连续梁的内力,就是假定钢筋混凝土梁为理想的均质弹性体,按结构力学中所阐述的方法进行计算。为计算简便起见,当连续梁各跨跨度不等时,如各跨计算跨度之差不超过 10% ,可按等跨连续梁计算。等截面等跨连续梁在常见荷载作用下的内力系数已编制成表格,设计时可直接查表进行计算。

由于作用在楼盖上可变荷载的作用位置是可变的,因此,在计算连续梁内力时,应按荷载的最不利位置来计算构件各截面上可能出现的最不利内力,并以此作为梁截面承载力计算的依据。

图 11.8　单向板肋梁楼盖板、梁的计算简图
(a)荷载计算单元;(b)次梁的计算简图;(c)板的计算简图;(d)主梁的计算简图

如果将计算所得连续梁各截面上可能出现的同类最不利内力(弯矩或剪力)在同一图中按一定的比例表示出来,所得的图形称为内力包络图。梁的内力包络图有弯矩包络图和剪力包络图,它们表明在永久荷载和可变荷载共同作用下,连续梁各截面可能产生的最不利内力的范围,不论可变荷载处于何种位置,截面上的内力都不会超出这个范围。内力包络图是确定连续梁纵向受力钢筋弯起和截断的重要依据。

(2)按塑性理论的计算方法

前已述及,钢筋混凝土并非理想弹性体,钢筋混凝土多跨连续梁(板)在荷载作用下,将产生很大的塑性变形,甚至产生较宽的裂缝,而塑性及裂缝的产生和发展,将导致连续梁(板)各截面的内力重分布,从而使多跨连续梁(板)的实际受弯承载力有一定提高。可见,按弹性理论的计算方法并不能充分反映多跨连续梁(板)的实际受力性能。塑性理论计算方法就是在对连续梁(板)内力重分布规律进行充分研究的基础上提出的一种内力计算方法。

按照塑性理论的计算原则,对于均布荷载作用下的等跨(或跨度差小于或等于 10 %)的连续梁(板),其内力可按下列公式计算:

$$M = \alpha(g + q)l_0^2 \tag{11.1}$$

$$Q = \beta(g + q)l_n \qquad (11.2)$$

式中，α——考虑塑性内力重分布的弯矩计算系数，按图 11.9a 所示采用；

β——考虑塑性内力重分布的剪力计算系数，按图 11.9b 所示采用；

g——作用于梁、板上的均布永久荷载；

q——作用于梁、板上的均布可变荷载；

l_0——计算跨度；

l_n——净跨度。

4. 截面计算要点

梁、板内力确定后，即按《混凝土结构设计规范》所述方法，进行构件截面的承载力计算，并注意下述各点：

① 对于四周与梁整体相连的多跨连续板，中间各跨的跨中截面和中间支座（从边支座算起的第二支座除外）截面，设计弯矩值可按计算所得弯矩降低 20% 采用。

② 板的斜截面受剪承载力一般均能满足要求，设计时可不进行计算。

③ 在进行梁的正截面受弯承载力计算时，一般跨中截面承受正弯矩，按 T 形截面计算；支座截面则按矩形截面计算。

④ 在主梁的支座位置，板、次梁、主梁的负筋相互交叉通过，通常情况下，板的负筋放置在次梁负筋的上面，次梁的负筋放置在主梁负筋的上面，如图 11.10 所示，因此，支座截面次梁与主梁受拉钢筋合力点至梁顶面的距离 a_s 应按图中所示采用。

图 11.9　板、次梁的弯矩系数和剪力系数　　　　图 11.10　主梁支座处受力钢筋的布置

⑤ 在次梁与主梁交接处，应设置附加横向钢筋（吊筋或附加箍筋），以承受次梁传给主梁的集中荷载，防止主梁局部破坏。附加横向钢筋应布置在图 11.11 所示长度为 S 的范围内，并宜优先采用附加箍筋。

附加横向钢筋的总截面面积应按式（11.3）计算：

$$A_{sv} \geqslant \frac{F}{f_{yv}\sin\alpha} \qquad (11.3)$$

图 11.11　梁的附加横向钢筋的布置

式中，A_{sv}——承受集中荷载所需的附加横向钢筋总截面面积；当采用附加吊筋时，A_{sv} 应为左、右弯起段截面面积之和；

　　　　F——作用在梁的下部或梁截面高度范围内集中荷载的设计值；

　　　　α——附加横向钢筋与梁轴线间的夹角。

11.3.2　构造要求

单向板肋梁楼盖构件除应满足第 10 章所述梁、板的一般构造要求外，还应满足下列构造要求：

① 单向板肋梁楼盖中，板的厚度一般不应小于 $l_0/30$，次梁的截面高度不应小于 $l_0/20$，主梁的截面高度不应小于 $l_0/15$。l_0 为构件计算长度。通常情况下，板在砖墙上的支承长度为 120 mm，次梁在墙上的支承长度为 240 mm，主梁在墙上的支承长度为 370 mm。

② 多跨连续板的配筋可采用弯起式和分离式两种方式，如图 11.12 所示。当采用弯起式配筋时，弯起钢筋的弯起角通常为 30°。由板中伸入支座的下部受力钢筋，其截面面积不应小于跨中受力钢筋截面面积的 1/3，间距不应大于 400 mm。

③ 简支板的下部纵向受力钢筋应伸入支座，其锚固长度 l_{as} 不应小于 5d，且宜伸过支座中心线。当采用焊接网配筋时，其末端至少应有一根横钢筋配置在支座边缘内（图 11.13a）；如不满足图 11.13a 的要求时，应在受力钢筋末端制成弯钩（图 11.13b）或加焊附加的横向锚固钢筋（图 11.13c）。

④ 单向板中单位长度上的分布钢筋，其截面面积不应小于单位长度上受力钢筋截面面积的 15 %，其间距不应大于 250 mm。板的分布钢筋应配置在受力钢筋的内侧，并沿受力钢筋直线段均匀分布；受力钢筋的所有弯折处均应配置分布钢筋，但在梁的范围内不必配置，如图 11.14 所示。

⑤ 对嵌固在承重墙内的现浇板，在板的上部应配置直径 $\not< 8$ mm、间距 $\not> 200$ mm 的构造钢筋（包括弯起钢筋在内），其伸出墙边的长度 $\not< l_1/7$（l_1 为单向板的跨度）；同时，沿受力方向配置的上部构造钢筋（包括弯起筋）的截面面积还不宜小于跨中受力钢筋截面面积的 1/3。对于两边均嵌固在墙内的板角部分，应在其上部双向配置 $\phi6@\ 200$ 的构造钢筋，其伸出墙边的长度 $\not< l_1/4$，如图 11.15 所示。

a值:当P/g小于3时，$a=L_n/4$，当P/g大于3时，$a=L_n/3$;
其中P为均布可变荷载，g为均布永久荷载

(b)

图 11.12 连续单向板的配筋

(a) 弯起式配筋；(b) 分离式配筋

图 11.13 焊接网在板的自由支座上的锚固

(a)边缘内配 ≮1 根横钢筋；(b)制成弯钩；(c)附加锚固筋

图 11.14　板的分布钢筋布置

⑥ 主梁上部应沿主梁纵向配置不少于 $\phi 6@\ 200$、且与梁肋垂直的构造钢筋;其单位长度内的总截面面积不应小于板中单位长度内受力钢筋截面面积的 1/3,伸入板中的长度从肋边算起每边不应少于 $l_0/4$(l_0 为板的计算跨度),如图 11.16 所示。

图 11.15　板嵌固在承重砖墙内时板边上部构造钢筋的配置

图 11.16　板中与梁肋垂直的构造钢筋

⑦ 梁中受力钢筋的弯起和截断,原则上应通过在弯矩包络图上作抵抗弯矩图来确定。但对于跨度差不超过 20% 且以承受均布荷载为主的多跨连续次梁,当可变荷载 q 与永久荷载 g 的比值 $q/g \leqslant 3$ 时,可以按照图 11.17 所示的构造规定布置钢筋,而不需按弯矩包络图确定纵向受力钢筋的弯起和截断。

图 11.17　次梁的钢筋布置

11.3.3 单向板肋梁楼盖施工图

在实际工程设计中,结构设计人员根据房屋的平面形状、尺寸及使用要求等,就可对楼盖进行结构设计,并将设计成果用图纸的形式表示出来,这就是楼盖结构施工图。

通常情况下,一套完整的楼盖结构施工图由结构平面布置图、结构构件配筋图、钢筋表及图纸说明等四部分组成。

楼盖结构平面布置图,主要表示楼盖梁、板构件的平面位置、尺寸及相互之间的关系。

构件配筋图包括板、次梁及主梁的配筋图,一般应详细表示出构件尺寸、钢筋级别、直径、形式、尺寸、数量及钢筋编号等。通常板的配筋比较简单,一般是将板内不同形式的钢筋直接绘在板的平面图上来表示其配筋。次梁的配筋应画出配筋立面及配筋断面图,两者之间相互对应。主梁的配筋较复杂,梁中纵向受力钢筋的弯起和截断应在弯矩包络图上作材料图来确定,并在此基础上画出钢筋立面图和配筋断面图。为避免识读时各钢号的钢筋相互混淆,当配筋复杂时,还需画出钢筋分离图。

材料图是按实际配筋画出的梁各正截面所能承受的弯矩图。画材料图的目的,是为了更加合理、准确地确定梁中纵向受力钢筋的弯起和截断位置,使梁在保证各正截面都具有足够受弯承载力的前提下,获得最佳的经济效果。事实上,绘制材料图的过程,也就是对梁各正截面受力钢筋的配置进行图解设计的过程。施工图中一般不给出材料图。

编制钢筋图表的目的,主要是为了统计钢筋用量、编制施工图预算、进行钢筋加工等。钢筋表一般应包括:构件名称、数量、钢筋编号、钢筋简图以及钢筋级别、根数、直径、长度等。

图纸说明主要是对材料等级、结构对施工的要求以及用图无法表示的内容等的说明。

11.4 双向板的受力与构造特点

试验研究结果表明,双向板受力后有以下几个特点:

① 双向板在荷载作用下,荷载将沿板的长短两个方向传递给周边支承构件,板双向受弯,板在短跨方向上传递的荷载及在荷载作用下产生的弯矩都大于长跨方向。

② 双向板受力后,板的四角有向上翘起的趋势,板传递给支座的压力,并不沿周边均匀分布,而是中间较大,两端较小。

③ 在同等配筋率条件下,采用钢筋直径较细、间距较小的配筋方式对板的受力较为有利;而在受力钢筋数量相同的条件下,板中间部分钢筋排列较密者比均匀排列的有利。

双向板的配筋原则与单向板相同。但由于双向板在两个方向都受弯,且短边跨度方向的弯矩较大,因此,双向板的长边及短边跨度方向均应设置受力钢筋,并宜将短边方向的跨中受力钢筋布置在长边方向跨中钢筋的下面。

图 11.18　多跨连续双向板的配筋
（a）弯起式；（b）分离式

多跨连续双向板的配筋如图 11.18 所示,板的支座负筋应沿整个支座均匀布置;跨中钢筋因是按板跨中最大弯矩的计算结果设置的,靠近板的周边,弯矩减少,配筋也相应减少。为了节约钢筋,方便施工,跨中受力钢筋可按图 11.19 中的规定布置。

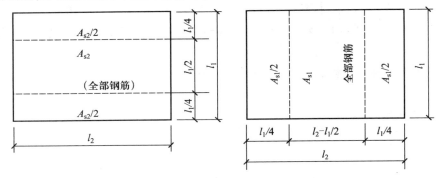

图 11.19　双向板钢筋分带布置示意图

思　考　题

11.1　装配式楼盖有几种形式? 熟悉铺板式楼盖的连接构造。

11.2　现浇钢筋混凝土楼盖的结构形式有哪几种? 各有何特点。

11.3　什么是单向板? 什么是双向板? 试述其受力及配筋特点。

11.4　试述单向板肋梁楼盖的设计要点。

11.5　板、次梁、主梁的受力钢筋在弯起、截断和伸入支座时有何要求?

12 砌体结构

【知识目标】

能熟练陈述砌体材料的种类；

能熟练陈述砌体的种类及其力学性能；

能正确陈述砌体结构的承重体系与静力计算方案；

能熟练陈述墙、柱的高厚比验算要求和构造要求；

能熟练陈述过梁和圈梁的形式、位置及设置要求。

【技能目标】

能正确判断砌体材料的性能并选用合适的强度等级；

能正确验算墙、柱的高厚比；

能正确选择过梁和圈梁的形式、布置位置；

能根据砌体受压破坏的特点，合理选择砌体材料；

能正确进行刚性方案房屋墙、柱的计算。

【教学准备】

仿真实训基地或半成品建筑楼、砌筑实训场、教学视频、砌体破坏的各种图片、例题。

【教法建议】

现场教学法、讲练法、讨论法、分组学习法、观摩教学法。

砌体结构是指由块体和砂浆砌筑而成的墙、柱作为建筑物主要受力构件的结构，是砖砌体、砌块砌体、石砌体结构的统称。砌体结构受力的共同特点是抗压能力较强，抗拉能力很差，因此，在一般房屋结构中，砌体多是以承受竖向荷载为主的墙体结构等。通常把这种由砌体和其他材料组成的结构称为混合结构。

混合结构房屋的墙、柱设计一般应解决如下几个问题：合理地选择墙体材料，进行墙体承重体系的布置，确定房屋静力计算方案，满足墙、柱的构造要求，保证砌体结构构件的承载力。

12.1 砌体材料与砌体的力学性能

12.1.1 砌体材料

1. 块材
目前,我国常用的块材可分为以下几种。

（1）烧结普通砖

由黏土、页岩、煤矸石或粉煤灰为主要原料,经过焙烧而成的实心或孔洞率不大于规定值且外形符合规定的砖。可分为烧结黏土砖、烧结页岩砖、烧结煤矸石砖、烧结粉煤灰砖等。

（2）烧结多孔砖

以黏土、页岩、煤矸石或粉煤灰为主要原料,经焙烧而成,孔洞率不小于25%,孔的尺寸小而数量多,主要用于承重部位的砖,简称多孔砖。目前多孔砖分为P型砖和M型砖。

采用烧结多孔砖可减轻建筑物自重、减少砂浆用量、提高砌筑效率、节省能源、改善隔音隔热效能及降低造价等。

（3）蒸压灰砂砖

以石灰和砂为主要原料,经坯料制备、压制成型、蒸压养护而成的实心砖。

（4）蒸压粉煤灰砖

以粉煤灰、石灰为主要原料,掺加适量石膏和集料,经坯料制备、压制成型、高压蒸汽养护而成的实心砖。

（5）混凝土小型空心砌块

由普通混凝土或轻骨料混凝土制成,主要规格为 390 mm × 190 mm × 190 mm,空心率在 25% ~50% 的空心砌块,简称混凝土砌块或砌块。

（6）石材

石材是指用天然石材经过加工后所形成的砌筑块材,按其加工后外形规则程度的不同,石材可分为料石和毛石,其中料石又包括细料石、半细料石、粗料石和毛料石。

石材的抗压强度高,耐久性好,但自重大,砌筑麻烦,多用于房屋的基础和勒脚部位。砌体中的石材应选用无明显风化的天然石材。

2. 砂浆
砌体中砂浆的作用是将块材连成整体并使应力均匀分布。同时,因砂浆填满块材间的缝隙而减少了砌体的透气性,增强了砌体的隔热性能和抗冻性。

砌筑砂浆按其组成的不同可分为以下三种类型。

（1）水泥砂浆

即由水泥与砂子加水搅拌而成的不加入任何塑化掺合料的纯水泥砂浆。水泥砂浆可以配制成较高强度的砂浆,耐久性好,但和易性差,砌筑不便,一般用于砌块砌体或对强度有较高要求以及位于潮湿环境中的砌体等。

（2）混合砂浆

在水泥砂浆中掺入适量塑性掺合料（石灰膏、黏土膏等）而制成的砂浆称为混合砂浆。这种砂浆具有一定的强度和耐久性，且和易性好，便于施工操作，质量容易保证，是一般砌体中常用的砌筑砂浆。

（3）非水泥砂浆

指不含水泥的砂浆，如石灰砂浆、石膏砂浆、黏土砂浆等。这类砂浆强度不高，耐久性较差，一般用于受力不大或简易建筑、临时性建筑的砌体中。

《砌体结构设计规范》（GB 50003—2011）（以下简称《砌体规范》）规定，砂浆的强度等级按龄期为 28 天的立方体试块（70.7 mm × 70.7 mm × 70.7 mm）所测得的抗压极限强度来划分；如砂浆强度在两个等级之间，则采用相邻较低值。对于多层房屋墙体，砂浆常用的强度等级为 M2.5 和 M5。

当验算施工阶段尚未硬化的新砌体时，可按砂浆强度为零确定其砌体强度。

3. 混凝土砌块灌孔混凝土

由水泥、集料、水以及根据需要掺入的掺和料和外加剂等成分，按一定比例，采用机械搅拌后，用于浇注混凝土砌块砌体芯柱或其他需要填实部位孔洞的混凝土，简称砌块灌孔混凝土。

按《砌体规范》的规定，块体和砂浆的强度等级，应按表 12.1 和表 12.2 的规定采用。

表 12.1　砌体材料强度等级表

结构类型	材料名称	强度等级符号	强度等级/（N/mm²）
承重结构	烧结普通砖、烧结多孔砖	MU	30、25、20、15、10
	蒸压灰砂普通砖、蒸压粉煤灰普通砖	MU	25、20、15
	混凝土普通砖、混凝土多孔砖	MU	30、25、20、15
	混凝土砌块、轻集料混凝土砌块	MU	20、15、10、7.5、5
	石材	MU	100、80、60、50、40、30、20
自承重墙	空心砖	MU	10、7.5、5、3.5
	轻集料混凝土砌块	MU	10、7.5、5、3.5

注：① 用于承重的双排孔或多排孔轻集料混凝土砌块砌体的孔洞率不应大于 35%。

　② 对用于承重的多孔砖及蒸压硅酸盐砖的折压比限值和用于承重的非烧结材料多孔砖的孔洞率、壁及肋尺寸限值及碳化、软化性能要求应符合现行国家标准《墙体材料应用统一技术规范》GB 50574 的有关规定。

　③ 石材的规格、尺寸及其强度等级可按《砌体结构设计规范》附录 A 的方法确定。

表 12.2　砂浆强度等级

砂浆种类	材料类别	强度等级符号	强度等级/(N/mm²)
普通砂浆	烧结普通砖、烧结多孔砖、蒸压灰砂普通砖、蒸压粉煤灰普通砖砌体	M	15、10、7.5、5.0、2.5
专用砌筑砂浆	蒸压灰砂普通砖、蒸压粉煤灰普通砖砌体	Ms	15、10、7.5、5.0
普通砂浆	混凝土普通砖、混凝土多孔砖、单排孔混凝土砌块、煤矸石混凝土砌块砌体	Mb	20、15、10、7.5、5
普通砂浆	双排孔或多排孔轻集料混凝土砌块砌体	Mb	10、7.5、5
普通砂浆	毛石、毛料石砌体	M	7.5、5、2.5

注：确定砂浆强度等级时应采用同类块体为砂浆强度试块底模。

12.1.2　砌体的种类

1. 砖砌体

砖砌体是由普通砖和空心砖用砂浆砌筑而成。当用标准砖砌筑时，可形成实心砖砌体和空斗墙砌体。

实心砖砌体的厚度有 120 mm、240 mm、370 mm、490 mm、620 mm 及 740 mm 等，也可把砌体一侧的砖侧砌而形成厚度为 180 mm、300 mm、420 mm 等厚度的实心物体。

空斗墙砌体是指把砌体中部分或全部砖立砌，并留有空斗而形成的墙体，其厚度通常为 240 mm。空斗墙砌体有一眠一斗、一眠二斗、一眠多斗和无眠斗墙等多种形式，如图 12.1 所示。这种砌体具有自重轻、节约块材和砂浆以及造价较低等优点，但抗剪性能较差，一般可用于非地震区一至四层的小开间民用房屋的墙体。

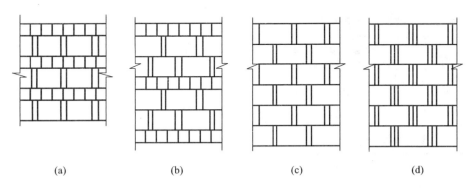

(a)　　　　　　　　(b)　　　　　　　　(c)　　　　　　　　(d)

图 12.1　空斗墙

（a）一眠一斗；（b）一眠二斗；（c）无眠斗墙；（d）无眠斗墙

为提高砌体的抗压强度，可以在水平灰缝中每隔几皮砖放置一层钢筋网而形成网状配筋砌体。在大偏心受压柱中，还可以在垂直于弯矩作用方向的两个柱侧面上预留竖向凹槽，并在其中配置纵向钢筋和浇筑混凝土而形成组合砌体柱。这两类砌体总称为配筋砖砌体。

2. 砌块砌体

砌块砌体可用于定型设计的民用房屋及工业厂房的墙体。由于砌块重量较大,砌筑时必须采用吊装机具,因此在确定砌块规格尺寸时,应考虑起吊能力,并应尽量减少砌块类型。目前国内使用的砌块高度一般在 180 ~ 600 mm 之间。

3. 石砌体

石砌体有料石砌体和毛石砌体两种类型。料石是经过加工,外形规则的石材,按其加工面平整的程度可分为细料石、半细料石、粗料石和毛料石四种。各种砌筑用料石的宽度不应小于 200 mm,长度不应大于厚度的四倍。由于料石外形规整程度不同,灰缝的厚度也不同:细料石砌体,不应大于 5 mm;半细料石砌体,不应大于 10 mm;粗料石和毛料石砌体,不应大于 20 mm。毛石又分为乱毛石和平毛石,平毛石系指形状虽不规则,但有两个平面大致平行的石块。在砌墙时所用毛石的尺寸,长边不应小于墙厚的 2/3,短边不应小于墙厚的 1/3。毛石砌体的灰缝一般为 20 ~ 30 mm。

12.1.3 砌体强度

1. 砌体的抗压强度

(1)砌体轴心受压时的破坏特征

砌体是由单块块材通过砂浆铺缝粘结而成的,它的抗压强度一般都低于单块块材的抗压强度,其受力性能与均质的整体构件有很大差别。试验分析表明,砌体的轴心受力及破坏过程大体上分为以下三个阶段。

① 未裂阶段:砌体从开始加载到砌体出现第一条(批)裂缝为第一阶段,如图 12.2a 所示,此时,荷载约为破坏荷载的 50% ~ 70%。

② 裂缝阶段:当继续增加荷载时,单块砖内个别短裂缝将继续增大和加宽,以至贯穿几皮砖而形成连续裂缝,如图 12.2b 所示。当荷载达到破坏荷载的 80% ~ 90% 时,可认为砌体已经历了第二阶段。

③ 破坏阶段:当荷载继续增大时,砌体中裂缝迅速发展,这些裂缝彼此相连并和垂直灰缝连起来形成条缝,逐渐将砌体分割成若干个单独的半砖小柱,整个砌体明显向外鼓出,由于各个小立柱受力不均匀,故最后将由于某些小立柱的失稳或压碎而导致整个砌体的破坏,如图 12.2c 所示。

(2)影响砌体抗压强度的主要因素

① 块材和砂浆的强度。

砌体材料的强度是影响砌体强度的主要因素,其中块材的强度又是最主要的因素。所以采用提高砂浆强度等级来提高砌体强度的做法,不如用提高块材的强度等级更为有效。

② 块材的尺寸和形状。

砌体的强度随块材长度的增大而降低,随块材厚度的增加而提高,这是因为块材抗折能

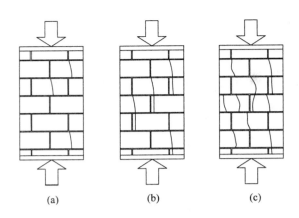

图 12.2　砌体轴心受压的破坏过程

(a) 未裂阶段;(b) 裂缝阶段;(c) 破坏阶段

力较低的缘故。块材形状的规则与否,也直接影响到砌体的抗压强度,块材表面不平;形状不规整会使砌体中灰缝厚度不均匀而导致砌体抗压强度的降低。

③ 砂浆的和易性。

砂浆的和易性好,砌筑时灰缝易铺砌均匀和饱满,单块砖在砌体中的受力也就均匀,因而抗压强度就相对较高。混合砂浆的和易性比水泥砂浆要好,因此,同一强度等级的混合砂浆砌筑的砌体强度要比水泥砂浆砌筑的砌体强度高。

④ 砌筑质量。

砌筑质量也是影响砌体抗压强度的重要因素。砂浆铺砌均匀、饱满,可以改善砖块在砌体中的受力性能,使之比较均匀地受压,从而提高砌体的抗压强度;反之,铺砌得不饱满、不均匀,则将降低砌体的抗压强度。一般要求砌体水平灰缝砂浆的饱满程度不得低于 80%,砖柱和宽度小于 1 m 的窗间墙竖向灰缝的饱满程度不得低于 60%。

2. 砌体的轴心抗拉、弯曲抗拉及抗剪强度

砖石砌体的抗压性能好,大多数用来承受压力,但实际工程中也会遇到承受轴向拉力、弯矩和剪力的情况。如砖砌圆形水池(图 12.3),由于液体对池壁的压力,将在环形池壁内引起轴心拉力。在挡土墙中,由于土压力的作用,使墙体和护壁产生水平和竖直两个方向的弯曲受拉(图 12.4a);在挡土墙的根部,也会发生沿Ⅲ－Ⅲ截面的受剪破坏(图 12.4b)。

试验资料表明:砌体的轴心受拉、受弯及受剪的破坏,大多发生在砂浆与砌体的连接面上,其强度值主要取决于灰缝的粘结强度和砂浆的强度。破坏形式有三种:沿齿缝破坏,如图 12.4a 中的Ⅰ－Ⅰ所示;沿直缝破坏,如图 12.4a 中的Ⅱ－Ⅱ所示;沿通缝破坏,如图 12.4b中的Ⅲ－Ⅲ所示。其值见表 12.3。

3. 各类砌体的抗压强度

龄期为 28d 的各类砌体以毛截面计算的抗压强度设计值用 f 表示,当施工质量控制等级为 B 级时,可按表 12.4 ~ 表 12.10 采用。当进行施工阶段承载力的验算时,设计强度可按表中砂浆强度为零的情况确定。

图 12.3　轴心受拉

（a）水池断面图；（b）水池平面图

图 12.4　挡土墙受剪

（a）水平和竖直方向受剪；（b）根部受剪

表 12.3　沿砌体灰缝截面破坏时砌体的轴心抗拉强度设计值、弯曲抗拉强度设计值和抗剪强度设计值

MPa

序号	强度类别	砌体种类及破坏特征		≥M10	M7.5	M5	M2.5
				砂浆强度等级			
1	轴心抗拉	沿齿缝	烧结普通砖、烧结多孔砖	0.19	0.16	0.13	0.09
			混凝土普通砖、混凝土多孔砖	0.19	0.16	0.13	—
			蒸压灰砂普通砖、蒸压粉煤灰普通砖	0.12	0.10	0.08	—
			混凝土和轻集料混凝土砌块	0.09	0.08	0.07	—
			毛石	—	0.07	0.06	0.04
2	弯曲抗拉	沿齿缝	烧结普通砖、烧结多孔砖	0.33	0.29	0.23	0.17
			混凝土普通砖、混凝土多孔砖	0.33	0.29	0.23	—
			蒸压灰砂普通砖、蒸压粉煤灰普通砖	0.24	0.20	0.16	—
			混凝土和轻集料混凝土砌块	0.11	0.09	0.08	—
			毛石	—	0.11	0.09	0.07

序号	强度类别	砌体种类及破坏特征		砂浆强度等级			
				≥M10	M7.5	M5	M2.5
2	弯曲抗拉	沿通缝	烧结普通砖、烧结多孔砖	0.17	0.14	0.11	0.08
			混凝土普通砖、混凝土多孔砖	0.17	0.14	0.11	–
			蒸压灰砂普通砖、蒸压粉煤灰普通砖	0.12	0.10	0.08	
			混凝土和轻集料混凝土砌块	0.08	0.06	0.05	–
3	抗剪	烧结普通砖、烧结多孔砖		0.17	0.14	0.11	0.08
		混凝土普通砖、混凝土多孔砖		0.17	0.14	0.11	–
		蒸压灰砂普通砖、蒸压粉煤灰普通砖		0.12	0.10	0.08	
		混凝土和轻骨料混凝土砌块		0.09	0.08	0.06	–
		毛石		–	0.19	0.16	0.11

注:① 对于用形状规则的块体砌筑的砌体,当搭接长度与块体高度的比值小于 1 时,其轴心抗拉强度设计值 f_t 和弯曲抗拉强度设计值 f_{tm} 应按表中数值乘以搭接长度与块体高度比值后采用。

② 表中数值是根据普通砂浆砌筑的砌体确定,采用经研究性试验且通过技术鉴定的专用砂浆砌筑的蒸压灰砂普通砖、蒸压粉煤灰普通砖砌体,其抗剪强度设计值按相应普通砂浆强度等级砌筑的烧结普通砖砌体采用。

③ 对混凝土普通砖、混凝土多孔砖、混凝土和轻集料混凝土砌块砌体,表中的砂浆强度等级分别为:≥Mb10、Mb7.5 及 Mb5。

表 12.4　烧结普通砖和烧结多孔砖砌体的抗压强度设计值 f　　　　　　　　　MPa

砖强度等级	砂浆强度等级					砂浆强度
	M15	M10	M7.5	M5	M2.5	0
MU30	3.94	3.27	2.93	2.59	2.26	1.15
MU25	3.60	2.98	2.68	2.37	2.06	1.05
MU20	3.22	2.67	2.39	2.12	1.84	0.94
MU15	2.79	2.31	2.07	1.83	1.60	0.82
MU10	–	1.89	1.69	1.50	1.30	0.67

注:当烧结多孔砖的孔洞率大于 30% 时,表中数值应乘以 0.9。

表 12.5　混凝土普通砖和混凝土多孔砖砌体的抗压强度设计值 f　　　MPa

砌块强度等级	砂浆强度等级					砂浆强度
	Mb20	Mb15	Mb10	Mb7.5	Mb5	0
MU30	4.61	3.94	3.27	2.93	2.59	1.15
MU25	4.21	3.60	2.98	2.68	2.37	1.05
MU20	3.77	3.22	2.67	2.39	2.12	0.94
MU15	–	2.79	2.31	2.07	1.83	0.82

表 12.6　蒸压灰砂砖和蒸压粉煤灰砖砌体的抗压强度设计值 f　　　MPa

砖强度等级	砂浆强度等级				砂浆强度
	M15	M10	M7.5	M5	0
MU25	3.60	2.98	2.68	2.37	1.05
MU20	3.22	2.67	2.39	2.12	0.94
MU15	2.79	2.31	2.07	1.83	0.82

注:当采用专用砂浆砌筑时,其抗压强度设计值按表中数值采用。

表 12.7　单排孔混凝土和轻骨料混凝土砌块砌体的抗压强度设计值 f　　　MPa

砌块强度等级	砂浆强度等级					砂浆强度
	Mb20	Mb15	Mb10	Mb7.5	Mb5	0
MU20	6.30	5.68	4.95	4.44	3.94	2.33
MU15	–	4.61	4.02	3.61	3.20	1.89
MU10	–	–	2.79	2.50	2.22	1.31
MU7.5	–	–	–	1.93	1.71	1.01
MU5	–	–	–	–	1.19	0.70

注:① 对独立柱或厚度为双排组砌的砌块砌体,应按表中数值乘以 0.7。

　　② 对 T 形截面墙体、柱子,应按表中数值乘以 0.85。

表 12.8　双排孔或多排孔轻集料混凝土砌块砌体的抗压强度设计值 f　　　MPa

砌块强度等级	砂浆强度等级			砂浆强度
	Mb10	Mb7.5	Mb5	0
MU10	3.08	2.76	2.45	1.44
MU7.5	–	2.13	1.88	1.12
MU5	–	–	1.31	0.78
MU3.5	–	–	0.95	0.56

注:① 表内砌体为火山渣、浮石和陶粒轻集料混凝土砌块。

　　② 对厚度方向为双排组砌的轻集料混凝土砌块砌体的抗压强度设计值,应按表中数值乘以 0.8。

表 12.9　毛料石(块体高度 180～350 mm)砌体的抗压强度设计值 f　　　　MPa

毛料石强度等级	砂浆强度等级			砂浆强度
	M7.5	M5	M2.5	0
MU100	5.42	4.80	4.18	2.13
MU80	4.85	4.29	3.73	1.91
MU60	4.20	3.71	3.23	1.65
MU50	3.83	3.39	2.95	1.51
MU40	3.43	3.04	2.64	1.35
MU30	2.97	2.63	2.29	1.17
MU20	2.42	2.15	1.87	0.95

注:对细料石砌体、粗料石砌体和干砌勾缝石砌体,表中数值分别乘以调整系数 1.4、1.2 和 0.8。

表 12.10　毛石砌体的抗压强度设计值 f　　　　MPa

毛石强度等级	砂浆强度等级			砂浆强度
	M7.5	M5	M2.5	0
MU100	1.27	1.12	0.98	0.34
MU80	1.13	1.00	0.87	0.30
MU60	0.98	0.87	0.76	0.26
MU50	0.90	0.80	0.69	0.23
MU40	0.80	0.71	0.62	0.21
MU30	0.69	0.61	0.53	0.18
MU20	0.56	0.51	0.44	0.15

在设计过程中,砌体强度设计值应按表 12.11 所列使用情况,乘以调整系数 γ_a。

表 12.11　砌体强度设计值调整系数 γ_a

使　用　情　况		γ_a
无筋砌体构件截面面积小于 0.3 m^2		0.7 + A
配筋砌体构件,砌体截面面积小于 0.2 m^2		0.8 + A
砌体用强度等级小于 M5.0 的水泥砂浆砌筑时	抗压强度	0.9
	一般砌体的抗拉、弯、剪强度	0.8
施工质量控制等级为 C 级		0.89
验算施工中房屋的构件		1.1

12.1.4　砌体的弹性模量

砌体的弹性模量随砌体的抗压强度而变化。各类砌体的弹性模量 E 按表 12.12 采用。

表 12.12 砌体弹性模量 E　　　　　　　　　　　　　　　　　　　　MPa

砌体种类	砂浆强度等级			
	$\geqslant$ M10	M7.5	M5	M2.5
烧结普通砖、烧结多孔砖砌体	$1\,600f$	$1\,600f$	$1\,600f$	$1\,390f$
混凝土普通砖、混凝土多孔砖砌体	$1\,600f$	$1\,600f$	$1\,600f$	–
蒸压灰砂普通砖、蒸压粉煤灰普通砖砌体	$1\,060f$	$1\,060f$	$1\,060f$	–
非灌孔混凝土砌块砌体	$1\,700f$	$1\,600f$	$1\,500f$	–
粗料石、毛料石、毛石砌体	–	5 650	4 000	2 250
细料石砌体	–	17 000	12 000	6 750

注:① 轻集料混凝土砌块砌体的弹性模量,可按表中混凝土砌块砌体的弹性模量采用。

② 单排孔对孔砌筑的混凝土砌块,灌孔砌体的弹性模量,应按下式计算:$E = 2\,000f_g$,式中 f_g 为灌孔砌体的抗压强度设计值。

③ 表中 f 为砌体的轴心抗压设计强度,不按表 12.11 进行调整。

④ 表中砂浆为普通砂浆,采用专用砂浆砌筑的砌体弹性模量也按此表取值。

⑤ 对混凝土普通砖、混凝土多孔砖、混凝土和轻集料混凝土砌块砌体,表中的砂浆强度等级分别为:$\geqslant$ Mb10、Mb7.5 及 Mb5。

⑥ 对蒸压灰砂普通砖和蒸压粉煤灰普通砖砌体,当采用专用砂浆砌筑时,其强度设计值按表中数值采用。

12.2　砌体结构的承重体系与静力计算方案

12.2.1　砌体结构的承重体系

按荷载传递路线的不同,砌体结构的承重体系可概括为纵墙承重体系、横墙承重体系及内框架承重体系。

1. 纵墙承重体系

砌体结构房屋中以纵墙作为主要承重墙的承重体系,称为纵墙承重体系。其荷载的主要传递路径是:板→梁(或纵墙)→纵墙→基础→地基,如图 12.5 所示。纵墙承重体系一般用于要求房屋内部具有较大的空间、横墙间距较大的建筑物,如教学楼、办公楼、实验楼、食堂等。

2. 横墙承重体系

砌体结构中以横墙作为主要承重墙的承重体系,称为横墙承重体系。其荷载的主要传递路径是:板→横墙→基础→地基,如图 12.6 所示。一般住宅或集体宿舍类的建筑,因其开间不大,横墙间距小,楼板可直接支承在横墙上,形成横墙承重体系。

3. 内框架承重体系

墙体和柱子共同承受楼(屋)面荷载的承重体系,称为内框架承重体系。其荷载的传递路径是:板→梁→墙和柱→基础→地基,如图 12.7 所示。一般多层厂房、商店等常用内框架承重体系。

图 12.5 纵墙承重体系

图 12.6 横墙承重体系

图 12.7 内框架承重体系

12.2.2 房屋静力计算

砌体结构房屋静力计算,实际上就是通过对房屋空间工作情况的分析,根据房屋空间刚度的大小,确定墙柱设计时的计算简图。房屋静力计算方案是确定墙、柱构造和进行强度计算的主要依据。

1. 房屋的空间工作情况

混合房屋结构中的墙、柱承受着屋盖和楼盖传来的垂直荷载,以及由墙面或屋面传来的水平荷载(如风荷载)。在水平荷载及竖向偏心荷载作用下,墙或柱的顶端将产生水平位移;而混合结构的纵、横墙以及楼(屋)盖是互相关联又互相制约的整体,在荷载作用下整个结构处于空间工作状态。因此,在静力分析中必须考虑房屋的空间工作性能。

根据试验分析,影响房屋的空间工作性能的主要因素是楼(屋)盖的水平刚度和横墙间距的大小。楼(屋)盖的水平刚度大,横墙间距小,房屋的空间刚度就大,荷载作用下墙、柱顶端的水平位移就小;反之,如房屋的空间刚度小,墙柱顶部的水平位移就大。

2. 房屋的静力计算方案

（1）刚性方案

当房屋的横墙间距较小、楼(屋)盖刚度较大时,在荷载作用下,房屋的水平位移很小,在确定计算简图时,可以忽略不计,将楼(屋)盖视为墙体的不动铰支座,而墙、柱内力按不动铰支座的竖向构件计算,这种房屋称为刚性方案房屋。一般混合结构的多层住宅、办公楼、教学楼、宿舍、医院等均属刚性方案房屋。单层刚性方案房屋的静力计算可按墙、柱上端为不动铰支承于房盖,下端嵌固于基础的竖向构件计算,其计算简图如图12.8a所示。

(2)弹性方案

当房屋的横墙间距较大,楼(屋)盖刚度较小时,在荷载作用下,房屋的水平位移较大,在确定计算简图时,必须考虑水平位移(u)对结构的影响,这种房屋称为弹性方案房屋。对于单层弹性方案房屋,其静力计算可按屋架或屋面梁与墙(柱)为铰接的不考虑空间工作的平面排架计算。计算简图如图12.8b所示。

图 12.8　混合结构房屋的计算简图
(a)刚性方案;(b)弹性方案;(c)刚弹性方案

(3)刚弹性方案

在外荷载作用下,房屋的水平位移介于"刚性"与"弹性"两种方案之间的房屋称为刚弹性方案房屋。这种方案的房屋,在水平荷载作用下,其水平位移(u_1)较弹性方案的水平位移小,但又不能忽略,在确定计算简图时,按在墙、柱顶具有弹性支座的平面排架或框架计算。单层刚弹性方案的静力计算简图如图12.8c所示。

根据上述原则,计算时可按表12.13确定房屋的静力计算方案。

表12.13　房屋的静力计算方案

	屋盖或楼盖类别	刚性方案	刚弹性方案	弹性方案
1	整体式、装配整体和装配式无檩体系钢筋混凝土屋盖或钢筋混凝土楼盖	$S < 32$	$32 \leqslant S \leqslant 72$	$S > 72$
2	装配式有檩体系钢筋混凝土屋盖、轻钢屋盖和有密铺望板的木屋盖或木楼盖	$S < 20$	$20 \leqslant S \leqslant 48$	$S > 48$
3	瓦材屋面的木屋盖和轻钢屋盖	$S < 16$	$16 \leqslant S \leqslant 36$	$S > 36$

注:① 表中 S 为房屋的横墙间距,其长度单位为 m。

② 对无山墙或伸缩缝处无横墙的房屋,应按弹性方案考虑。

③ 当屋盖、楼盖类别不同或横墙间距不同时,可按《砌体结构设计规范》第4.2.7条规定确定房屋的静力计算方案。

3. 刚性和刚弹性方案房屋的横墙

刚性和刚弹性方案房屋的横墙是指有足够刚度的承重墙,轻质墙体或后砌的隔墙不起这种作用。《砌体规范》规定刚性方案和刚弹性方案房屋的横墙,应符合下列要求:

① 横墙中开有洞口时,洞口的水平截面面积不应超过横墙截面面积的 50%。

② 横墙的厚度不宜小于 180 mm。

③ 单层房屋的横墙长度不应小于高度;多层房屋的横墙长度不应小于横墙总高度的 1/2。

当横墙不能同时符合上述三条要求时,应对横墙的刚度进行验算。如果最大水平位移值 $\mu_{max} \leqslant \dfrac{H}{4\,000}$ 时(H 为横墙总高度),仍可视作刚性或刚弹性方案房屋的横墙。凡符合前述要求的一段横墙或其他结构构件(如框架等),也可视作刚性或刚弹性方案房屋的横墙。

12.3 墙、柱的高厚比验算和构造要求

12.3.1 墙、柱的高厚比验算

墙、柱的计算高度与墙厚(或柱边长)的比值,称为高厚比。墙、柱的高厚比越大,其稳定性越差,越容易发生倾斜,在受到振动时,易失稳破坏。因此,设计时必须对墙、柱的高厚比加以控制。

1. 矩形截面墙、柱高厚比验算

矩形截面墙、柱高厚比应按下式验算:

$$\beta = \frac{H_0}{h} \leqslant \mu_1 \mu_2 [\beta] \tag{12.1}$$

式中,H_0——墙、柱的计算高度(mm),按表 12.14 采用;

  h——墙厚或矩形柱与 H_0 相对应的边长(mm);

  $[\beta]$——墙、柱的允许高厚比,按表 12.15 采用;上端为自由端的 $[\beta]$ 值,除按 μ_1 修正外,尚可提高 30%;

  μ_1——非承重墙允许高厚比的修正系数。

对于厚度 $h \leqslant 240$ mm 的非承重墙,

$h = 240$ mm 时, $\mu_1 = 1.2$

$h = 90$ mm 时, $\mu_1 = 1.5$

240 mm $> h > 90$ mm 时,μ_1 按插入法取值。

表 12.14　受压构件的计算高度 H_0

房屋类别			柱		带壁柱墙或周边拉结的墙		
			排架方向	垂直排架方向	$s > 2H$	$2H \geqslant s > H$	$s \leqslant H$
有吊车的单层房屋	变截面柱上端	弹性方案	$2.5H_u$	$1.25H_u$	$2.5H_u$		
		刚性、刚弹性方案	$2.0H_u$	$1.25H_u$	$2.0H_u$		
	变截面柱下端		$1.0H_1$	$0.8H_1$	$1.0H_1$		
无吊车的单层和多层房屋	单跨	弹性方案	$1.5H$	$1.0H$	$1.5H$		
		刚弹性方案	$1.2H$	$1.0H$	$1.2H$		
	两跨或多跨	弹性方案	$1.25H$	$1.0H$	$1.25H$		
		刚弹性方案	$1.10H$	$1.0H$	$1.1H$		
	刚性方案		$1.0H$	$1.0H$	$1.0H$	$0.4s + 0.2H$	$0.6s$

注:① 表中 H_u 为变截面柱的上端高度;H_1 为变截面柱的下端高度。

　　② 对于上端为自由端的构件,$H_0 = 2H$。

　　③ 独立砖柱,当无柱间支撑时,柱在垂直排架方向的 H_0 应按表中数值乘以 1.25 后采用。

　　④ s 为房屋横墙间距。

　　⑤ 非承重墙的主牌高度应根据周边支承或拉接条件确定。

表 12.14 中的构件高度 H 应按下列规定采用:

① 在房屋底层,为楼板顶面到构件下端支点的距离。下端支点的位置,可取在基础顶面。当埋置较深且有刚性地坪时,可取室外地面下 500 mm 处。

② 在房屋其他层次,为楼板或其他水平支点间的距离。

③ 对于无壁柱的山墙,可取层高加山墙尖高度的 1/2;对于带壁柱的山墙可取壁柱处的山墙高度。

表 12.15　墙、柱的允许高厚比 $[\beta]$ 值

砌体类型	砂浆强度等级	墙	柱
无筋砌体	M2.5	22	15
	M5 或 Mb5、Ms5	24	16
	≥M7.5 或 Mb7.5、Ms7.5	26	17
配筋砌块砌体	—	30	21

注:① 毛石墙、柱允许高厚比应按表中数值降低 20%。

　　② 带用混凝土或砂浆面层的组合砖砌体构件的允许高厚比,可按表中数值提高 20%,但不得大于 28。

　　③ 验算施工阶段砂浆尚未硬化的新砌体高厚比时,允许高厚比对墙取 14,对柱取 11。

μ_2——有门窗洞口墙允许高厚比的修正系数,按式(12.2)确定:

$$\mu_2 = 1 - 0.4\frac{b_s}{s} \qquad\qquad (12.2)$$

s——相邻窗间墙或壁柱之间的距离,mm;

b_s——在宽度 s 范围内的门窗洞口总宽度,mm。

当按公式(12.2)算得的 μ_2 值小于 0.7 时,应采用 0.7。当洞口高度等于或小于墙高的 1/5 时,取 $\mu_2 = 1.0$。

2. 带壁柱墙体的高厚比验算

带壁柱墙如图 12.9 所示,其高厚比的验算应分两部分进行。首先验算带壁柱墙的高厚比(整片墙的高厚比),即把壁柱看成 T 形(或十字形)截面柱,验算其高厚比;其次验算壁柱间墙的高厚比,即把壁柱看成壁柱间墙体的侧向支点,验算两壁柱间墙的高厚比。

图 12.9 带壁柱墙

(1)整片墙的高厚比验算

验算公式如下:

$$\beta = \frac{H_0}{h_T} \leqslant \mu_1\mu_2[\beta] \qquad\qquad (12.3)$$

式中,h_T——带壁柱墙截面的折算厚度,mm,当为 T 形截面时,可近似取 $h_T = 3.5i$ 计算;

i——带壁柱墙截面的惯性半径,mm,$i = \sqrt{I/A}$;

I——带壁柱墙截面的惯性矩,mm^4;

A——带壁柱墙截面的面积,mm^2。

在确定截面面积 A 时,墙截面翼缘宽度 b_f 可按下列规定采用:

① 多层房屋,当有门窗洞口时,可取窗间墙宽度;当无门窗洞口时,每侧翼墙宽度可取壁柱高度(层高)的 1/3,但不应大于相邻壁柱间距离。

② 单层房屋,可取壁柱宽加 2/3 墙高,但不大于窗间墙宽度和相邻壁柱间距离。

③ 计算带壁柱墙的条形基础时,可取相邻壁柱间距离。

(2)壁柱间墙体的高厚比验算

壁柱间墙体的高厚比按厚度为 h 的矩形截面由式(12.1)进行验算,此时 s 应取相邻壁柱间的距离,且计算高度 H_0 一律按刚性方案考虑。

设有钢筋混凝土圈梁的带壁柱墙,当 $b/s \geqslant 1/30$ 时(b 为圈梁宽度),圈梁可视作壁柱间墙的不动铰支点。如具体条件不允许增加圈梁宽度,可按等刚度原则(墙体平面外刚度相等)增加圈梁刚度,以满足壁柱间墙不动铰支点的要求。

【例 12.1】 某教学楼底层平面如图 12.10 所示,外承重墙厚 370 mm,内承重墙厚 240 mm,底层墙高 4.5 m(下端支点取基础顶面),120 mm 厚,隔墙高 3.5 m,所有墙体均采用 M2.5 混合砂浆砌筑,烧结普通砖为 MU10,钢筋混凝土楼盖。试验算各墙的高厚比。(图中尺寸单位为 mm)

图 12.10 例 12.1 图

【解】 ① 确定房屋静力计算方案。

房屋横墙的最大间距 $s = 18$ m,由表 12.13 可确定为刚性方案房屋。

② 确定允许高厚比。

砂浆的强度等级为 M2.5,查表 12.15 得 $[\beta] = 22$。

③ 外纵墙高厚比验算。

由于 $s = 18$ m $> 2H = 9$ m,由表 12.14 查得 $H_0 = 1.0$,$H = 4.5$ m。

$$\mu_2 = 1 - 0.4 \times \frac{b_s}{s} = 1 - 0.4 \times \frac{6 \times 1.8 \text{ m}}{18 \text{ m}} = 0.76$$

承重墙取 $\mu_1 = 1$。

$$\beta = \frac{H_0}{h} = \frac{4.5 \times 10^3 \text{ mm}}{370 \text{ mm}} = 12.2$$

$$\mu_1 \mu_2 [\beta] = 1 \times 0.76 \times 22 = 16.7 > \beta (满足要求)$$

④ 内纵墙的高厚比验算。

$$\mu_2 = 1 - 0.4 \times \frac{b_s}{s} = 1 - 0.4 \times \frac{4 \times 1 \text{ m}}{18 \text{ m}} = 0.91$$

$$\beta = \frac{H_0}{h} = \frac{4.5 \times 10^3 \text{ mm}}{240 \text{ mm}} = 18.7$$

$$\mu_1 \mu_2 [\beta] = 1 \times 0.91 \times 22 = 20 > \beta (满足要求)$$

⑤ 横墙高厚比验算。

$$s = 6 \text{ m} < 2H = 9 \text{ m}$$

$$s = 6 \text{ m} > H = 4.5 \text{ m}$$

由表 12.14 查得

$$H_0 = 0.4s + 0.2H = 0.4 \times 6 \text{ m} + 0.2 \times 4.5 \text{ m} = 3.3 \text{ m}$$

$$\mu_1 = 1 \quad \mu_2 = 1$$

$$\beta = \frac{H_0}{h} = \frac{3.3 \times 10^3 \text{ mm}}{240 \text{ mm}} = 13.75 < [\beta] \quad （满足要求）$$

⑥ 隔墙的高厚比验算。

$$s = 6 \text{ m} < 2H = 7 \text{ m}$$

$$s = 6 \text{ m} > H = 3.5 \text{ m}$$

由表 12.14 查得

$$H_0 = 0.4s + 0.2H = 0.4 \times 6 \text{ m} + 0.2 \times 3.5 \text{ m} = 3.1 \text{ m}$$

非承重墙修正系数用内插法确定为

$$\mu_1 = 1.44$$

$$\mu_2 = 1$$

$$\beta = \frac{H_0}{h} = \frac{3.1 \times 10^3 \text{ mm}}{120 \text{ mm}} = 25.83$$

$$\mu_1\mu_2[\beta] = 1.44 \times 1 \times 22 = 31.68 > \beta \quad （满足要求）$$

12.3.2 墙、柱的一般构造要求

混合结构房屋设计时,除应满足高厚比要求外,还应满足砌体结构的一般构造要求,使房屋中的墙、柱与楼(屋)盖之间具有可靠的连接,以保证房屋的整体性与空间刚度。

墙、柱的一般构造要求如下:

(1) 地面以下或防潮层以下的砌体,潮湿房间的墙,所用材料的最低强度等级应符合表 12.16 的规定。

(2) 承重的独立砖柱截面尺寸不应小于 240 mm × 370 mm。毛石墙的厚度不应小于 350 mm,毛石柱截面较小边长不应小于 400 mm。

当有振动荷载时,墙、柱不宜采用毛石砌体。

(3) 跨度 > 6 m 的屋架,以及跨度 > 4.8 m(砖砌体)、4.2 m(砌块和料石砌体)、3.9 m(毛石砌体)的梁,应在支承处砌体上设置混凝土或钢筋混凝土垫块。当墙中设有圈梁时,垫块与圈梁宜浇成整体。

(4) 当梁跨度大于或等于(对 240 mm 的砖墙为 6 m;对 180 mm 的砖墙为 4.8 m;对砌块、料石墙为 4.8 m)括号内数值时,其支承处宜加设壁柱,或采取其他加强措施。

表 12.16　地面以下或防潮层以下的砌体、潮湿房间墙所用材料的最低强度等级

潮湿程度	烧结普通砖	混凝土普通砖、蒸压普通砖	混凝土砌块	石材	水泥砂浆
稍潮湿的	MU15	MU20	MU7.5	MU30	M5
很潮湿的	MU20	MU20	MU10	MU30	M7.5
含水饱和的	MU20	MU25	MU15	MU40	M10

注:① 在冻胀地区,地面以下或防潮层以下的砌体,不宜采用多孔砖。如采用时,其孔洞应用不低于 M10 的水泥砂浆先灌实。当采用混凝土砌块砌体时,其孔洞应采用强度等级不低于 C20 的混凝土预先灌实。

② 对安全等级为一级或设计使用年限大于 50 年的房屋,表中材料强度等级应至少提高一级。

（5）预制钢筋混凝土板在墙上的支承长度不应小于 100 mm;在钢筋混凝土圈梁上不应小于 80 mm,板端伸出钢筋应与圈梁可靠连接,并同时浇筑。当板支承于内（外）墙时,板端钢筋伸出长度不应小于 70 mm（不应小于 100 mm）,且与支座处沿墙配置的纵筋绑扎,并用强度等级不应低于 C25 的混凝土浇筑成板带。

（6）支承在墙、柱上的吊车梁、屋架及跨度大于或等于（对砖砌体为 9 m;对砌块和料石砌体为 7.2 m）括号内数值的预制梁的端部,应采用锚固件与墙、柱上的垫块锚固。

（7）填充墙、隔墙应分别采取措施与周边构件可靠连接。

（8）山墙处的壁柱宜砌至山墙顶部,屋面构件应与山墙可靠连接。

（9）砌块砌体应分皮错缝搭砌,上下皮搭砌长度不得小于 90 mm。当搭砌长度不满足上述要求时,应在水平灰缝内设置不少于 2φ4 的焊接钢筋网片（横向钢筋的间距不宜大于 200 mm）,网片每端均应超过该垂直缝,其长度不得小于 300 mm。

（10）砌块墙与后砌隔墙交接处,应沿墙高每 400 mm 在水平灰缝内设置不少于 2φ4、横筋间距不大于 200 mm 的焊接钢筋网片,如图 12.11 所示。

图 12.11　砌块墙与后砌隔墙交接处钢筋网片

（11）混凝土砌块房屋,宜将纵横墙交接处、距墙中心线每边不应小于 300 mm 范围内的孔洞,用不低于 Cb20 灌孔混凝土灌实,灌实高度应为墙身全高。

（12）混凝土砌块墙体的下列部位，如未设圈梁或混凝土垫块，应采用不低于 Cb20 灌孔混凝土将孔洞灌实：

① 搁栅、檩条和钢筋混凝土楼板的支承面下，高度不应小于 200 mm 的砌体。

② 屋架、梁等构件的支承面下，高度不应小于 600 mm，长度不应小于 600 mm 的砌体。

③ 挑梁支承面下，距墙中心线每边不应小于 300 mm，高度不应小于 600 mm 的砌体。

（13）在砌体中留槽洞及埋设管道时，应遵守下列规定：

① 不应在截面长边小于 500 mm 的承重墙体、独立柱内埋设管线。

② 不宜在墙体中穿行暗线或预留、开凿沟槽，无法避免时应采取必要的措施或按削弱后的截面验算墙体的承载力。

对受力较小或未灌孔的砌块砌体，允许在墙体的竖向孔洞中设置管线。

（14）夹心墙应符合下列规定：

① 外叶墙的砖及混凝土砌块的强度等级不应低于 MU10。

② 夹心墙的夹层厚度不宜大于 120 mm。

③ 夹心墙外叶墙的最大横向支承间距，设防烈度为 6 度时，不宜大于 9 m；设防烈度为 7 度时，不宜大于 6 m；设防烈度为 8、9 度时，不宜大于 3 m。

12.3.3 砌体结构构件抗震设计要求

对处于地震区的砌体房屋除应满足墙、柱的一般构造要求外，还应满足下列构造要求。

（1）配筋砌块砌体剪力墙房屋适用的最大高度不宜超过表 12.17 的规定。

表 12.17　配筋砌块砌体剪力墙房屋适用的最大高度　　　　　　　　　　m

结构类型 最小墙厚/mm		设防烈度和设计基本地震加速度					
		6 度	7 度		8 度	9 度	
		0.05g	0.10g	0.15g	0.20g	0.30g	0.40g
配筋砌块砌体抗震墙	190 mm	60	55	45	40	30	24
部分框支抗震墙		55	49	40	31	24	–

注：① 房屋高度指室外地面至主要屋面板板顶的高度（不包括局部突出屋顶部分）。

　　② 某层或几层开间大于 6.0 m 以上的房间建筑面积占相应层建筑面积的 40% 以上时，表中数据相
　　　　应减少 6 m。

　　③ 部分框支抗震墙结构指首层或底部两层为框支层的结构，不包括仅个别框支墙的情况。

　　④ 房屋的高度超过表内高度时，应根据专门的研究，采取有效的加强措施。

（2）地震区的混凝土砌块、石砌体结构的材料，应符合下列规定：

① 普通砖和多孔砖的强度等级不应低于 MU10，砌筑的砂浆强度等级不应低于 M5；蒸压灰砂砖、蒸压粉煤灰砖及混凝土砖的强度等级不应低于 MU15，其砂浆的强度等级不应低于 M5（Mb5）。

② 混凝土砌块的强度等级不应低于 MU7.5，其砌筑的砂浆的强度等级不应低于 Mb7.5。

③ 约束砖砌体墙,其砌筑砂浆的强度等级不应低于 M10 或 Mb10。

④ 配筋砌块砌体抗震墙,其混凝土空心砌块的强度等级不应低于 MU10,其砌筑砂浆的强度等级不应低于 Mb10。

（3）砖砌体结构房屋应符合下列规定：

① 房屋的层数与构造柱(用 GZ 表示)设置应符合表 12.18 中的要求。构造柱截面及配筋等构造要求,应符合现行国家标准《建筑抗震设计规范》(GB 50011—2010)的规定。

表 12.18　砖砌体房屋构造柱设置要求

房　屋　层　数				设置部位
6 度	7 度	8 度	9 度	
≤五	≤四	≤三		楼、电梯间四角,楼梯斜梯段上下端对应的墙体处;外墙四角和对应转角;错层部位横墙与外纵墙交接处;大房间内外墙交接处;较大洞口两侧	隔 12 m 或单元横墙与外纵墙交接处;楼梯间对应的另一侧内横墙与外纵墙交接处
六	五	四	二		山墙与内纵墙交接处,隔开间横墙(轴线)与外纵墙交接处
七	六、七	五、六	三、四		内墙(轴线)与外墙交接处;内墙的局部较小墙垛处;内纵墙与横墙(轴线)交接处

注:较大洞口,内墙指不小于 2.1 m 的洞口;外墙在内外墙交接处已设置构造柱时允许适当放宽,但洞侧墙体应加强。

② 多层砖砌体房屋的现浇钢筋混凝土圈梁设置应符合下列要求：

装配式钢筋混凝土楼、屋盖或木屋盖的砖房,应按表 12.19 中的要求设置圈梁;纵墙承重时,抗震横墙上的圈梁间距应比表内要求适当加密。

现浇或装配整体式钢筋混凝土楼、屋盖与墙体有可靠连接的房屋,应允许不另设圈梁,当楼板沿抗震墙体周边均应加强配筋并应与相应的构造柱钢筋可靠连接。

表 12.19　多层砖砌体房屋现浇钢筋混凝土圈梁设置要求

墙类	烈度		
	6、7	8	9
外墙和内纵墙	屋盖处及每层楼盖处	屋盖处及每层楼盖处	屋盖处及每层楼盖处
内横墙	同上;屋盖处间距不应大于 4.5 m;楼盖处间距不应大于 7.2 m;构造柱对应部位	同上;各层所有横墙且间距不应大于 4.5 m;构造柱对应部位	同上;各层所有横墙

12.4 无筋砌体构件的承载力计算

12.4.1 受压构件的计算

混合结构房屋中的墙、柱都是以轴心受压或偏心受压为主的构件。

试验分析表明,砌体结构受压构件的承载能力将随构件高厚比和轴向力偏心距的增加而降低,《砌体规范》规定把这种影响统一用影响系数 φ 来反映,即砌体结构受压构件的承载力可按式(12.4)计算:

$$N \leqslant \varphi f A \qquad (12.4)$$

式中,N——轴向力设计值,kN;

$\quad \varphi$——高厚比 β 和轴向力的偏心距 e 对受压构件承载力的影响系数,可按表 12.20 确定;

$\quad e$——轴向力的偏心距,mm,轴向力的偏心距 e 不宜超过 $0.6y$,y 为截面重心到轴向力所在偏心方向截面边缘的距离;

$\quad f$——砌体抗压强度设计值,MPa,按表 12.3 ~ 表 12.9 采用;

$\quad A$——截面面积,mm^2。

对矩形截面构件,当轴向偏心方向的截面边长大于另一方向的边长时,除按偏心受压计算外还应对较小边长方向,按轴心受压进行验算。

查影响系数表 12.20 确定 φ 值时,应先将构件高厚比 β 按下列公式计算。

对矩形截面:

$$\beta = \gamma_\beta \frac{H_0}{h} \qquad (12.5)$$

对 T 形截面:

$$\beta = \gamma_\beta \frac{H_0}{h_\mathrm{T}} \qquad (12.6)$$

式中,H_0——受压构件的计算高度,mm,按表 12.14 采用;

$\quad h$——矩形截面轴向力偏心方向的边长,当轴心受压时为截面较小边长;

$\quad h_\mathrm{T}$——T 形截面的折算厚度,可近似按 $3.5i$ 计算,i 为截面回转半径。

γ_β 按下面的规定进行取值:烧结普通砖、烧结多孔砖取 1.0;混凝土砖、混凝土及轻集料混凝土砌块取 1.1;蒸压灰砂砖、蒸压粉煤灰砖、细料石取 1.2;粗料石、毛石取 1.5;对灌孔混凝土砌块砌体取 1.0。

【例 12.2】 截面为 620 mm × 370 mm 的砖柱,采用强度等级 MU10 烧结普通砖及 M5

混合砂浆砌筑,柱的计算高度 $H_0 = 4.8$ m,柱顶承受轴向压力设计值 $N = 200$ kN,试验算该柱柱底截面的承载力。

【解】 ① 求柱底截面的轴向力设计值。

$N = 200 + \gamma_G G_K = 200$ kN $+ 1.2(0.62 \times 0.37 \times 4.8 \times 19)$ kN $= 225.1$ kN $= 225\,100$ N

② 求柱的承载力。

由表 12.3 查得 $f = 1.50$ MPa。因 $A = 0.62$ m $\times 0.37$ m $= 0.23$ m$^2 < 0.3$ m^2,则砌体强度应乘以调整系数:

$$\gamma_a = A + 0.7 = 0.23 + 0.7 = 0.93$$

因该砖柱为轴心受压,所以 $e = 0$。

由 $\beta = \gamma_\beta \dfrac{H_0}{h} = 1.0 \times \dfrac{4.8 \times 10^3 \text{ mm}}{370 \text{ mm}} = 13$ 及 $e = 0$,查表 12.20a 得影响系数 $\varphi = 0.80$。

则柱的承载力为

$$\varphi \gamma_a f A = 0.80 \times 0.93 \times 1.50 \text{ Pa} \times 0.23 \text{ m}^2 \times 10^6 = 256\,680 \text{ N} > 225\,100 \text{ N}$$

故该柱的承载力满足要求。

表 12.20a 影响系数 φ(砂浆强度等级 $\geqslant$ M5)

β	e/h 或 e/h_T												
	0	0.025	0.05	0.075	0.1	0.125	0.15	0.175	0.2	0.225	0.25	0.275	0.3
$\leqslant 3$	1	0.99	0.97	0.94	0.89	0.84	0.79	0.73	0.68	0.62	0.57	0.52	0.48
4	0.98	0.95	0.90	0.85	0.80	0.74	0.69	0.64	0.58	0.53	0.49	0.45	0.41
6	0.95	0.91	0.86	0.81	0.75	0.69	0.64	0.59	0.54	0.49	0.45	0.42	0.38
8	0.91	0.86	0.81	0.76	0.70	0.64	0.59	0.54	0.50	0.46	0.42	0.39	0.36
10	0.87	0.82	0.76	0.71	0.65	0.60	0.55	0.50	0.46	0.42	0.39	0.36	0.33
12	0.82	0.77	0.71	0.66	0.60	0.55	0.51	0.47	0.43	0.39	0.36	0.33	0.31
14	0.77	0.72	0.66	0.61	0.56	0.51	0.47	0.43	0.40	0.36	0.34	0.31	0.29
16	0.72	0.67	0.61	0.56	0.52	0.47	0.44	0.40	0.37	0.34	0.31	0.29	0.27
18	0.67	0.62	0.57	0.52	0.48	0.44	0.40	0.37	0.34	0.31	0.29	0.27	0.25
20	0.62	0.57	0.53	0.48	0.44	0.40	0.37	0.34	0.32	0.29	0.27	0.25	0.23
22	0.58	0.53	0.49	0.45	0.41	0.38	0.35	0.32	0.30	0.27	0.25	0.24	0.22
24	0.54	0.49	0.45	0.41	0.38	0.35	0.32	0.30	0.28	0.26	0.24	0.22	0.21
26	0.50	0.46	0.42	0.38	0.35	0.33	0.30	0.28	0.26	0.24	0.22	0.21	0.19
28	0.46	0.42	0.39	0.36	0.33	0.30	0.28	0.26	0.24	0.22	0.21	0.19	0.18
30	0.42	0.39	0.36	0.33	0.31	0.28	0.26	0.24	0.22	0.21	0.20	0.18	0.17

表 12.20b 影响系数 φ（砂浆强度等级 M2.5）

β	e/h 或 e/h_T												
	0	0.025	0.05	0.075	0.1	0.125	0.15	0.175	0.2	0.225	0.25	0.275	0.3
≤3	1	0.99	0.97	0.94	0.89	0.84	0.79	0.73	0.68	0.62	0.57	0.52	0.48
4	0.97	0.94	0.89	0.84	0.78	0.73	0.67	0.62	0.57	0.52	0.48	0.44	0.40
6	0.93	0.89	0.84	0.78	0.73	0.67	0.62	0.57	0.52	0.48	0.44	0.40	0.37
8	0.89	0.84	0.78	0.72	0.67	0.62	0.57	0.52	0.48	0.44	0.40	0.37	0.34
10	0.83	0.78	0.72	0.67	0.61	0.56	0.52	0.47	0.43	0.40	0.37	0.34	0.31
12	0.78	0.72	0.67	0.61	0.56	0.52	0.47	0.43	0.40	0.37	0.34	0.31	0.29
14	0.72	0.66	0.61	0.56	0.51	0.47	0.43	0.40	0.36	0.34	0.31	0.29	0.27
16	0.66	0.61	0.56	0.51	0.47	0.43	0.40	0.36	0.34	0.31	0.29	0.26	0.25
18	0.61	0.56	0.51	0.47	0.43	0.40	0.36	0.33	0.31	0.29	0.26	0.24	0.23
20	0.56	0.51	0.47	0.43	0.39	0.36	0.33	0.31	0.28	0.26	0.24	0.23	0.21
22	0.51	0.47	0.43	0.39	0.36	0.33	0.31	0.28	0.26	0.24	0.23	0.21	0.20
24	0.46	0.43	0.39	0.36	0.33	0.31	0.28	0.26	0.24	0.23	0.21	0.20	0.18
26	0.42	0.39	0.36	0.33	0.31	0.28	0.26	0.24	0.22	0.21	0.20	0.18	0.17
28	0.39	0.36	0.33	0.30	0.28	0.26	0.24	0.22	0.21	0.20	0.18	0.17	0.16
30	0.36	0.33	0.30	0.28	0.26	0.24	0.22	0.21	0.20	0.18	0.17	0.16	0.15

表 12.20c 影响系数 φ（砂浆强度 0）

β	e/h 或 e/h_T												
	0	0.025	0.05	0.075	0.1	0.125	0.15	0.175	0.2	0.225	0.25	0.275	0.3
≤3	1	0.99	0.97	0.94	0.89	0.84	0.79	0.73	0.68	0.62	0.57	0.52	0.48
4	0.87	0.82	0.77	0.71	0.66	0.60	0.55	0.51	0.46	0.43	0.39	0.36	0.33
6	0.76	0.70	0.65	0.59	0.54	0.50	0.46	0.42	0.39	0.36	0.33	0.30	0.28
8	0.63	0.58	0.54	0.49	0.45	0.41	0.38	0.35	0.32	0.30	0.28	0.25	0.24
10	0.53	0.48	0.44	0.41	0.37	0.34	0.32	0.29	0.27	0.25	0.23	0.22	0.20
12	0.44	0.40	0.37	0.34	0.31	0.29	0.27	0.25	0.23	0.21	0.20	0.19	0.17
14	0.36	0.33	0.31	0.28	0.26	0.24	0.23	0.21	0.20	0.18	0.17	0.16	0.15
16	0.30	0.28	0.26	0.24	0.22	0.21	0.19	0.18	0.17	0.16	0.15	0.14	0.13
18	0.26	0.24	0.22	0.21	0.19	0.18	0.17	0.16	0.15	0.14	0.13	0.12	0.12
20	0.22	0.20	0.19	0.18	0.17	0.16	0.15	0.14	0.13	0.12	0.12	0.11	0.10
22	0.19	0.18	0.16	0.15	0.14	0.14	0.13	0.12	0.12	0.11	0.10	0.10	0.09
24	0.16	0.15	0.14	0.13	0.13	0.12	0.11	0.11	0.10	0.10	0.09	0.09	0.08
26	0.14	0.13	0.13	0.12	0.11	0.11	0.10	0.10	0.09	0.08	0.08	0.08	0.07
28	0.12	0.12	0.11	0.11	0.10	0.10	0.09	0.09	0.08	0.08	0.08	0.07	0.07
30	0.11	0.10	0.10	0.09	0.09	0.09	0.08	0.08	0.07	0.07	0.07	0.07	0.06

【例 12.3】 带壁柱窗间墙如图 12.12 所示,采用 MU15 普通砖及 M7.5 混合砂浆砌筑,计算高度 $H_0 = 9.6$ m,柱底截面轴向力设计值 $N = 65$ kN,弯矩设计值 $M = 13.7$ kN·m,偏心压力偏向截面肋部一侧,试验算其承载力是否满足要求。

图 12.12

【解】 ① 计算截面几何特征。

截面面积:
$$A = 2\,000 \text{ mm} \times 240 \text{ mm} + 490 \text{ mm} \times 500 \text{ mm} = 725\,000 \text{ mm}^2$$

形心至截面边缘距离:
$$y_1 = \frac{2\,000 \text{ mm} \times 240 \text{ mm} \times 120 \text{ mm} + 490 \text{ mm} \times 500 \text{ mm} \times 490 \text{ mm}}{725\,000 \text{ mm}^2} = 245 \text{ mm}$$

$$y_2 = 740 \text{ mm} - 245 \text{ mm} = 495 \text{ mm}$$

惯性矩:
$$I = \frac{2\,000 \text{ mm} \times (240 \text{ mm})^3}{12} + 2\,000 \text{ mm} \times 240 \text{ mm} \times (125 \text{ mm})^2 + \frac{490 \text{ mm} \times (500 \text{ mm})^3}{12}$$
$$+ 490 \text{ mm} \times 500 \text{ mm} \times (245 \text{ mm})^2$$
$$= 293 \times 10^8 \text{ mm}^4$$

回转半径:
$$i = \sqrt{\frac{I}{A}} = \sqrt{\frac{293 \times 10^8 \text{ mm}^4}{725\,000 \text{ mm}^2}} = 201 \text{ mm}$$

T 形截面的折算厚度:
$$h_T = 3.5i = 3.5 \times 201 \text{ mm} = 703.5 \text{ mm}$$

② 计算偏心矩
$$e = \frac{M}{N} = \frac{13.7 \text{ kN} \cdot \text{m}}{65 \text{ kN}} = 0.211 \text{ m} = 211 \text{ mm}$$

$$e/y = e/y_2 = \frac{211 \text{ mm}}{495 \text{ mm}} = 0.426 < 0.6$$

③ 承载力计算。

由表 12.3 查得 $f = 2.07$ MPa。

由 $\beta = \gamma_\beta \dfrac{H_0}{h_T} = 1.0 \times \dfrac{9.6 \times 10^3 \text{ mm}}{703.5 \text{ mm}} = 13.65$ 和 $\dfrac{e}{h_T} = \dfrac{211 \text{ mm}}{703.5 \text{ mm}} = 0.30$,查表 12.20a,

得 $\varphi = 0.294$。

则窗间墙承载力为

$$\varphi fA = 0.294 \times 2.07 \text{ MPa} \times 725\,000 \text{ mm}^2 = 441\,220.5 \text{ N} > 65\,000 \text{ N}$$

故承载力满足要求。

12.4.2 局部受压计算

压力只作用在砌体的部分面积上称为局部受压。在混合结构房屋中经常遇到砌体局部受压的情况,例如屋架支承在带壁柱的砖墙上,钢筋混凝土大梁支承在砖墙上等,作为支座的砖墙就属于局部受压。

1. 局部均匀受压的计算

当砌体局部受压面积上的压应力呈均匀分布时称为局部均匀受压,如图 12.13 所示。

试验表明:局部受压时,由于砌体周围未直接受荷部分对直接受荷部分砌体的横向变形起着约束的作用,因而砌体的局部抗压强度高于砌体的抗压强度,《砌体规范》规定,用局部抗压强度提高系数来计算砌体截面中受局部均匀压力时的承载力,其计算公式如下:

图 12.13 砌体的局部
均匀受压

$$N_1 \leqslant \gamma f A_1 \tag{12.7}$$

式中,N_1——局部受压面积上的轴向力设计值;

  f——砌体的抗压强度设计值,局部受压面积小于 0.3 m²,可不考虑强度调整系数 γ_a 的影响;

  γ——砌体局部抗压强度提高系数;

  A_1——局部受压面积。

砌体的局部抗压强度提高系数 γ 按式(12.8)计算:

$$\gamma = 1 + 0.35 \sqrt{\frac{A_0}{A_1} - 1} \tag{12.8}$$

式中,A_0——影响砌体局部抗压强度的计算面积,按下列规定采用:

 ① 在图 12.14a 所示的情况下,$A_0 = (a + c + h)h$;

 ② 在图 12.14b 所示的情况下,$A_0 = (a + h)h$;

 ③ 在图 12.14c 所示的情况下,$A_0 = (b + 2h)h$;

 ④ 在图 12.14d 所示的情况下,$A_0 = (a + h)h + (b + h_1 - h)h_1$。

其中,a、b——矩形局部受压面积 A_1 的边长;

  h、h_1——墙厚或柱的较小边长,墙厚;

  c——矩形局部受压面积的外缘至构件边缘的较小距离,当大于 h 时,应取为 h。

按公式(12.8)计算所得的砌体局部抗压强度提高系数 γ 应符合下列规定:

 ① 在图 12.14a 所示的情况下,$\gamma \leqslant 2.5$;

 ② 在图 12.14b 所示的情况下,$\gamma \leqslant 1.25$;

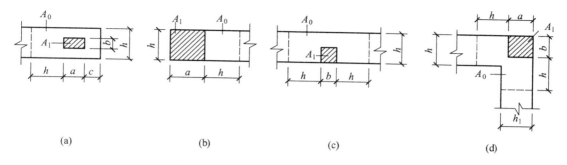

(a)　　　　　　　　(b)　　　　　　　　(c)　　　　　　　　(d)

图 12.14　影响局部抗压强度的面积 A_0

③ 在图 12.14c 所示的情况下，$\gamma \leqslant 2.0$；

④ 在图 12.14d 所示的情况下，$\gamma \leqslant 1.5$；

⑤ 对多孔砖砌体孔洞难以灌实时，应按 $\gamma = 1.0$ 取用，当设置混凝土垫块时，按垫块下的砌体局部受压计算；对未灌孔混凝土砌块砌体应按 $\gamma = 1.0$ 取用。

2. 梁端支承处砌体局部受压的计算

当梁端直接支承于砌体上时，支承面上的砌体在梁传来的压力作用下也处于局部受压状态；但由于梁受力后其端头必然产生转角，因此其压力的分布是不均匀的。梁端的有效支承长度也可能小于梁的实际支承长度。此外，局部受压面积上除承受梁传来的压力外，还有上层砌体传来的轴向力 N_0 的作用，如图 12.15 所示。

梁端支承处砌体的局部受压承载力应按下式计算：

$$\psi N_0 + N_1 \leqslant \eta \gamma f A_1 \tag{12.9}$$

式中，ψ——上部荷载的折减系数，$\psi = 1.5 - 0.5 \dfrac{A_0}{A_1}$，当 $\dfrac{A_0}{A_1} \geqslant 3$ 时，取 $\psi = 0$；

N_0——局部受压面积内上部轴向力设计值，$N_0 = \sigma_0 A_1$，σ_0 为上部平均压应力设计值；

η——梁端底面应力图形的完整系数，一般可取 0.7，对于过梁和墙梁可取 1.0；

A_1——局部受压面积，$A_1 = a_0 b$，b 为梁宽，a_0 为有效支承长度。

其中，

$$a_0 = 10 \sqrt{\dfrac{h_c}{f}} \tag{12.10}$$

式中，h_c——梁的截面高度，mm；

f——砌体的抗压强度设计值，MPa。

3. 梁端下设有垫块或垫梁时砌体的局部受压计算

为了提高梁端下砌体的局部受压承载力，可在梁端下面设置垫块或垫梁，以扩大局部承压面积，从而使砌体具有足够的局部承压能力。图 12.16 表示带壁柱墙的壁柱内设有垫块时的梁端局部受压情况。

（1）刚性垫块下的砌体局部受压承载力应按下式计算：

$$N_0 + N_1 \leqslant \varphi \gamma_1 f A_b \tag{12.11}$$

式中，N_0——垫块面积 A_b 内上部轴向力设计值，$N_0 = \sigma_0 A_b$；

φ——垫块上 N_0 及 N_1 合力的影响系数，采用表 12.20 中当 $\beta \leqslant 3$ 时的 φ 值；

图 12.15　梁端支承处砌体的局部受压　　　　图 12.16　壁柱上设有垫块时梁端局部受压

γ_1——垫块外砌体面积的有利影响系数，γ_1 应为 0.8γ，但不应小于 1.0。γ 为砌体局部抗压强度提高系数，按公式（12.9）以 A_b 代替 A_l 计算得出；

A_b——垫块面积，$A_b = a_b b_b$，a_b 为垫块伸入墙内的长度，b_b 为垫块的宽度。

（2）刚性垫块的构造，应符合下列规定：

① 刚性垫块的高度不应小于 180 mm，自梁边算起的垫块挑出长度不应大于垫块高度 t_b。

② 当在带壁柱墙内设有垫块时（图 12.16），其计算面积应取壁柱面积，不应计算翼缘部分，同时壁柱上垫块伸入翼缘墙内的长度不应小于 120 mm。

③ 当现浇垫块与梁端整体浇筑时，垫块可在梁高范围内设置。

（3）梁端设有刚性垫块时，垫块上 N_1 作用点的位置可取梁端有效支承长度 a_0 的 0.4 倍。a_0 应按式（12.12）确定：

$$a_0 = \delta_1 \sqrt{\frac{h_c}{f}} \qquad\qquad (12.12)$$

式中，δ_1——刚性垫块的影响系数，可按表 12.21 采用。

表 12.21　系数 δ_1 值表

σ_0/f	0	0.2	0.4	0.6	0.8
δ_1	5.4	5.7	6.0	6.9	7.8

注：表中其间的数值可采用线性内插法求得。

（4）当梁下设有长度大于 πh_0 的垫梁（如圈梁等，如图 12.17 所示）时，垫梁上梁端有效支承长度 a_0 可按公式（12.12）计算。垫梁下的砌体局部受压承载力按式（12.13）计算：

$$N_0 + N_1 \leqslant 2.4\delta_2 f b_b h_0 \qquad\qquad (12.13)$$

式中，N_0——垫梁 $\pi b_b h_0/2$ 范围内上部轴向力设计值，N，$N_0 = \pi b_b h_0 \sigma_0/2$；

b_b——垫梁在墙厚方向的宽度，mm；

h_0——垫梁折算高度，$h_0 = 2\sqrt[3]{E_c I_c/Eh}$；

δ_2——垫梁底面压应力分布系数，当荷载沿墙厚方向均匀分布时可取 1.0，不均匀分布时可取 0.8；

E_c、I_c——分别为垫梁的混凝土弹性模量和截面惯性矩；

E——砌体的弹性模量；

h——墙厚,mm。

图 12.17　垫梁局部受压

【**例 12.4**】　某大梁截面尺寸 $b \times h = 200 \text{ mm} \times 500 \text{ mm}$,支承在 1 500 mm×370 mm 的窗间墙上,如图 12.18 所示。梁端实际支承长度 $a = 370 \text{ mm}$,荷载设计值产生的梁端支承反力 $N_0 = 90 \text{ kN}$,梁底截面由上部荷载设计值产生的轴向力为 $N_1 = 182 \text{ kN}$,采用 MU10 普通砖和 M2.5 混合砂浆砌筑。梁的容许相对挠度为 1/250。试验算梁端下砌体局部受压承载力。

图 12.18　梁下没设垫块

（a）平面图；（b）断面图

【**解**】　① 按梁端下未设垫块时的情况计算。

查表 12.3 得 $f = 1.3 \text{ MPa}$。

由于未设垫块,其局部承压承载力按式(12.9)计算,即

$$\psi N_0 + N_1 \leqslant \eta \gamma f A_1$$

梁端有效支承长度：

$$a_0 = 10\sqrt{\frac{h_c}{f}} = 10\sqrt{\frac{500 \text{ mm}}{1.3 \text{ MPa}}} = 196.12 \text{ mm}$$

则梁端局部受压面积：

$$A_1 = a_0 b = 196.12 \text{ mm} \times 200 \text{ mm} = 39\ 224 \text{ mm}^2$$

由图 12.14c,影响砌体局部抗压强度的计算面积为

$$A_0 = (b + 2h)h = (200 \text{ mm} + 2 \times 370 \text{ mm}) \times 370 \text{ mm} = 347\ 800 \text{ mm}^2$$

则砌体局部抗压强度提高系数为

$$\gamma = 1 + 0.35 \sqrt{\frac{A_0}{A_1} - 1} = 1 + 0.35 \sqrt{\frac{347\,800 \text{ mm}^2}{38\,076 \text{ mm}^2} - 1} = 1.982 \leqslant 2$$

取 $\gamma = 1.982$，则

$$\eta\gamma f A_1 = 0.7 \times 1.982 \times 1.30 \text{ MPa} \times 39\,224 \text{ mm}^2 = 70\,745 \text{ N}$$

由于上部轴向力设计值 N_1 作用在整个窗间墙上，故上部平均压应力设计值为

$$\sigma_0 = \frac{182 \times 10^3 \text{ N}}{370 \text{ mm} \times 1\,500 \text{ mm}} = 0.33 \text{ N/mm}^2$$

则局部受压面积内上部轴向力设计值为

$$N_0 = \sigma_0 A_1 = 0.33 \text{ N/mm}^2 \times 39\,224 \text{ mm}^2 = 12\,943.9 \text{ N}$$

上部荷载折减系数为

$$\psi = 1.5 - 0.5\frac{A_0}{A_1}$$

由 $A_0/A_1 = \dfrac{347\,800 \text{ mm}^2}{39\,224 \text{ mm}^2} = 8.87 > 3$，故取 $\psi = 0$。

则

$$\psi N_0 + N_1 = 182\,000 \text{ N} > \eta\gamma f A_1 = 70\,745 \text{ N}$$

承载力不满足局部抗压强度的要求，应在梁下设置垫块。

② 梁端设置垫块后砌体的局部抗压强度计算。

如图 12.19 所示，现在梁下设预制钢筋混凝土垫块，高度取 $t_b = 180$ mm，平面尺寸 $a_b \times b_b$ 取 370 mm $\times$ 500 mm，则垫块自两侧各挑出 150 mm $< t_b = 180$ mm 符合要求。

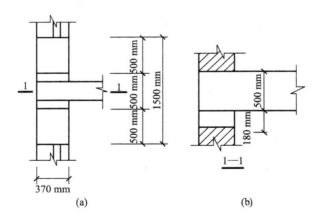

图 12.19 梁下设有垫块

（a）平面图;（b）断面图

按公式(12.11)验算。

查表 12.3 得 $f = 1.30$ N/mm^2

垫块面积 $A_b = a_b \times b_b = 370$ mm $\times$ 500 mm $= 185\,000$ mm^2

影响砌体局部抗压强度的计算面积为

$$A_0 = (b_b + 2h)h = (500 \text{ mm} + 2 \times 370 \text{ mm}) \times 370 \text{ mm} = 444\,000 \text{ mm}^2$$

砌体的局部抗压强度提高系数为

$$\gamma = 1 + 0.35 \sqrt{\frac{444\ 000\ \text{mm}^2}{185\ 000\ \text{mm}^2} - 1} = 1.41$$

则垫块外砌体面积的有利影响系数:

$$\gamma_1 = 0.8\gamma = 0.8 \times 1.41 = 1.13 \geqslant 1$$

取 $\gamma_1 = 1.13$。

垫块面积 A_b 内上部轴向力设计值:

$$N_0 = \sigma_0 A_b = 0.33\ \text{N/mm}^2 \times 185\ 000\ \text{mm}^2 = 61\ 050\ \text{N}$$

$$N_1 = 90\ \text{kN}$$

求 N_0 及 N_1 的合力对垫块形心的偏心距 e,N_0 作用于垫块形心,而 N_1 对垫块形心的偏心距为 370 mm/2 − 0.4 × 196.12 mm = 106.55 mm。

则

$$e = \frac{N_1 \times 37}{N_0 + N_1} = \frac{90 \times 10^3\ \text{N} \times 106.55\ \text{mm}}{61\ 050\ \text{N} + 90 \times 10^3\ \text{N}} = 63.5\ \text{mm}$$

由 $e/h = e/a_b = 63.5\ \text{mm}/370\ \text{mm} = 0.172$ 和 $\beta \leqslant 3$ 查表 12.20b 得

$$\varphi = 0.73$$

由公式(12.14)有

$$\varphi \gamma_1 f A_b = 0.73 \times 1.13 \times 1.30\ \text{MPa} \times 18\ 500\ \text{mm}^2 = 19\ 839\ \text{N}$$

$$N_0 + N_1 = 61\ 050\ \text{N} + 90 \times 10^3\ \text{N} = 151\ 050\ \text{N}$$

则 $\varphi \gamma_1 f A_b > N_0 + N_1$,满足局部抗压强度要求。

12.5 过梁与圈梁

过梁是门窗洞口上用以承受上部墙体的重量和楼盖传来荷载的常用构件。

12.5.1 过梁的形式与构造

过梁有砖砌平拱过梁、砖砌弧拱过梁、钢筋砖过梁和钢筋混凝土过梁等型式,如图 12.20 所示。

砖砌平拱过梁是用竖立和侧立的砖砌筑而成的楔形砌体,它施工方便,不用钢材,但受力性能较差,一般砖砌平拱过梁的跨度不应大于 1.2 m。过梁用竖砖砌筑部分的高度不应小于 240 mm,截面计算高度内的砂浆不应小于 M5。

砖砌弧拱过梁采用竖砖砌筑,其砌筑高度不应小于 120 mm。当矢高 $f = (1/8 \sim 1/12)l$ 时,弧拱的最大跨度为 2.5 ~ 3.5 m;当 $f = (1/5 \sim 1/6)l$ 时,弧拱的最大跨度为 3 ~ 4 m。因施工复杂,采用较少。

钢筋砖过梁的砌法与砖墙相同,只是在过梁的计算高度范围内采用较高强度等级的砖和砂浆砌筑,并在过梁底部砂浆层内配置纵向钢筋,钢筋砖过梁的跨度不应大于 1.5 m。底

图 12.20 过梁的型式

(a) 砖砌平拱; (b) 砖砌弧拱; (c) 钢筋砖过梁; (d) 钢筋混凝土过梁

面砂浆层处的钢筋,其直径不应小于 5 mm,间距不应大于 120 mm,钢筋伸入砌体内的长度不应小于 240 mm,砂浆层的厚度不应小于 30 mm。

对跨度较大或有较大振动荷载及可能产生不均匀沉降的房屋,应采用钢筋混凝土过梁。目前砌体结构已大量采用钢筋混凝土过梁,其端部支承长度不应小于 240 mm。

过梁形式选定后,对于砖砌过梁的截面高度,应通过计算来确定,过梁的截面宽度则与墙体厚度相同。若为钢筋砖过梁,其钢筋数量应通过计算并考虑构造要求确定。

为了提高砌体结构房屋的整体刚度,防止由于地基的不均匀沉降或较大的振动荷载对房屋引起的不利影响,可在墙体的某些部位设置钢筋混凝土圈梁或钢筋砖圈梁。

12.5.2 圈梁

为增强房屋的整体刚度,防止由于地基的不均匀沉降或较大振动荷载等对房屋引起的不利影响,可按有关规定,在墙中设置现浇钢筋混凝土圈梁。

1. 圈梁的设置

(1) 车间、仓库、食堂等空旷的单层房屋,应按下列规定设置圈梁:

① 砖砌体房屋,檐口标高为 5 ~ 8 m 时,应在檐口标高处设置圈梁一道;檐口标高大于 8 m 时,应增加设置的数量。

② 砌块及料石砌体房屋,檐口标高为 4 ~ 5 m 时,应在檐口标高处设置圈梁一道;檐口标高大于 5 m 时,应增加设置的数量。

③ 对有吊车或有较大振动设备的单层工业房屋,当未采取有效的隔振措施时,除在檐口或窗顶标高处设置现浇钢筋混凝土圈梁外,尚应增加设置的数量。

(2) 宿舍、办公楼等多层砌体民用房屋,且层数为 3 ~ 4 层时,应在檐口标高处设置圈梁一道;当层数超过4层时,除应在底层和檐口标高处各设置一道圈梁外,至少应在所有纵横墙上隔层设置。

多层砌体工业房屋,应每层设置现浇钢筋混凝土圈梁。

设置墙梁的多层砌体房屋应在托梁、墙梁顶面和檐口标高处设置现浇钢筋混凝土圈梁。

（3）建筑在软弱地基或不均匀地基上的砌体房屋,除满足以上规定设置圈梁外,尚应符合现行国家标准《建筑地基基础设计规范》（GB 50007—2011）的有关规定。

2. 圈梁的构造要求

（1）圈梁宜连续设在同一水平面上,并形成封闭状;当圈梁被门窗洞口截断时,应在洞口上部增设相同截面的附加圈梁。附加圈梁的搭接长度不应小于其中到中垂直间距的两倍,且不得小于1 m,如图12.21所示。

（2）纵横墙交接处的圈梁应有可靠的连接。刚弹性和弹性方案房屋,圈梁应与屋架、大梁等构件可靠连接;

图 12.21　附加圈梁

（3）钢筋混凝土圈梁的宽度宜与墙厚相同,当墙厚 $h \geqslant 240$ mm 时,其宽度不宜小于 $2h/3$。圈梁高度不应小于 120 mm,纵向钢筋不应少于 $4\phi10$,绑扎接头的搭接长度按受拉钢筋考虑,箍筋间距不应大于 300 mm。

（4）圈梁兼作过梁时,过梁部分的钢筋应按计算用量另行增配。

（5）采用现浇钢筋混凝土楼(屋)盖的多层砌体结构房屋,当层数超过5层时,除在檐口标高处设置一道圈梁外,可隔层设置圈梁,并与楼(屋)面板一起现浇。未设置圈梁的楼面板嵌入墙内的长度不应小于120 mm,并沿墙长配置不少于 $2\phi10$ 的纵向钢筋。

（6）房屋转角及丁字交叉处,圈梁连接构造如图12.22所示。横墙圈梁的纵向钢筋应伸入纵墙圈梁,并不少于受拉钢筋的锚固长度要求。

图 12.22　房屋转角处及丁字交叉处圈梁的构造

12.1 砌体材料中的块材和砂浆都有哪些种类？你所在地区常用哪几种？有哪些规格？

12.2 试述影响砌体抗压强度的主要因素。

12.3 混合结构房屋的承重体系有哪几种？

12.4 砌体结构房屋的静力计算有几种方案？根据什么条件确定房屋属于哪种方案？

12.5 为什么要验算高厚比？写出验算公式。

12.6 如何计算砌体受压构件的承载力？

12.7 砌体的局部受压有哪几种情况？试述其计算要点。

12.8 过梁有哪几种形式？怎样选择？有哪些主要的构造要求？

12.9 为什么要设置圈梁？怎样设置？有哪些主要的构造要求？

12.1 某四层教学楼,教室横墙间距为 9.9 m,底层层高为 3.6 m,其余层高均为 3.3 m,楼盖采用预应力空心板沿纵向布置,横墙厚度为 240 mm,纵墙厚度为 370 mm,采用 M5 混合砂浆砌筑,每个教室的窗洞尺寸如图所示,基础顶标高为 0.5 m。试验算外纵墙高厚比。(图中尺寸单位为 mm)

习题 12.1 图

12.2 验算如图所示的某教学楼窗间墙的受压承载力。已知轴向力设计值 $N = 450$ kN,弯矩设计值 $M = 4$ kN·m(荷载偏向翼缘一侧),由荷载标准值产生的偏心距 $e = 10$ mm,计算高度 $H_0 = 3.8$ m,采用 MU10 砖及 M2.5 混合砂浆砌筑(截面重心已求出)。

习题 12.2 图

12.3　验算房屋外纵墙梁端下砌体局部受压承载力。已知梁截面尺寸 $b \times h = 200 \text{ mm} \times 550 \text{ mm}$，梁伸入墙体内的长度 $a = 370 \text{ mm}$，梁传来的由设计荷载产生的支座反力 $N_1 = 70 \text{ kN}$，上层墙体传来的设计荷载 $N_s = 205 \text{ kN}$，窗间墙截面尺寸为 $1\,800 \text{ mm} \times 490 \text{ mm}$，采用 MU7.5 黏土砖和 M5 混合砂浆砌筑，梁的容许相对挠度为 1/250。

附录A

附表 A.01　钢筋的公称直径、公称截面面积及理论质量

公称直径/mm	不同根数钢筋的计算截面面积/mm²									单根钢筋理论质量/(kg/m)
	1	2	3	4	5	6	7	8	9	
6	28.3	57	85	113	142	170	198	226	255	0.222
8	50.3	101	151	201	252	302	352	402	453	0.395
10	78.5	157	236	314	393	471	550	628	707	0.617
12	113.1	226	339	452	565	678	791	904	1 017	0.888
14	153.9	308	461	615	769	923	1 077	1 230	1 387	1.21
16	201.1	402	603	804	1 005	1 026	1 407	1 608	1 809	1.58
18	254.5	509	763	1 017	1 272	1 526	1 780	2 036	2 290	2.00(2.11)
20	314.2	628	941	1 256	1 570	1 884	2 200	2 513	2 827	2.47
22	380.1	760	1 140	1 520	1 900	2 281	2 661	3 041	3 421	2.98
25	490.9	982	1 473	1 964	2 454	2 945	3 436	3 927	4 418	3.85(4.10)
28	615.8	1 232	1 847	2 463	3 079	3 695	4 310	4 926	5 542	4.83
32	804.2	1 609	2 118	3 217	4 021	4 826	5 630	6 434	7 238	6.31(6.65)
36	1 017.9	2 136	3 054	4 072	5 089	6 107	7 125	8 143	9 161	7.99
40	1 256.6	2 513	3 770	5 027	6 283	7 540	8 796	10 053	11 310	9.87(10.34)
50	1 963.5	3 928	5 892	7 856	9 820	11 784	13 748	15 712	17 676	15.42(16.28)

注:括号内为预应力螺纹钢筋的数值。

附表 A.02　钢绞线的公称直径、公称截面面积及理论质量

种类	公称直径/mm	公称截面面积/mm²	理论质量/(kg/m)
1×3	8.6	37.7	0.296
	10.8	58.9	0.462
	12.9	84.8	0.666
1×7 标准型	9.5	54.8	0.430
	12.7	98.7	0.775
	15.2	140	1.101
	17.8	191	1.500
	21.6	285	2.237

附表 A.03　钢丝的公称直径、公称截面面积及理论质量

公称直径/mm	公称截面面积/mm²	理论质量/(kg/m)
5.0	19.63	0.154
7.0	38.48	0.302
9.0	63.62	0.499

附表 A.04　建筑结构的安全等级及结构重要性系数 γ_0

安全等级	破坏后果	建筑物类型	设计使用年限	结构重要性系数 γ_0
一级	很严重	重要的建筑物	100 年以上	1.1
二级	严重	一般的建筑物	50 年	1.0
三级	不严重	次要的建筑物	5 年及以上	0.9

注:对于特殊建筑物,安全等级可根据具体情况另行确定。

附表 A.05　各种钢筋间距时每米板宽内的钢筋截面面积表

钢筋间距/mm	当钢筋直径(mm)为下列数值时的钢筋截面面积/mm²													
	3	4	5	6	6/8	8	8/10	10	10/12	12	12/14	14	14/16	16
70	101.0	179	281	404	561	719	920	1 121	1 369	1 616	1 908	2 199	2 536	2 872
75	94.3	167	262	377	524	671	859	1 047	1 277	1 508	1 780	2 053	2 367	2 681
80	88.4	157	245	354	491	629	805	981	1 198	1 414	1 669	1 924	2 218	2 513
85	83.2	148	231	333	462	592	758	924	1 127	1 331	1 571	1 811	2 088	2 365
90	78.5	140	218	314	437	559	716	872	1 064	1 257	1 484	1 710	1 972	2 234
95	74.5	132	207	298	414	529	678	826	1 008	1 190	1 405	1 620	1 868	2 116
100	70.6	126	196	283	393	503	644	785	958	1 131	1 335	1 539	1 775	2 011
110	64.2	114.0	178	257	357	457	585	714	871	1 028	1 214	1 399	1 614	1 828
120	58.9	105.0	163	236	327	419	537	654	798	942	1 112	1 283	1 480	1 676
125	56.5	100.6	157	226	314	402	515	628	766	905	1 068	1 232	1 420	1 608
130	54.4	96.6	151	218	302	387	495	604	737	870	1 027	1 184	1 366	1 547
140	50.5	89.7	140	202	281	359	460	561	684	808	954	1 100	1 268	1 436
150	47.1	83.8	131	189	262	335	429	523	639	754	890	1 026	1 183	1 340
160	44.1	78.5	123	177	246	314	403	491	599	707	834	962	1 110	1 257
170	41.5	73.9	115	166	231	296	379	462	564	665	786	906	1 044	1 183
180	39.2	69.8	109	157	218	279	358	436	532	628	742	855	985	1 117
190	37.2	66.1	103	149	207	265	339	413	504	595	702	810	934	1 058
200	35.3	62.8	98.2	141	196	251	322	393	479	565	668	770	888	1 005
220	32.1	57.1	89.3	129	178	228	292	357	436	514	607	700	807	914
240	29.4	52.4	81.9	118	164	209	258	327	399	471	556	641	740	838
250	28.3	50.2	78.5	113	157	201	258	314	383	452	534	616	710	804
260	27.2	48.3	75.5	109	151	193	248	302	368	435	514	592	682	773
280	25.2	44.9	70.1	101	140	180	230	281	342	404	477	550	634	718
300	23.6	41.9	65.5	94	131	168	215	262	320	377	445	513	592	670
320	22.1	39.2	61.4	88	123	157	201	245	299	353	417	481	554	628

注:表中钢筋直径中的 6/8、8/10、… 系指两种直径的钢筋间隔放。

1 根				2 根		3 根		4 根	
直径	面积/mm²	周长/mm	每米质量/(kg/m)	根数及直径	面积/mm²	根数及直径	面积/mm²	根数及直径	面积 mm²
φ3	7.1	9.4	0.055	2φ10	157	3φ12	339	4φ12	452
φ4	12.6	12.6	0.099	1φ10 + φ12	192	2φ12 + 1φ14	380	3φ12 + 1φ14	493
φ5	19.6	15.7	0.154	2φ12	226	1φ12 + 2φ14	421	2φ12 + 2φ14	534
φ5.5	23.8	17.3	0.197	1φ12 + 1φ14	267	3φ14	461	1φ12 + 3φ14	575
φ6	28.3	18.9	0.222	2φ14	308	2φ14 + 1φ16	509	4φ14	615
φ6.5	33.2	20.4	0.26	1φ14 + 1φ16	355	1φ14 + 2φ16	556	3φ14 + 1φ16	663
φ7	38.5	22	0.302	2φ16	402	3φ16	603	2φ14 + 2φ16	710
φ8	50.3	25.1	0.395	1φ16 + 1φ18	456	2φ16 + 1φ18	657	1φ14 + 3φ16	757
φ9	63.6	28.3	0.499	2φ18	509	1φ16 + 2φ18	710	4φ16	804
φ10	78.5	31.4	0.617	1φ18 + 1φ20	569	3φ18	763	3φ16 + 1φ18	858
φ12	113	37.7	0.888	2φ20	628	2φ18 + 1φ20	823	2φ16 + 2φ18	911
φ14	154	44	1.21	1φ20 + 1φ22	694	1φ18 + 2φ20	883	1φ16 + 3φ18	965
φ16	201	50.3	1.58	2φ22	760	3φ20	941	4φ18	1 017
φ18	255	56.5	2	1φ22 + 1φ25	871	2φ20 + 1φ22	1 009	3φ18 + 1φ20	1 078
φ19	284	59.7	2.23	2φ25	982	1φ20 + 2φ22	1 074	2φ18 + 2φ20	1 137
φ20	321.4	62.8	2.47			3φ22	1 140	1φ18 + 3φ20	1 197
φ22	380	69.1	2.98			2φ22 + 1φ25	1 251	4φ20	1 256
φ25	491	78.5	3.85			1φ22 + 2φ25	1 362	3φ20 + 1φ22	1 323
φ28	615	88	4.83			3φ25	1 473	2φ20 + 2φ22	1 389
φ30	707	94.2	5.55						
φ32	804	101	6.31					1φ20 + 3φ22	1 455
φ36	1 020	113	7.99					4φ22	1 520
φ40	1 260	126	9.87					3φ22 + 1φ25	1 631
								2φ22 + 2φ25	1 742
								1φ22 + 3φ25	1 853
								4φ25	1 964

组合截面面积表

5根 直径	面积/mm²	6根 直径	面积/mm²	7根 直径	面积/mm²	8根 直径	面积/mm²
5φ12	565	6φ12	678	7φ12	791	8φ12	904
4φ12+1φ14	606	4φ12+2φ14	760	5φ12+2φ14	873	6φ12+2φ14	986
3φ12+2φ14	647	3φ12+3φ14	801	4φ12+3φ14	914	5φ12+3φ14	1 027
2φ12+3φ14	688	2φ12+4φ14	842	3φ12+4φ14	955	4φ12+4φ14	1 068
1φ12+4φ14	729	1φ12+5φ14	883	2φ12+5φ14	996	3φ12+5φ14	1 109
5φ14	769	6φ14	923	7φ14	1 077	2φ12+6φ14	1 150
4φ14+1φ16	817	4φ14+2φ16	1 018	5φ14+2φ16	1 172	8φ14	1 231
3φ14+2φ16	864	3φ14+3φ16	1 065	4φ14+3φ16	1 219	6φ14+2φ16	1 326
2φ14+3φ16	911	2φ14+4φ16	1 112	3φ14+4φ16	1 266	5φ14+3φ16	1 373
1φ14+4φ16	958	1φ14+5φ16	1 159	2φ14+5φ16	1 313	4φ14+4φ16	1 420
5φ16	1 005	6φ16	1 206	7φ16	1 407	3φ14+5φ16	1 467
4φ16+1φ18	1 059	4φ16+2φ18	1 313	5φ16+2φ18	1 514	2φ14+6φ16	1 514
3φ16+2φ18	1 112	3φ16+3φ18	1 367	4φ16+3φ18	1 568	8φ16	1 608
2φ16+3φ18	1 166	2φ16+4φ18	1 420	3φ16+4φ18	1 621	6φ16+2φ18	1 716
1φ16+4φ18	1 219	1φ16+5φ18	1 474	2φ16+5φ18	1 675	5φ16+3φ18	1 769
5φ18	1 272	6φ18	1 526	7φ18	1 780	4φ16+4φ18	1 822
4φ18+1φ20	1 332	4φ18+2φ20	1 646	5φ18+2φ20	1 901	3φ16+5φ18	1 876
3φ18+2φ20	1 392	3φ18+3φ20	1 706	4φ18+3φ20	1 961	2φ16+6φ18	1 929
2φ18+3φ20	1 452	2φ18+4φ20	1 766	3φ18+4φ20	2 020	8φ18	2 036
1φ18+4φ20	1 511	1φ18+5φ20	1 823	2φ18+5φ20	2 080	6φ18+2φ20	2 155
5φ20	1 570	6φ20	1 884	7φ20	2 200	5φ18+3φ20	2 215
4φ20+1φ22	1 637	4φ20+2φ22	2 017	5φ20+2φ22	2 331	4φ18+4φ20	2 275
3φ20+2φ22	1 703	3φ20+3φ22	2 083	4φ20+3φ22	2 397	3φ18+5φ20	2 335
2φ20+3φ22	1 769	2φ20+4φ22	2 149	3φ20+4φ22	2 463	2φ18+6φ20	2 394
1φ20+4φ22	1 835	1φ20+5φ22	2 215	2φ20+5φ22	2 529	8φ20	2 513
5φ22	1 900	6φ22	2 281	7φ22	2 661	6φ20+2φ22	2 646
4φ22+1φ25	2 011	4φ22+2φ25	2 502	5φ22+2φ25	2 882	5φ20+3φ22	2 711
3φ22+2φ25	2 122	3φ22+3φ25	2 613	4φ22+3φ25	2 993	4φ20+4φ22	2 777
2φ22+3φ25	2 233	2φ22+4φ25	2 724	3φ22+4φ25	3 102	3φ20+5φ22	2 843
1φ22+4φ25	2 344	1φ22+5φ25	2 835	2φ22+5φ25	3 215	2φ20+6φ22	2 909
5φ25	2 454	6φ25	2 945	7φ25	3 436	8φ22	3 041
						6φ22+2φ25	3 263
						5φ22+3φ25	3 373
						4φ22+4φ25	3 484
						3φ22+5φ25	3 595
						2φ22+6φ25	3 706
						8φ25	3 927

附表 A.07　混凝土保护层的最小厚度 c　　　　　　　mm

环境类别	板、墙、壳	梁、柱、杆	环境类别	板、墙、壳	梁、柱、杆
一	15	20	三 a	30	40
二 a	20	25	三 b	40	50
二 b	25	35			

注:① 混凝土强度等级大于 C25 时,表中保护层厚度数值应增加 5 mm。

② 钢筋混凝土基础宜设置混凝土垫层,基础中钢筋的混凝土保护层厚度应从垫层顶面算起,且不应小于 40 mm。

附表 A.08　受弯构件的挠度限值

项次	构件类型		挠度限值
1	吊车梁:手动吊车		$l_0/500$
	电动吊车		$l_0/600$
2	屋盖、楼盖及楼梯构件	当 $l_0 < 7$ m 时	$l_0/200(l_0/250)$
		当 7 m $\leqslant l_0 \leqslant 9$ m 时	$l_0/250(l_0/300)$
		当 $l_0 > 9$ m 时	$l_0/300(l_0/400)$

注:① 表中 l_0 为计算跨度,可由混凝土结构计算手册中查得。

② 表内括号内的数值适用于使用上对挠度有较高要求的构件。

③ 如果构件制作时预先起拱,且使用上也允许,则在验算挠度时,可将计算所得的挠度值减去起拱值;预应力混凝土构件,尚可减去预应力所产生的反拱值。

④ 计算悬臂构件的挠度限值时,其计算跨度 l_0 按实际悬臂长度的 2 倍取用。

附表 A.09　冷拉控制应力及最大冷拉率

项次	钢筋级别	冷拉控制应力 /(N/mm²)	最大冷拉率 /%	项次	钢筋级别	冷拉控制应力 /(N/mm²)	最大冷拉率 /%
1	I	280	≤10	3	III	500	≤5
2	II	450(430)	≤5.5	4	IV	700	≤4

注:括号中数字适用于 $\phi 28 \sim \phi 40$。

附表 A.10　测定冷拉率时钢筋冷拉应力

项次	钢筋级别	冷拉应力/(N/mm²)	项次	钢筋级别	冷拉应力/(N/mm²)
1	I	320	3	III	530
2	II	480(460)	4	IV	730

附表 A.11　结构构件的裂缝宽度控制等级及最大裂缝宽度限值

环境类别	钢筋混凝土结构		预应力混凝土结构	
	裂缝控制等级	w_{lim}/mm	裂缝控制等级	w_{lim}/mm
一	三	0.3(0.4)	三	0.2
二	三	0.2	二	—
三	三	0.2	一	—

注:① 表中的规定适用于采用热轧钢筋的钢筋混凝土构件和采用预应力钢丝、钢绞线及热处理钢筋的预应力混凝土构件;当采用其他类型的钢丝或钢筋时,其裂缝控制要求可按专门标准确定。

② 对处于年平均相对湿度小于 60% 地区一类环境下的受弯构件,其最大裂缝宽度限值可采用括号内的数值。

③ 在一类环境下,对钢筋混凝土屋架、托架及需做疲劳验算的吊车梁,其最大裂缝宽度限值应取为 0.2 mm;对钢筋混凝土屋面梁和托梁,其最大裂缝宽度限值应取为 0.3 mm。

④ 在一类环境下,对预应力混凝土屋面梁、托梁、屋架、屋面板和楼板,应按二级裂缝控制等级进行验算;在一类和二类环境下,对需做疲劳验算的预应力混凝土吊车梁,应按一级裂缝控制等级进行验算。

⑤ 表中规定的预应力混凝土构件的裂缝控制等级和最大裂缝宽度限值仅适用于正截面的验算;预应力混凝土构件的斜截面的裂缝控制验算详见本书第 9 章中的规定。

⑥ 对于烟囱、筒仓和处于液体压力下的结构构件,其裂缝控制要求应符合专门标准的有关规定。

⑦ 对处于四、五类环境下的结构构件,其裂缝控制要求应符合专门标准的有关规定。

⑧ 表中的最大裂缝宽度限值用于验算荷载作用引起的最大裂缝宽度。

附录B 型钢表

热轧等边角钢截面钢寸截面面积、理论附录型截面表性（2 B 3 706—2007）

符号意义：b——边宽度；
d——边厚度；
r——内圆弧半径；
r_1——边端圆圆弧半径；
I——惯性矩；
i——惯性矩半径；
W——截面系数；
z_0——重心距离。

型号	截面尺寸/mm			截面面积/m²	理论质量/(kg/m)	外表面积/(m²/m)	惯性矩/m⁴				惯性半径/m			截面系数/m³			重心距离/m
	b	d	r				I_x	I_{x1}	I_{x0}	I_{y0}	i_x	i_{x0}	i_{y0}	W_x	W_{x0}	W_{y0}	Z_0
4	40	3	5	2.359	1.852	0.157	3.59	6.41	5.69	1.49	1.23	1.55	0.79	1.23	2.01	0.96	1.09
		4		3.086	2.422	0.157	4.60	8.56	7.29	1.91	1.22	1.54	0.79	1.60	2.58	1.19	1.13
		5		3.791	2.976	0.156	5.53	10.74	8.76	2.30	1.21	1.52	0.78	1.96	3.10	1.39	1.17
4.5	45	3	5	2.659	2.088	0.177	5.17	9.12	8.20	2.14	1.40	1.76	0.89	1.58	2.58	1.24	1.22
		4		3.486	2.736	0.177	6.65	12.18	10.56	2.75	1.38	1.74	0.89	2.05	3.32	1.54	1.26
		5		4.292	3.369	0.176	8.04	15.2	12.74	3.33	1.37	1.72	0.88	2.51	4.00	1.81	1.30
		6		5.076	3.985	0.176	9.33	18.36	14.76	3.89	1.36	1.70	0.8	2.95	4.64	2.06	1.33
5	50	3	5.5	2.971	2.332	0.197	7.18	12.5	11.37	2.98	1.55	1.96	1.00	1.96	3.22	1.57	1.34
		4		3.897	3.059	0.197	9.26	16.69	14.70	3.82	1.54	1.94	0.99	2.56	4.16	1.96	1.38
		5		4.803	3.770	0.196	11.21	20.90	17.79	4.64	1.53	1.92	0.98	3.13	5.03	2.31	1.42
		6		5.688	4.465	0.196	13.05	25.14	20.68	5.42	1.52	1.91	0.98	3.68	5.85	2.63	1.46
5.6	56	3	6	3.343	2.624	0.221	10.19	17.56	16.14	4.24	1.75	2.20	1.13	2.48	4.08	2.02	1.48
		4		4.390	3.446	0.220	13.18	23.43	20.92	5.46	1.73	2.18	1.11	3.24	5.28	2.52	1.53
		5		5.415	4.251	0.220	16.02	29.33	25.42	6.61	1.72	2.17	1.10	3.97	6.42	2.98	1.57
		6		6.420	5.040	0.220	18.69	35.26	29.66	7.73	1.71	2.15	1.10	4.68	7.49	3.40	1.61
		7		7.404	5.812	0.219	21.23	41.23	33.63	8.82	1.69	2.13	1.09	5.36	8.49	3.80	1.64
		8		8.367	6.568	0.219	23.63	47.24	37.37	9.89	1.68	2.11	1.09	6.03	9.44	4.16	1.68

型号	截面尺寸/mm b	截面尺寸/mm r	截面尺寸/mm d	截面面积/m²	理论质量/(kg/m)	附表面积/(m²/m)	I_x/m⁴	I_{x1}/m⁴	I_{x0}/m⁴	I_{y0}/m⁴	i_x/m	i_{x0}/m	i_{y0}/m	W_x/m³	W_{x0}/m³	W_{y0}/m³	重心距离 z_0/m
6	60	6.5	5	5.829	4.576	0.236	19.89	36.05	31.57	8.21	1.85	2.33	1.19	4.59	7.44	3.48	1.67
			6	6.914	5.427	0.235	23.25	43.33	36.89	9.60	1.83	2.31	1.18	5.41	8.70	3.98	1.70
			7	7.977	6.262	0.235	26.44	50.65	41.92	10.96	1.82	2.29	1.17	6.21	9.88	4.45	1.74
			8	9.020	7.081	0.235	29.47	58.02	46.66	12.28	1.81	2.27	1.17	6.98	11.00	4.88	1.78
6.3	63	7	4	4.978	3.907	0.248	19.03	33.35	30.17	7.89	1.96	2.46	1.26	4.13	6.78	3.29	1.70
			5	6.143	4.822	0.248	23.17	41.73	36.77	9.57	1.94	2.45	1.25	5.08	8.25	3.90	1.74
			6	7.288	5.721	0.247	27.12	50.14	43.03	11.20	1.93	2.43	1.24	6.00	9.66	4.46	1.78
			7	8.412	6.603	0.247	30.87	58.60	48.96	12.79	1.92	2.41	1.23	6.88	10.99	4.98	1.82
			8	9.515	7.469	0.247	34.46	67.11	54.56	14.33	1.90	2.40	1.23	7.75	12.25	5.47	1.85
			10	11.657	9.151	0.246	41.09	84.31	64.85	17.33	1.88	2.36	1.22	9.39	14.56	6.36	1.93
7	70	8	4	5.570	4.372	0.275	26.39	45.74	41.80	10.99	2.18	2.74	1.40	5.14	8.44	4.17	1.86
			5	6.875	5.397	0.275	32.21	57.21	51.08	13.31	2.16	2.73	1.39	6.32	10.32	4.95	1.91
			6	8.160	6.406	0.275	37.77	68.73	59.93	15.61	2.15	2.71	1.38	7.48	12.11	5.67	1.95
			7	9.424	7.398	0.275	43.09	80.29	68.35	17.82	2.14	2.69	1.38	8.59	13.81	6.34	1.99
			8	10.667	8.373	0.274	48.17	91.92	76.37	19.98	2.12	2.68	1.37	9.68	15.43	6.98	2.03
7.5	75	9	5	7.412	5.818	0.295	39.97	70.56	63.30	16.63	2.33	2.92	1.50	7.32	11.94	5.77	2.04
			6	8.797	6.905	0.294	46.95	84.55	74.38	19.51	2.31	2.90	1.49	8.64	14.02	6.67	2.07
			7	10.160	7.976	0.294	53.57	98.71	84.96	22.18	2.30	2.89	1.48	9.93	16.02	7.44	2.11
			8	11.503	9.030	0.294	59.96	112.97	95.07	24.86	2.28	2.88	1.47	11.20	17.93	8.19	2.15
			9	12.825	10.068	0.294	66.10	127.30	104.71	27.48	2.27	2.86	1.46	12.43	19.75	8.89	2.18
			10	14.126	11.089	0.293	71.98	141.71	113.92	30.05	2.26	2.84	1.46	13.64	21.48	9.56	2.22

型号	截面尺寸/mm b	d	r	截面面积/cm²	理论质量/(kg/m)	外表面积/(m²/m)	I_x	I_{x1}	I_{x0}	I_{y0}	i_x	i_{x0}	i_{y0}	W_x	W_{x0}	W_{y0}	Z_0
8	80	5	9	7.912	6.211	0.315	48.79	85.36	77.33	20.25	2.48	3.13	1.60	8.34	13.67	6.66	2.15
		6		9.397	7.376	0.314	57.35	102.50	90.98	23.72	2.47	3.11	1.59	9.87	16.08	7.65	2.19
		7		10.860	8.525	0.314	65.58	119.70	104.07	27.09	2.46	3.10	1.58	11.37	18.40	8.58	2.23
		8		12.303	9.658	0.314	73.49	136.97	116.60	30.39	2.44	3.08	1.57	12.83	20.61	9.46	2.27
		9		13.725	10.774	0.314	81.11	154.31	128.60	33.61	2.43	3.06	1.56	14.25	22.73	10.29	2.31
		10		15.126	11.874	0.313	88.43	171.74	140.09	36.77	2.42	3.04	1.56	15.64	24.76	11.08	2.35
9	90	6	10	10.637	8.350	0.354	82.77	145.87	131.26	34.28	2.79	3.51	1.80	12.61	20.63	9.95	2.44
		7		12.301	9.656	0.354	94.83	170.30	150.47	39.18	2.78	3.50	1.78	14.54	23.64	11.19	2.48
		8		13.944	10.946	0.353	106.47	194.80	168.97	43.97	2.76	3.48	1.78	16.42	26.55	12.35	2.52
		9		15.566	12.219	0.353	117.72	219.39	186.77	48.66	2.75	3.46	1.77	18.27	29.35	13.46	2.56
		10		17.167	13.476	0.353	128.58	244.07	203.90	53.26	2.74	3.45	1.76	20.07	32.04	14.52	2.59
		12		20.306	15.940	0.352	149.22	293.76	236.21	62.22	2.71	3.41	1.75	23.57	37.12	16.49	2.67
10	100	6	12	11.932	9.366	0.393	114.95	200.07	181.98	47.92	3.10	3.90	2.00	15.68	25.74	12.69	2.67
		7		13.796	10.830	0.393	131.86	233.54	208.97	54.74	3.09	3.89	1.99	18.10	29.55	14.26	2.71
		8		15.638	12.276	0.393	148.24	267.09	235.07	61.41	3.08	3.88	1.98	20.47	33.24	15.75	2.76
		9		17.462	13.708	0.392	164.12	300.73	260.30	67.95	3.07	3.86	1.97	22.79	36.81	17.18	2.80
		10		19.261	15.120	0.392	179.51	334.48	284.68	74.35	3.05	3.84	1.96	25.06	40.26	18.54	2.84
		12		22.800	17.898	0.391	208.90	402.34	330.95	86.84	3.03	3.81	1.95	29.48	46.80	21.08	2.91
		14		26.256	20.611	0.391	236.53	470.75	374.06	99.00	3.00	3.77	1.94	33.73	52.90	23.44	2.99
		16		29.627	23.257	0.390	262.53	539.80	414.16	110.89	2.98	3.74	1.94	37.82	58.57	25.63	3.06

续表

型号	截面尺寸/mm		截面面积/m^2	理论质量/(kg/m)	附表面钢/(m^2/m)	I_x	I_{x1}	I_{x0}	I_{y0}	i_x	i_{x0}	i_{y0}	W_x	W_{x0}	W_{y0}	重心距离 Z_0/m
	b	d														
11	110	7	15.196	11.928	0.433	177.16	310.64	280.94	73.38	3.41	4.30	2.20	22.05	36.12	17.51	2.96
		8	17.238	13.535	0.433	199.46	355.20	316.49	82.42	3.40	4.28	2.19	24.95	40.69	19.39	3.01
		10	21.261	16.690	0.432	242.19	444.65	384.39	99.98	3.38	4.25	2.17	30.60	49.42	22.91	3.09
		12	25.200	19.782	0.431	282.55	534.60	448.17	116.93	3.35	4.22	2.15	36.05	57.62	26.15	3.16
		14	29.056	22.809	0.431	320.71	625.16	508.01	133.40	3.32	4.18	2.14	41.31	65.31	29.14	3.24
12.5	125	8	19.750	15.504	0.492	297.03	521.01	470.89	123.16	3.88	4.88	2.50	32.52	53.28	25.86	3.37
		10	24.373	19.133	0.491	361.67	651.93	573.89	149.46	3.85	4.85	2.48	39.97	64.93	30.62	3.45
		12	28.912	22.696	0.491	423.16	783.42	671.44	174.88	3.83	4.82	2.46	41.17	75.96	35.03	3.53
		14	33.367	26.193	0.490	481.65	915.61	763.73	199.57	3.80	4.78	2.45	54.16	86.41	39.13	3.61
		16	37.739	29.625	0.489	537.31	1 048.62	850.98	223.65	3.77	4.75	2.43	60.93	96.28	42.96	3.68
14	140	10	27.373	21.488	0.551	514.65	915.11	817.27	212.04	4.34	5.46	2.78	50.58	82.56	39.20	3.82
		12	32.512	25.522	0.551	603.68	1 099.28	958.79	248.57	4.31	5.43	2.76	59.80	96.85	45.02	3.90
		14	37.567	29.490	0.550	688.81	1 284.22	1 093.56	284.06	4.28	5.40	2.75	68.75	110.47	50.45	3.98
		16	42.539	33.393	0.549	770.24	1 470.07	1 221.81	318.67	4.26	5.36	2.74	77.46	123.42	55.55	4.06
15	150	8	23.750	18.644	0.592	521.37	899.55	827.49	215.25	4.69	5.90	3.01	47.36	78.02	38.14	3.99
		10	29.373	23.058	0.591	637.50	1 125.09	1 012.79	262.21	4.66	5.87	2.99	58.35	95.49	45.51	4.08
		12	34.912	27.406	0.591	748.85	1 351.26	1 189.97	307.73	4.63	5.84	2.97	69.04	112.19	52.38	4.15
		14	40.367	31.688	0.590	855.64	1 578.25	1 359.30	351.98	4.60	5.80	2.95	79.45	128.16	58.83	4.23
		15	43.063	33.804	0.590	907.39	1 692.10	1 441.09	373.69	4.59	5.78	2.95	84.56	135.87	61.90	4.27
		16	45.739	35.905	0.589	958.08	1 806.21	1 521.02	395.14	4.58	5.77	2.94	89.59	143.40	64.89	4.31

续表

型号	截面尺寸/mm b	截面尺寸/mm d	截面面积/m²	理论质量/(kg/m)	附表面积/(m²/m)	I_x/m⁴	I_{x1}/m⁴	I_{x0}/m⁴	I_{y0}/m⁴	i_x/m	i_{x0}/m	i_{y0}/m	W_x/m³	W_{x0}/m³	W_{y0}/m³	重心距离 Z_0/m
16	160	10	31.502	24.729	0.630	779.53	1 365.33	1 237.30	321.76	4.98	6.27	3.20	66.70	109.36	52.76	4.31
		12	37.441	29.391	0.630	916.58	1 639.57	1 455.68	377.49	4.95	6.24	3.18	78.98	128.67	60.74	4.39
		14	43.296	33.987	0.629	1 048.36	1 914.68	1 665.02	431.70	4.92	6.20	3.16	90.95	147.17	68.24	4.47
		16	49.067	38.518	0.629	1 175.08	2 190.82	1 865.57	484.59	4.89	6.17	3.14	102.63	164.89	75.31	4.55
18	180	12	42.241	33.159	0.710	1 321.35	2 332.80	2 100.10	542.61	5.59	7.05	3.58	100.82	165.00	78.41	4.89
		14	48.896	38.383	0.709	1 514.48	2 723.48	2 407.42	621.53	5.56	7.02	3.56	116.25	189.14	88.38	4.97
		16	55.467	43.542	0.709	1 700.99	3 115.29	2 703.37	698.60	5.54	6.98	3.55	131.13	212.40	97.83	5.05
		18	61.055	48.634	0.708	1 875.12	3 502.43	2 988.24	762.01	5.50	6.94	3.51	145.64	234.78	105.14	5.13
20	200	14	54.642	42.894	0.788	2 103.55	3 734.10	3 343.26	863.83	6.20	7.82	3.98	144.70	236.40	111.82	5.46
		16	62.013	48.680	0.788	2 366.15	4 270.39	3 760.89	971.41	6.18	7.79	3.96	163.65	265.93	123.96	5.54
		18	69.301	54.401	0.787	2 620.64	4 808.13	4 164.54	1 076.74	6.15	7.75	3.94	182.22	294.48	135.52	5.62
		20	76.505	60.056	0.787	2 867.30	5 347.51	4 554.55	1 180.04	6.12	7.72	3.93	200.42	322.06	146.55	5.69
		24	90.661	71.168	0.785	3 338.25	6 457.16	5 294.97	1 381.53	6.07	7.64	3.90	236.17	374.41	165.65	5.87

符号意义：B——长边宽度；
b——短边宽度；
d——边厚度；
r——内圆弧半径；
r_1——边端圆弧半径；
x_0——重心距离；
y_0——重心距离；
I——惯性矩；
i——惯性矩半径；
W——截面系数。

型号	截面尺寸/mm				截面面积/cm²	理论质量/(kg/m)	外表面积/(m²/m)	惯性矩/cm⁴					惯性半径/cm			截面系数/cm³			tanα	重心距离/cm	
	B	b	d	r				I_x	I_{x1}	I_y	I_{y1}	I_u	i_x	i_y	i_u	W_x	W_y	W_u		x_0	y_0
6.3/4	63	40	4	7	4.058	3.485	0.202	16.49	33.30	5.23	8.63	3.12	2.02	1.14	0.88	3.87	1.70	1.40	0.398	0.92	1.87
			5		4.993	3.920	0.202	20.02	41.63	6.31	10.86	3.76	2.00	1.12	0.87	4.74	2.07	1.71	0.396	0.95	2.04
			6		5.908	4.638	0.201	23.36	49.98	7.29	13.12	4.34	1.96	1.11	0.86	5.59	2.43	1.99	0.393	0.99	2.08
			7		6.802	5.339	0.201	26.53	58.07	8.24	15.47	4.97	1.98	1.10	0.86	6.40	2.78	2.29	0.389	1.03	2.12
7/4.5	70	45	4	7.5	4.547	3.570	0.226	23.17	45.92	7.55	12.26	4.40	2.26	1.29	0.98	4.86	2.17	1.77	0.410	1.02	2.15
			5		5.609	4.403	0.225	27.95	57.10	9.13	15.39	5.40	2.23	1.28	0.98	5.92	2.65	2.19	0.407	1.06	2.24
			6		6.647	5.218	0.225	32.54	68.35	10.62	18.58	6.35	2.21	1.26	0.98	6.95	3.12	2.59	0.404	1.09	2.28
			7		7.657	6.011	0.225	37.22	79.99	12.01	21.84	7.16	2.20	1.25	0.97	8.03	3.57	2.94	0.402	1.13	2.32

型号	截面尺寸/mm				截面面积/m²	理论质量/(kg/m)	外表面积/(m²/m)	惯性矩/cm⁴					惯性半径/cm			截面系数/cm³			tanα	重心距离/cm	
	B	b	d	r				I_x	I_{x1}	I_y	I_{y1}	I_u	i_x	i_y	i_u	W_x	W_y	W_u		x_0	y_0
7.5/5	75	50	5	8	6.125	4.B0B	0.245	34.B6	70.00	12.61	21.04	7.41	2.39	1.44	1.10	6.B3	3.30	2.74	0.435	1.17	2.36
			6		7.260	5.699	0.245	41.12	B4.30	14.70	25.37	B.54	2.3B	1.42	1.0B	B.12	3.BB	3.19	0.435	1.21	2.40
			B		9.467	7.431	0.244	52.39	112.50	1B.53	34.23	10.B7	2.35	1.40	1.07	10.52	4.99	4.10	0.429	1.29	2.44
			10		11.590	9.09B	0.244	62.71	140.B0	21.96	43.43	13.10	2.33	1.3B	1.06	12.79	6.04	4.99	0.423	1.36	2.52
B/5	B0	50	5	B	6.375	5.005	0.255	41.96	B5.21	12.B2	21.06	7.66	2.56	1.42	1.10	7.7B	3.32	2.74	0.3BB	1.14	2.60
			6		7.560	5.935	0.255	49.49	102.53	14.95	25.41	B.B5	2.56	1.41	1.0B	9.25	3.91	3.20	0.3B7	1.1B	2.65
			7		B.724	6.B4B	0.255	56.16	119.33	16.96	29.B2	10.1B	2.54	1.39	1.0B	10.5B	4.4B	3.70	0.3B4	1.21	2.69
			B		9.B67	7.745	0.254	62.B3	136.41	1B.B5	34.32	11.3B	2.52	1.3B	1.07	11.92	5.03	4.16	0.3B1	1.25	2.73
9/5.6	90	56	5	9	7.212	5.661	0.2B7	60.45	121.32	1B.32	29.53	10.9B	2.90	1.59	1.23	9.92	4.21	3.49	0.3B5	1.25	2.91
			6		B.557	6.717	0.2B6	71.0B	145.50	21.42	35.5B	12.90	2.BB	1.5B	1.23	11.74	4.96	4.13	0.3B4	1.29	2.95
			7		9.BB0	7.756	0.2B6	B1.01	169.60	24.36	41.71	14.67	2.B6	1.57	1.22	13.49	5.70	4.72	0.3B2	1.33	3.00
			B		11.1B3	B.779	0.2B6	91.03	194.17	27.15	47.93	16.34	2.B5	1.56	1.21	15.27	6.41	5.29	0.3B0	1.36	3.04
10/6.3	100	63	6	10	9.617	7.550	0.320	99.06	199.71	30.94	50.50	1B.42	3.21	1.79	1.3B	14.64	6.35	5.25	0.394	1.43	3.24
			7		11.111	B.722	0.320	113.45	233.00	35.26	59.14	21.00	3.20	1.7B	1.3B	16.BB	7.29	6.02	0.394	1.47	3.2B
			B		12.534	9.B7B	0.319	127.37	266.32	39.B9	67.BB	23.50	3.1B	1.77	1.37	19.0B	B.21	6.7B	0.391	1.50	3.32
			10		15.467	12.142	0.319	153.B1	333.06	47.12	B5.73	2B.33	3.15	1.74	1.35	23.32	9.9B	B.24	0.3B7	1.5B	3.40
10/B	100	B0	6	10	10.637	B.350	0.354	107.04	199.B3	61.24	102.6B	31.65	3.17	2.40	1.72	15.19	10.16	B.37	0.627	1.97	2.95
			7		12.301	9.656	0.354	122.73	233.20	70.0B	119.9B	36.17	3.16	2.39	1.72	17.52	11.71	9.60	0.626	2.01	3.0
			B		13.944	10.946	0.353	137.92	266.61	7B.5B	137.37	40.5B	3.14	2.37	1.71	19.B1	13.21	10.B0	0.625	2.05	3.04
			10		17.167	13.476	0.353	166.B7	333.63	94.65	172.4B	49.10	3.12	2.35	1.69	24.24	16.12	13.12	0.622	2.13	3.12

附录 B　型钢表

型号	截面尺寸/mm				截面面积/cm²	理论质量/(kg/m)	外表面积/(m²/m)	惯性矩/cm⁴					惯性半径/cm			截面系数/cm³			tanα	重心距离/cm	
	B	b	d	r				I_x	I_{x1}	I_y	I_{y1}	I_u	i_x	i_y	i_u	W_x	W_y	W_u		X_0	Y_0
11/7	110	70	6	10	10.637	8.3B0	0.3B4	133.37	26B.78	42.92	69.08	2B.36	3.B4	2.01	1.B4	17.8B	7.90	6.B3	0.403	1.B7	3.B3
			7		12.301	9.6B6	0.3B4	1B3.00	310.07	49.01	80.82	28.9B	3.B3	2.00	1.B3	20.60	9.09	7.B0	0.402	1.61	3.B7
			8		13.944	10.946	0.3B3	172.04	3B4.39	B4.87	92.70	32.4B	3.B1	1.98	1.B3	23.30	10.2B	8.4B	0.401	1.6B	3.62
			10		17.167	13.476	0.3B3	208.39	443.13	6B.88	116.83	39.20	3.48	1.96	1.B1	28.B4	12.48	10.29	0.397	1.72	3.70
12.B/8	125	80	7	11	14.096	11.066	0.403	227.98	4B4.99	74.42	120.32	43.81	4.02	2.30	1.76	26.86	12.01	9.92	0.408	1.80	4.01
			8		1B.989	12.BB1	0.403	2B6.77	B19.99	83.49	137.8B	49.1B	4.01	2.28	1.7B	30.41	13.B6	11.18	0.407	1.84	4.06
			10		19.712	1B.474	0.402	312.04	6B0.09	100.67	173.40	B9.4B	3.98	2.26	1.74	37.33	16.B6	13.64	0.404	1.92	4.14
			12		23.3B1	18.330	0.402	364.41	780.39	116.67	209.67	69.3B	3.9B	2.24	1.72	44.01	19.43	16.01	0.400	2.00	4.22
14/9	140	90	8	12	18.038	14.160	0.4B3	36B.64	730.B3	120.69	19B.79	70.83	4.B0	2.B9	1.98	38.48	17.34	14.31	0.411	2.04	4.B0
			10		22.261	17.47B	0.4B2	44B.B0	913.20	140.03	24B.92	8B.82	4.47	2.B6	1.96	47.31	21.22	17.48	0.409	2.12	4.B8
			12		26.400	20.724	0.4B1	B21.B9	1 096.09	169.79	296.89	100.21	4.44	2.B4	1.9B	BB.87	24.9B	20.B4	0.406	2.19	4.66
			14		30.4B6	23.908	0.4B1	B94.10	1 279.26	192.10	348.82	114.13	4.42	2.B1	1.94	64.18	28.B4	23.B2	0.403	2.27	4.74
1B/9	150	90	8	12	18.839	14.788	0.473	442.0B	898.3B	122.80	19B.96	74.14	4.84	2.BB	1.98	43.86	17.47	14.48	0.364	1.97	4.92
			10		23.261	18.260	0.472	B39.24	1 122.8B	148.62	246.26	89.86	4.81	2.B3	1.97	B3.97	21.38	17.69	0.362	2.0B	B.01
			12		27.600	21.666	0.471	632.08	1 347.B0	172.8B	297.46	104.9B	4.79	2.B0	1.9B	63.79	2B.14	20.80	0.3B9	2.12	B.09
			14		31.8B6	2B.007	0.471	720.77	1 B72.38	19B.62	349.74	119.B3	4.76	2.48	1.94	73.33	28.77	23.84	0.3B6	2.20	B.17
			1B		33.9B2	26.6B2	0.471	763.62	1 684.93	206.B0	376.33	126.67	4.74	2.47	1.93	77.99	30.B3	2B.33	0.3B4	2.24	B.21
			16		36.027	28.281	0.470	80B.B1	1 797.BB	217.07	403.24	133.72	4.73	2.4B	1.93	82.60	32.27	26.82	0.3B2	2.27	B.2B

型号	截面尺寸/mm B	b	d	r	截面面积/cm²	理论质量/(kg/m)	外表面积/(m²/m)	惯性矩/cm⁴ I_x	I_{x1}	I_y	I_{y1}	I_u	惯性半径/cm i_x	i_y	i_u	截面系数/cm³ W_x	W_y	W_u	$\tan\alpha$	重心距离/cm x_0	y_0
16/10	160	100	10	13	25.315	19.872	0.512	668.69	1 362.89	205.03	336.59	121.74	5.14	2.85	2.19	62.13	26.56	21.92	0.390	2.28	5.24
			12		30.054	23.592	0.511	784.91	1 635.56	239.06	405.94	142.33	5.11	2.82	2.17	73.49	31.28	25.79	0.388	2.36	5.32
			14		34.709	27.247	0.510	896.30	1 908.50	271.20	476.42	162.23	5.08	2.80	2.16	84.56	35.83	29.56	0.385	0.43	5.40
			16		29.281	30.835	0.510	1 003.04	2 181.79	301.60	548.22	182.57	5.05	2.77	2.16	95.33	40.24	33.44	0.382	2.51	5.48
18/11	180	110	10	14	28.373	22.273	0.571	956.25	1 940.40	278.11	447.22	166.50	5.80	3.13	2.42	78.96	32.49	26.88	0.376	2.44	5.89
			12		33.712	26.440	0.571	1 124.72	2 328.38	325.03	538.94	194.87	5.78	3.10	2.40	93.53	38.32	31.66	0.374	2.52	5.98
			14		38.967	30.589	0.570	1 286.91	2 716.60	369.55	631.95	222.30	5.75	3.08	2.39	107.76	43.97	36.32	0.372	2.59	6.06
			16		44.139	34.649	0.569	1 443.06	3 105.15	411.85	726.46	248.94	5.72	3.06	2.38	121.64	49.44	40.87	0.369	2.67	6.14
20/12.5	200	125	12	14	37.912	29.761	0.641	1 570.90	3 193.85	483.16	787.74	285.79	6.44	3.57	2.74	116.73	49.99	41.23	0.392	2.83	6.54
			14		43.687	34.436	0.640	1 800.97	3 726.17	550.83	922.47	326.58	6.41	3.54	2.73	134.65	57.44	47.34	0.390	2.91	6.62
			16		49.739	39.045	0.639	2 023.35	4 258.88	615.44	1 058.86	366.21	6.38	3.52	2.71	152.18	64.89	53.32	0.388	2.99	6.70
			18		55.526	43.588	0.639	2 238.30	4 792.00	677.19	1 197.13	404.83	6.35	3.49	2.70	169.33	71.74	59.18	0.385	3.06	6.78

热轧槽钢截面尺寸、截面面钢、理论质量附截面录型(2 B 3 706—2008)

符号意义：
h——高度；
b——腿宽度；
d——腰厚度；
t——平均腿厚度；
r——内圆弧半径；
r_1——腿端圆弧半径；
I——惯性矩；
W——截面系数；
i——惯性矩半径；
z_0——$y-y$轴与y_1-y_1轴间距。

型号	截面尺寸/mm						截面面积/cm²	理论质量/(kg/m)	惯性矩/cm⁴			惯性半径/cm		截面系数/cm³		重心距离/cm
	h	b	d	t	r	r_1			I_x	I_y	I_{y1}	i_x	i_y	W_x	W_y	z_0
5	50	37	4.5	7.0	7.0	3.5	6.928	5.438	26.0	8.30	20.9	1.94	1.10	10.4	3.55	1.35
6.3	63	40	4.8	7.5	7.5	3.8	8.451	6.634	50.8	11.9	28.4	2.45	1.19	16.1	4.50	1.36
8	80	43	5.0	8.0	8.0	4.0	10.248	8.045	101	16.6	37.4	3.15	1.27	25.3	5.79	1.43
10	100	48	5.3	8.5	8.5	4.2	12.748	10.007	198	25.6	54.9	3.95	1.41	39.7	7.80	1.52
12	120	53	5.5	9.0	9.0	4.5	15.362	12.059	346	37.4	77.7	4.75	1.56	57.7	10.2	1.62
12.6	126	53	5.5	9.0	9.0	4.5	15.692	12.318	391	38.0	77.1	4.95	1.57	62.1	10.2	1.59
14a	140	58	6.0	9.5	9.5	4.8	18.516	14.535	564	53.2	107	5.52	1.70	80.5	13.0	1.71
14b	140	60	8.0	9.5	9.5	4.8	21.316	16.733	609	61.1	121	5.35	1.69	87.1	14.1	1.67
16a	160	63	6.5	10.0	10.0	5.0	21.962	17.24	866	73.3	144	6.28	1.83	108	16.3	1.80
16b	160	65	8.5	10.0	10.0	5.0	25.162	19.752	935	83.4	161	6.10	1.82	117	17.6	1.75

型号	截面尺寸/mm						截面面钢/cm²	理论质量/(kg/m)	附录型/cm⁴			附录表径/cm		截面系数/cm³		重心距离/cm
	2	b		t	r	r			I_4	I_y	I_y	i_4	i_y	8	8_y	z_0
8a	80	68	7.0	0.B	0.B	B.2	26.699	20.74	270	98.6	90	7.04	.96	4	20.0	.88
8b	80	70	9.0				29.299	23.000	370	2 0	2 0	6.84	.9B	B2	2 .B	.84
20a	200	73	7.0	.0	.0	B.B	28.837	22.637	780	28	244	7.86	2.	78	24.2	2.0
20b	200	7B	9.0				32.837	2B.777	9 0	44	268	7.64	2.09	9	2B.9	.9B
22a	220	77	7.0	.B	.B	B.8	3 .846	24.999	2 390	B8	298	8.67	2.23	2 8	28.2	2.0
22b	220	79	9.0				36.246	28.4B3	2 B70	76	326	8.42	2.2	234	30.	2.03
24a	240	78	7.0	2.0	2.0	6.0	34.2 7	26.860	3 0B0	74	32B	9.4B	2.2B	2B4	30.B	2.0
24b	240	80	9.0				39.0 7	30.628	3 280	94	3BB	9 7	2.23	274	32.B	2.03
24c	240	82	.0				43.8 7	34.396	3 B 0	2 3	388	8.96	2.2	293	34.4	2.00
2Ba	2B0	78	7.0				34.9 7	27.4 0	3 370	76	322	9.82	2.24	270	30.6	2.07
2Bb	2B0	80	9.0				39.9 7	3 .33B	3 B30	96	3B3	9 4	2.22	282	32.7	.98
2Bc	2B0	82	.0				44.9 7	3B.260	3 690	2 8	384	9.07	2.2	29B	3B.9	.92
27a	270	82	7.B	2.B	2.B	6.2	39.284	30.838	4 360	2 6	393	0.B	2.34	323	3B.B	2.3
27b	270	84	9.B				44.684	3B.077	4 690	239	428	0.3	2.3	347	37.7	2.06
27c	270	86	.B				B0.084	39.3 6	B020	26	467	0.	2.28	372	39.8	2.03
28a	280	82	7.B				40.034	3 .427	4 760	2 8	388	0.9	2.33	340	3B.7	2.0
28b	280	84	9.B				4B.634	3B.823	B 30	242	428	0.6	2.30	366	37.9	2.02
28c	280	86	.B				B .234	40.2 9	B B00	268	463	0.4	2.29	393	40.3	.9B

型号	截面尺寸/mm						截面面积/cm²	理论质量/(kg/m)	附录型/cm⁴			附录表径/cm		截面系数/cm³		重心距离/cm
	h	b	d	t	r	r1			I_x	I_y	I_{y1}	i_x	i_y	W_x	W_y	Z_0
30a	300	85	7.5	13.5	13.5	6.8	43.902	34.463	6050	280	487	11.7	2.43	403	45.0	2.7
30b	300	87	9.5	13.5	13.5	6.8	49.902	39.173	6500	289	5_5	11.4	2.4	433	44.0	2.7
30c	300	89	11.5	13.5	13.5	6.8	55.902	43.883	6950	3_8	570	11.2	2.4	463	48.4	2.3
32a	320	88	8.0	14.0	14.0	7.0	48.5_3	38.083	7600	305	552	12.5	2.50	475	48.5	2.09
32b	320	90	10.0	14.0	14.0	7.0	54.9_3	43.107	8140	336	593	12.2	2.47	509	49.2	2.24
32c	320	92	12.0	14.0	14.0	7.0	61.3_3	48.131	8690	374	643	11.9	2.47	543	52.8	2.8
36a	360	96	9.0	16.0	16.0	8.0	60.9_0	47.814	11900	455	8_8	14.0	2.73	660	63.5	2.09
36b	360	98	11.0	16.0	16.0	8.0	68._0	53.466	12700	497	880	13.6	2.70	703	66.9	2.44
36c	360	100	13.0	16.0	16.0	8.0	75.3_0	59._8	13400	53_	948	13.4	2.67	746	70.0	2.37
40a	400	100	10.5	18.0	18.0	9.0	75.0_8	58.928	17600	592	1070	15.3	2.8	879	78.8	2.34
40b	400	102	12.5	18.0	18.0	9.0	83.0_8	65.208	18600	6_0	1_4	15.0	2.78	932	82.5	2.49
40c	400	104	14.5	18.0	18.0	9.0	91.0_8	71.488	19700	688	1220	14.7	2.75	986	86.2	2.42

热轧工字钢截面尺寸、截面积、理论质量附录B 截面型钢表（2 B T 706—6008）

符号意义：h——高度；
b——腿宽度；
d——腰厚度；
t——平均腿厚度；
r——内圆弧半径；
r_1——腿端圆弧半径；
I——惯性矩；
W——截面系数；
i——惯性矩半径。

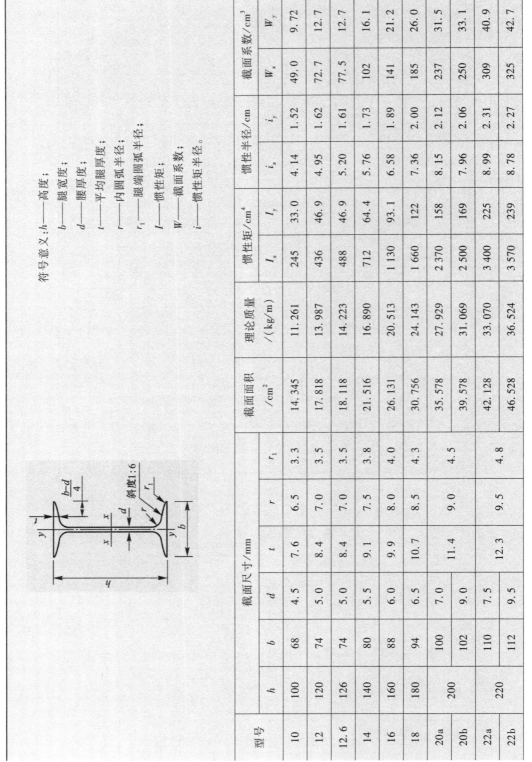

型号	截面尺寸/mm						截面面积 /cm²	理论质量 /(kg/m)	惯性矩/cm⁴		惯性半径/cm		截面系数/cm³	
	h	b	d	t	r	r_1			I_x	I_y	i_x	i_y	W_x	W_y
10	100	68	4.5	7.6	6.5	3.3	14.345	11.261	245	33.0	4.14	1.52	49.0	9.72
12	120	74	5.0	8.4	7.0	3.5	17.818	13.987	436	46.9	4.95	1.62	72.7	12.7
12.6	126	74	5.0	8.4	7.0	3.5	18.118	14.223	488	46.9	5.20	1.61	77.5	12.7
14	140	80	5.5	9.1	7.5	3.8	21.516	16.890	712	64.4	5.76	1.73	102	16.1
16	160	88	6.0	9.9	8.0	4.0	26.131	20.513	1 130	93.1	6.58	1.89	141	21.2
18	180	94	6.5	10.7	8.5	4.3	30.756	24.143	1 660	122	7.36	2.00	185	26.0
20a	200	100	7.0	11.4	9.0	4.5	35.578	27.929	2 370	158	8.15	2.12	237	31.5
20b	200	102	9.0	11.4	9.0	4.5	39.578	31.069	2 500	169	7.96	2.06	250	33.1
22a	220	110	7.5	12.3	9.5	4.8	42.128	33.070	3 400	225	8.99	2.31	309	40.9
22b	220	112	9.5	12.3	9.5	4.8	46.528	36.524	3 570	239	8.78	2.27	325	42.7

型号	截面尺寸/mm						截面面积钢/cm²	理论质量/(kg/m)	附录型/cm⁴		附录表径/cm		截面系数/cm³	
	2	b		t	r	r			I_x	I_y	i_x	i_y	8_x	8_y
24a	240	6	8.0	3.0	0.0	5.0	47.74	37.477	4 570	280	B.77	2.42	38	48.4
24b		8	0.0				52.54	4.245	4 800	2B7	B.57	2.38	400	50.4
25a	250	6	8.0				48.54	38.05	5 020	280	0.2	2.40	402	48.3
25b		8	0.0				53.54	42.030	5 280	30B	B.B4	2.40	423	52.4
27a	270	22	8.5	3.7	0.5	5.3	54.554	42.825	6 550	345	0.B	2.5	485	56.6
27b		24	0.5				5B.B54	47.064	6 870	366	0.7	2.47	50B	58.B
28a	280	22	8.5				55.404	43.4B2	7 0	345	.3	2.50	508	56.6
28b		24	0.5				6 .004	47.888	7 480	37B	.	2.4B	534	6 .2
30a	300	26	B.0	4.4	.0	5.5	6 .254	48.084	8 B50	400	2.	2.55	5B7	63.5
30b		28	.0				67.254	52.7B4	B 400	422	.B	2.50	627	65.B
30c		30	3.0				73.254	57.504	B850	445	.6	2.46	657	68.5
32a	320	30	B.5	5.0	.5	5.8	67.56	52.77	00	460	2.8	2.62	6B2	70.8
32b		32	.5				73.556	57.74	600	502	2.6	2.6	726	76.0
32c		34	3.5				7B.B56	62.765	2 200	544	2.3	2.6	760	8 .2
36a	360	36	0.0	5.8	2.0	6.0	76.480	60.037	5 800	552	4.4	2.6B	875	8 .2
36b		38	2.0				83.680	65.68B	6 500	582	4.	2.64	B B	84.3
36c		40	4.0				B0.880	7 .34	7 300	6 2	3.8	2.60	B62	87.4
40a	400	42	0.5	6.5	2.5	6.3	86. 2	67.5B8	2 700	660	5.B	2.77	0B0	B3.2
40b		44	2.5				B4. 2	73.878	22 800	6B2	5.6	2.7	40	B6.2
40c		46	4.5				02. 2	80. 58	23 B00	727	5. 2	2.65	B0	BB.6

型号	截面尺寸/mm						截面面钢/cm²	理论质量/(kg/m)	附录型/cm⁴		附录表径/cm		截面系数/cm³	
	2	b		t	r	r			I_x	I_y	i_x	i_y	8_x	8_y
45a	450	50	.5	8.0	6.8	3.5	02.446	80.420	32 200	855	7.7	2.8B	430	4
45b		52	3.5				.446	87.485	33 800	8B4	7.4	2.84	500	8
45c		54	5.5				20.446	B4.550	35 300	B38	7.	2.7B	570	22
50a	500	58	2.0	20.0	7.0	4.0	B.304	B3.654	46 500	20	B.7	3.07	860	42
50b		60	4.0				2B.304	0.504	48 600	70	B.4	3.0	B40	46
50c		62	6.0				3B.304	0B.354	50 600	220	B.0	2.B6	2 080	5
55a	550	66	2.5	2.0	7.3	4.5	34.85	05.335	62 B00	370	2.6	3.B	2 2B0	64
55b		68	4.5				45.85	3.B70	65 600	420	2.2	3.4	2 3B0	70
55c		70	6.5				56.85	22.605	68 400	480	20.B	3.08	2 4B0	75
56a	560	66	2.5				35.435	06.3 6	65 600	370	22.0	3.8	2 340	65
56b		68	4.5				46.635	5.08	68 500	4B0	2.6	3.6	2 450	74
56c		70	6.5				57.835	23.B00	7 400	560	2.3	3.6	2 550	83
63a	630	76	3.0	22.0	7.5	5.0	54.658	2.407	B3 B00	700	24.5	3.3	2 B80	B3
63b		78	5.0				67.258	3.2B8	B8 00	8 0	24.2	3.2B	3 60	204
63c		80	7.0				7B.858	4.8B	02 000	B20	23.8	3.27	3 300	2 4

附录C

附表 C.01 民用建筑楼面均布活荷载标准值及其组合值、准永久值系数

序号	项目			标准值 /（kN/m²）	组合值系数 ψ_c	准永久值系数 ψ_q
1	（1）住宅、宿舍、旅馆、办公楼、医院病房、托儿所、幼儿园			2.0	0.7	0.4
	（2）教室、试验室、阅览室、会议室、医院门诊室					0.5
2	食堂、餐厅、一般资料档案室			2.5	0.7	0.5
3	（1）礼堂、剧场、影院、有固定座位的看台			3.0	0.7	0.3
	（2）公共洗衣房			3.0	0.7	0.5
4	（1）商店、展览厅、车站、港口、机场大厅用旅客等候室			3.5	0.7	0.5
	（2）无固定座位的看台			3.5	0.7	0.3
5	（1）健身房、演出舞台			4.0	0.7	0.5
	（2）舞厅			4.0	0.7	0.3
6	（1）书库、档案库、储藏库			5.0	0.9	0.8
	（2）密集柜书库			12.0		
7	通风机房、电梯机房			7.0	0.9	0.8
8	汽车通道及停车库	（1）单向板楼盖（板跨不小于2 m）	客车	4.0	0.7	0.6
			消防车	35.0	0.7	0.6
		（2）双向板楼盖和无梁楼盖（柱网尺寸不小于6m）	客车	2.5	0.7	0.6
			消防车	20.0	0.7	0.6
9	（1）一般厨房			2.0	0.7	0.5
	（2）餐厅厨房			4.0	0.7	0.7

序号	项 目		标准值 /(kN/m²)	组合值 系数 ψ_c	准永久值 系数 ψ_q
11	浴室、厕所、 盥洗室	(1) 第1项中的民用建筑	2.0	0.7	0.4
		(2) 其他民用建筑	2.5	0.7	0.5
12	走廊、 门厅、 楼梯	(1) 宿舍、旅馆、医院病房、托儿所、幼儿园、住宅	2.0	0.7	0.4
		(2) 办公楼、教室、餐厅、医院门诊室	2.5	0.7	0.5
		(3) 消防疏散楼梯、其他民用建筑	3.5	0.7	0.3
13	阳台	(1) 一般情况	2.5	0.7	0.5
		(2) 当人群有可能密集时	3.5		

注:① 本表所给活荷载适用于一般使用条件,当使用荷载较大或情况特殊时,应按实际情况选用。

② 第6项书库活荷载当书架高度大于 2 m 时,书库活荷载应按每平方米书架高度不小于 2.5 kN/m² 确定。

③ 第8项中的客车活荷载只适用于停放载人少于9人的客车,消防车活荷载是适用于满载总重为 300 kN 的大型车辆,当不符合本表的要求时,应将车轮的局部荷载按结构效应的等效原则,换 算为等效均布荷载。

④ 第11项楼梯活荷载,对预制楼梯踏步平板,应按 1.5 kN 集中荷载验算。

⑤ 本表各项荷载不包括隔墙自重和二次装修荷载,对固定隔墙的自重应按恒荷载考虑,当隔墙位 置可灵活自由布置时,非固定隔墙的自重应取每平方米长墙重(kN/m)的 1/3 作为楼面活荷载 的附加值(kN/m²)计入,附加值不小于 1.0 kN/m²。

⑥ 其余未尽值可查取《建筑结构荷载规范》(GB 50009—2012)。

附表 C.02　屋面均布活荷载

序号	项目	活荷载标准/(kN/m²)	组合值系数 ψ_c	准永久值系数 ψ_q
1	不上人的屋面	0.5	0.7	0
2	上人的屋面	2.0	0.7	0.4
3	屋顶花园	3.0	0.7	0.5

注:① 不上人的屋面,当施工或维修荷载较大时,应按实际情况采用;对不同结构应按有关设计规范的 规定,将标准值作 0.2 kN/m² 的增减。

② 上人的屋面,当兼作其他用途时,应按相应楼面活荷载采用。

③ 对于因屋面排水不畅、堵塞等引起的积水荷载,应采取构造措施加以防止;必要时,应按积水的 可能深度确定屋面活荷载。

④ 屋顶花园活荷载不包括花圃土石等材料自重。

附表 C.03　活荷载按楼层数折减系数

墙、柱、基础计算截面以上的层数	1	2～3	4～5	6～8	9～12	＞20
计算截面以上各楼层活荷载总和的折减系数	1.00 (0.90)	0.85	0.7	0.65	0.6	0.55

注:当楼面梁的从属面积超过 25 m² 时,采用括号内的数字。

参考文献

[1]　张流芳.材料力学[M].武汉:武汉理工大学出版社,2011.

[2]　张流芳,胡兴国.建筑力学[M].武汉:武汉理工大学出版社,2012.

[3]　胡兴国,吴莹.结构力学[M].武汉:武汉理工大学出版社,2012.

[4]　胡兴福.建筑力学与结构[M].武汉:武汉理工大学出版社,2012.

[5]　胡兴福.建筑结构[M].北京:高等教育出版社,2012.

[6]　孙元桃.结构设计原理[M].北京:人民交通出版社,2011.

[7]　汪菁.工程力学[M].北京:化学工业出版社,2011.

[8]　吴大炜.结构力学[M].北京:化学工业出版社,2011.

[9]　游普元.建筑力学与结构[M].北京:化学工业出版社,2008.

[10]　杜绍堂,赵萍.工程力学与建筑结构[M].北京:科学出版社,2011.

[11]　胡兴福.结构设计原理[M].北京:机械工业出版社,2012.

郑重声明

高等教育出版社依法对本书享有专有出版权。任何未经许可的复制、销售行为均违反《中华人民共和国著作权法》，其行为人将承担相应的民事责任和行政责任；构成犯罪的，将被依法追究刑事责任。为了维护市场秩序，保护读者的合法权益，避免读者误用盗版书造成不良后果，我社将配合行政执法部门和司法机关对违法犯罪的单位和个人进行严厉打击。社会各界人士如发现上述侵权行为，希望及时举报，本社将奖励举报有功人员。